中国科协学科发展预测与技术路线图系列报告
中国科学技术协会　主编

矿物加工工程
学科路线图

中国有色金属学会◎编著

U0178534

中国科学技术出版社
·北　京·

图书在版编目（CIP）数据

矿物加工工程学科路线图 / 中国科学技术协会主编；
中国有色金属学会编著 . -- 北京：中国科学技术出版社，
2022.11
（中国科协学科发展预测与技术路线图系列报告）
ISBN 978-7-5046-8849-1

Ⅰ. ①矿… Ⅱ. ①中… ②中… Ⅲ. ①选矿 - 学科发
展 - 研究报告 - 中国 Ⅳ. ① TD9

中国版本图书馆 CIP 数据核字（2020）第 199303 号

策　　划	秦德继	
责任编辑	赵　佳	
装帧设计	中文天地	
责任校对	焦　宁	
责任印制	李晓霖	

出　　版	中国科学技术出版社	
发　　行	中国科学技术出版社有限公司发行部	
地　　址	北京市海淀区中关村南大街 16 号	
邮　　编	100081	
发行电话	010-62173865	
传　　真	010-62173081	
网　　址	http://www.cspbooks.com.cn	

开　　本	787mm×1092mm　1/16	
字　　数	252 千字	
印　　张	12.25	
版　　次	2022 年 11 月第 1 版	
印　　次	2022 年 11 月第 1 次印刷	
印　　刷	河北鑫兆源印刷有限公司	
书　　号	ISBN 978-7-5046-8849-1 / TD・50	
定　　价	60.00 元	

（凡购买本社图书，如有缺页、倒页、脱页者，本社发行部负责调换）

本书编委会

名誉首席科学家：孙传尧　刘炯天

首 席 科 学 家：胡岳华

专 家 组 组 长：贾明星

副 　 组 　 长：孙 伟　夏晓鸥　何发钰　邱显扬　张洪国

专 家 组 成 员（按姓氏笔画排序）：

王庆凯　车小奎　文书明　申世富　印万忠

吕宪俊　刘文礼　刘殿文　池汝安　孙春宝

吴熙群　邱廷省　沈政昌　宋少先　张 覃

张一敏　陈 雯　陈代雄　陈建华　罗仙平

曹亦俊　董宪姝　韩跃新　童 雄　温建康

谢广元

编 写 组 成 员（按姓氏笔画排序）：

王 伟　王 祥　王成行　王秋林　邓久帅

邓建军　史帅星　吕昊子　朱一民　朱向楠

朱阳戈　刘 旭　刘 建　刘 勇　刘 涛

刘兴华　刘志强　刘牡丹　阮耀阳　孙玉金

孙红娟　孙志明　李 东　李 波　李 琳

李宏亮　李国胜　李显波　李晓波　杨 航

杨建国　肖 骏　何东升　何建成　何晓娟

余　刚　　余建文　　邹文杰　　闵凡飞　　沙　杰
张　博　　张立刚　　张海军　　张晨阳　　张慧婷
张臻悦　　陈　军　　陈　帮　　陈　攀　　陈前林
武　涛　　尚红亮　　罗俊凯　　周长春　　周俊武
周爱民　　周瑜林　　封东霞　　赵云良　　赵文坡
赵洪宇　　胡　阳　　胡　真　　钟志刚　　段晨龙
饶金山　　贺靖峰　　袁　帅　　桂夏辉　　贾菲菲
夏　文　　徐龙华　　徐宏祥　　徐晓萍　　翁存建
高　峰　　高　鹏　　高玉德　　高志勇　　唐雪峰
陶秀祥　　黄朝晖　　曹洪杨　　常自勇　　寇　珏
彭　俊　　彭耀丽　　董　良　　韩海生　　傅平丰
鲁安怀　　蓝卓越　　廖振鸿　　廖寅飞　　谭秀民
鞠　扬

学　术　秘　书：高焕芝　李　芳　刘为琴

前　言

当今世界政治经济和社会环境复杂多变，大国竞争日趋激烈。归根到底，大国之间的竞争就是科技与资源之间的竞争。矿产资源安全持续供给是现代工业快速发展的物质基础。19世纪，英国不但是世界第一工业强国，同时也是世界第一矿产资源强国，占全球2/3的矿产资源为英国一国所用；进入20世纪，美国逐渐成为世界霸主，到20世纪中叶，美国铜矿、铝土矿、铁矿、煤炭产量占世界比例一度超过80%、70%、50%和70%，矿产产量占世界比例可以与19世纪的英国相媲美；进入21世纪，随着中国工业的快速发展，经济实力、国际地位和影响力显著提升，我国将面临更严峻的矿产资源竞争态势，全球对矿产资源的竞争将更加激烈。

（1）在大宗基础矿产资源领域，发达国家已完成全球资源布局，我国基础矿产资源保障程度不足，尚未形成系统的全球战略布局。如：2017年，我国铁、铜、铝、铅、锌等大宗矿产消费量占全球的40%以上，但数十种矿产资源严重依赖进口，铁、铝、铜矿产对外依存度分别高达89%、47%、68%。然而，以欧、美、日为首的西方发达国家控制着淡水河谷、必和必拓、力拓、住友、嘉能可等全球大型矿业公司，掌握了世界上超过80%的优质资源，全球资源市场供需方分离的格局愈演愈烈，全球资源被西方发达国家所垄断的供应市场局面短期内不会改变。大宗基础资源严重紧缺愈加威胁着国家的战略安全。

（2）关键金属和关键矿产资源在国际竞争中地位日益凸显。关键金属和关键矿产资源是指对新能源、新材料、信息技术等新兴产业具有不可替代的重大用途的一类金属元素及其矿床的总称，已成为国际竞争的核心因素之一。稀有、稀散金属矿产资源及稀土资源与关键非金属资源作为研制和生产高端材料的基础，是支撑我国占领科技和经济制高点的关键资源。我国锂、钴、铌、锆、铪、铯、铼、硒、碲等稀有、稀散资源十分匮乏，其中锂、铌、锆99%依赖进口；稀土虽然是优势资源，但是存在资源开发利用率低、后续高端产品比例低、新型材料高值化关键技术缺乏、高端稀土产品进口依赖性高等问题。然而，西方发达国家长期以来一直把实施全球关键矿产资源战略作为其国家整体战略的重要组成部分，与政治、经济、外交、军事、金融等政策有机结合并提出了完备的发展计划以确保国家安全。如：美国"关键材料"计划、欧盟"2020战略"和日本的"稀有金属保障战略"。我国在关键金属和关键矿产资源领域仍缺乏国家层面的统筹，高端原材料与西方国家存在较大差距。关键矿产资源及高端材料能否持续安全供给已成为高悬在高新产业头顶的一把"利剑"。

矿产资源"质"与"量"的保障问题在很长一段时间内仍将是我国面临的重大发展难题。此外，矿业开发利用过程中存在的环境扰动大、循环经济发展滞后、可持续发展能力弱等突出问题已开始逐渐制约未来行业发展。上述问题的解决都需要矿物加工学科从前沿基础理论、技术装备、智能生产到高端产品制备等方面加强原始创新。未来学科建设需更加注重以下方面。

（1）注重基础理论研究和原始创新。加强基础研究是提高原始性创新能力、积累智力资本的重要途径。绝大部分新技术、新工艺、新流程、新产品都是建立在新知识基础上的，都必须从新知识的储备中提取"资本"。

（2）矿产资源的绿色开发利用已是全球共识。进入21世纪以来，随着世界经济增长及国际社会对资源紧缺、生态环境、气候变化等问题的日益重视，实现资源的绿色开采提取与加工处理已成为世界各国的普遍共识。

（3）强调矿产资源和二次资源的高效综合利用。全球优势资源基本已被西方国家掌控和支配，我国掌控的多为复杂共伴生矿产资源；此外国家现代化的推进使大量矿产资源流向城市，废旧电子垃圾和工业固体废弃物等非常规资源蕴藏着丰富的有价矿产。复杂的一次矿产资源和二次资源高效综合利用，关乎资源保障和社会可持续发展。

（4）矿物加工智能化转型已成为必然。人工智能被认为是第四次工业革命的引擎，人工智能和新一代信息与通信技术已成为矿业产业变革的重要驱动力。借助信息技术的飞速发展推动矿物加工朝数字化和智能化方向迈进，可有效支撑"一带一路"海外矿山的高通量开发与"三深"极端环境下的矿产资源持续获取。

（5）注重在产品质量和性能上与高端制造衔接。国外已形成了矿产—基础材料—高精尖产品一体化的技术和产品标准体系。国内矿物加工学科发展更需强调多学科交叉以助推矿业产业升级，注重新型矿物功能材料、矿物药物材料等高端原料产品的研发与生产，以便保障国家高端制造基础原材料的供给安全。

总之，未来矿物加工的发展不仅要保证矿产资源安全供给，还应使人民的生活环境更洁净、更生态，矿物加工的科技进步将助推中国由世界矿产大国向世界矿产强国转变。

目　录

1 总论

1.1 引言

矿产资源是人类社会生存和发展的重要物质基础。中华人民共和国成立以来，我国矿产勘查开发取得了巨大的成就，探明一大批矿产资源，建成了完善的矿产供应体系。矿业作为国民经济的基础产业，为支持经济高速发展、满足人民日益增长的物质生活需求提供了坚实的资源保障。中国在成矿地质环境上处于环太平洋成矿域、古亚洲成矿域和特提斯—喜马拉雅成矿域三大构造成矿域的交汇带。组成中国大陆的各小板块之间相互碰撞、岩矿物质混合，导致成矿物质复杂；各成矿带之间有相互交接与物质混合；早期和晚期形成的矿床间有叠加作用。上述因素决定了中国地质构造环境的复杂性和矿床成因的多样性，由此形成了中国矿产资源具有如下特点。

（1）矿产品种齐全，大宗基础金属需要进口。中国已探明储量的矿产有168种，现已发现矿床、矿点达20多万处，其中已查明资源储量的矿产地1.8万余处。中国虽有矿产品种齐全的优势，但是仍存在资源结构性矛盾。目前，中国需求量大的黑色金属（铁、锰、铬）和产销量占95%以上的"四大有色金属"（铜、铝、铅、锌）等大宗金属矿产储量相对不足，满足不了国民经济发展的需求，须大量进口；而稀土及部分稀有、稀散金属矿产资源十分丰富，如稀土、钨、钼、锡、锑、镁、铍、钽、铌等矿产探明的储量居世界前三位。

（2）低品位贫矿多，高品位富矿少。据统计，中国铜矿石中含铜平均品位为0.87%，其中富铜矿（品位>1%）占24%，贫矿占76%，低于智利、赞比亚等南美、非洲国家的铜矿。铝土矿中，一水硬铝石型铝土矿占全国铝土矿查明资源储量的98%以上，铝硅比多数为4~7，属生产氧化铝的劣质矿石原料。铅锌矿品位以中等品位为主，富矿较少，铅锌品位在8%~10%的富矿储量仅占总储量的17%左右。

（3）多金属复杂矿床多，单一金属矿床少。中国有色金属矿产资源约80%以上是综合性矿床。如铜矿，单一矿床仅占其总储量的27%，综合矿占其总储量的73%；钨矿，单一钨矿床储量仅占全国钨储量（三氧化钨）的8%左右，90%以上的钨矿床是以钨为主，共伴生锡、钼、锑、稀土、铅、锌等的综合矿床；钼矿，主要为铜钼、钨钼矿床,其主要伴生组分有铅、锌、钴、金、银、铍、铼、锇、铂、铀、铟、硒、碲等。

(4)小金属矿床超大型多,大金属矿床超大型少。中国稀土、钨、锡、钼、锑、镁、钛等小金属矿产丰富,超大型矿床较多,品位较富,具有特色,在全球处于优势地位。但在大宗基础金属方面,中国铝土矿至今也没找到像几内亚、澳大利亚、印度、越南等国家的亿吨以上的超大型三水铝石型铝土矿。中国的铜矿虽然有江西德兴和西藏玉龙、驱龙 3 个超大型铜矿,但其矿床规模和数量无法与国外铜矿相比。铅锌矿虽有云南兰坪、甘肃厂坝、广东凡口、新疆火烧云等超大型矿床,但其规模、品位都不如澳大利亚的布罗肯希尔(Broken Hill)、美国的红狗(Red Dog)、朝鲜的检德(Jian De)、波兰的上西里西亚(Upper Silesia)等知名的超大型铅锌矿。总之,中国大宗矿产超大型矿床少,在全球处于劣势地位。

从其现有的学科基础来说,矿物加工是一门从矿物资源(矿物、煤炭、二次资源、工业与生活废弃物等)中,根据物理或化学原理,通过分离、富集和提纯等的加工方法将矿物原料中的有用矿物与无用矿物(通常称为脉石)或有害矿物分开,或将多种有用矿物分离的科学技术。在我国现今学科分类中,矿物加工属于矿业工程的二级学科。由于我国矿产资源复杂的特点,决定了在矿产资源开发和综合利用的产业链中,矿物加工是介于采矿与冶金之间不可缺少的重要环节。这是因为我国矿床开采出的原矿大多是低品位、复杂共伴生的矿产资源,矿物加工需要将其有价元素富集几倍、几百倍甚至上千倍,以满足冶炼厂或化工厂的加工入料要求;这一复杂过程需要不同类型、不同规模的现代化巨型选矿厂完成。在资源开发利用过程中,矿物加工是目前成本最低、最节能环保的资源分离提取方法,它直接或间接影响着后续整个冶金、材料、高新产业链的发展,具有数十万亿的工业规模。

经过半个多世纪的努力,我国矿物加工学科的发展取得了举世瞩目的成就,科技创新能力大幅提升,取得了一系列具有重要影响的标志性成果,如:基因矿物加工工程理论、微细粒柱式分选过程强化理论、矿物晶格缺陷理论、流体包裹体浮选效应、金属离子配位调控分子组装理论、复杂难选铁矿资源选冶联合新技术的应用以及大型浮选设备的研发与生产等,这些创新性的研究成果为适应我国贫、细、杂矿产资源的综合利用,降低矿产资源开发利用对环境的影响提供了有力支撑。但总体来说,矿物加工学科在自主创新的科学研究方面基础仍较为薄弱,新装备研发的整体水平与国际先进水平相比仍有较大差距,关键核心技术、工业软件平台、高精度传感器和先进大型装备依赖进口,从而使得我国矿业产业总体上大而不强。

当今世界政治经济和社会环境复杂多变,大国竞争日趋激烈。大国之间的竞争归根结底就是对科技与资源之间的竞争。矿产资源安全持续供给是现代工业快速发展的物质基础。英国是第一个工业国家,同时也是第一个矿产资源强国。19 世纪,全球 2/3 的矿产资源为英国一国所用。1860 年，英国煤炭、钢铁产量分别为 8790 万 t 和 389 万 t，占世界比例为 65% 和 60%。在 19 世纪多数时间里，英国矿产资源总产量和总消费量位居全球第一。19 世纪末，美国成为世界第一工业强国，在 20 世纪多数时间，美国矿产资源产量世界第一，大量矿产产量占世界比例超过了 50%：铜矿产量占世界比例最高时一度接近 80%，铝土矿产量占世界比例最高时超过 70%，铁矿石产量占世界比例最高时超过 50%，煤炭产量占世界比例最高时也接近 70%。这些矿产产量占世界的比例可以与 19 世纪的英国相媲美。2016 年，在有数据统计的全球 70 种矿产资源中，美国消费量排名前三的有 33 种，其中 6 种排名世界第一，19 种排名第二。

时至今日，中国虽然在煤炭、铁矿石、铜和铝土矿的产量占世界的最高比例没有超过当时的美国，但是中国矿产资源的产量远远超过了英国和美国的鼎盛时期的产量。据统计，1949—2000 年，我国累积消耗粗钢 23 亿 t，铜 2217 万 t，铝 3270 万 t；而 2001—2020 年，短短 20 年，就预计消耗粗钢 106 亿 t，铜 1.56 亿 t，铝 3.76 亿 t。矿业的快速发展为工业发展提供了强劲的动力。但是，巨量资源的开发利用，在给国家带来福祉的同时，其弊端也逐渐显现，表现为国内矿产资源贫化严重，难采选已经成为国内矿产资源的主要特点。据统计，按照矿石资源储备可开采年限，全国 1010 座大中型矿山中，393 座出现资源严重危机，269 座为资源中度危机，70 座为资源轻度危机。现有国内资源难以保障中国经济与社会的快速发展，如 2017 年我国铁、铜、铝、铅、锌等大宗矿产及稀土、锂、钴等战略资源消费量占全球的 40% 以上；但数十种矿产资源严重依赖进口，铁、铝、铜矿产对外依存度分别高达 89%、47%、68%。以欧、美、日为首的发达国家控制着淡水河谷、必和必拓、力拓、住友、嘉能可等全球大型矿业公司，掌握了世界超过 80% 的优质资源，全球资源市场供需方分离的格局愈演愈烈，全球资源被西方发达国家所垄断的供应市场局面短期内不会改变。大宗基础资源严重紧缺愈加威胁着国家的战略安全。

此外，进入 21 世纪后，新一轮科技革命和产业变革正在孕育兴起，大数据信息传输、航天、航海、新能源汽车等高科技、新材料领域的发展，对耐超高温、耐超高压、高信息传输和在常温下表现超导等特殊性能新型材料的需求将愈加迫切。稀有、稀散、稀土与关键非金属资源作为研制和生产高端材料的基础，是支撑我国占领科技和经济制高点的关键资源。然而，我国锂、钴、铌、锆、铪、铯、铼、硒、碲等稀有、稀散资源十分匮乏，其中锂、铌、锆资源 99% 依赖进口。稀土虽然是优势资源，但是资源开发利用率低，资源开采环境污染严重；现有研究仍主要集中在稀土浸出—分离领域，后续高端产品比例低；缺乏新型稀土材料高值化的关键技术，从而导致我国低端稀土产品产能过剩，而高端产品却严重依赖进口。如日本 95% 的氧化钇和氧化镧从我国进口，再加工成高值化稀土产品销售我国。我国 70% 的含稀土通信部件和三成以上的汽车底盘用钢依赖日本进口。此外，我国非金属的高纯、高附加值功能材料技术也严重缺乏，如5N高纯石英、碳纤维、高纯石墨，高性能镓、铟、锗、钽、铌、锆、铪、锂同位素等几百种高端材料制备方面技术不过关，产品依赖进口；航空航天、电子通信、高端制造的发展受制于人。因此，"三稀"矿产资源及其高端材料制备已成为大国核心竞争力的重要体现。为保障"三稀"资源的安全供给，以美国、欧盟、日本为代表的发达国家长期以来一直把实施全球关键矿产资源战略作为其国家整体战略的重要组成部分，与政治、经济、外交、军事、金融等政策有机结合并提出了完备的发展计划，以确保国家安全。如：美国提出的"关键材料"（critical materials）战略／创新计划、欧盟的"2020战略"和日本的"稀有金属保障战略"，从供应链上保障关键矿产资源冶炼提取、材料加工、循环回收再利用等环节，并进行技术研发。我国在"三稀"资源和关键非金属资源领域仍缺乏国家层面的统筹，大部分关键矿产资源的开发利用还处在初级综合利用水平，用于高端制造的原材料研发制备与西方国家存在较大差距。"三稀"资源及高端材料能否持续安全供给已成为高悬在高新产业头顶的一把"利剑"。

为满足矿产资源的持续安全供给，未来国内矿产资源的开发将逐步由浅部迈向深部，由东中部低海拔地区向西部高寒高海拔地区转移。进入21世纪后，国家提出的"一带一路"倡议正深刻影响着矿产资源领域的变革。坚持"引进来"和"走出去"相结合，积极融入全球创新网络，用好"两种资源，两个市场"，成为开创我国矿产资源开发的新格局和新模式。全球范围内科技和行业变革推动矿产资源领域转型升级，资源领域自主科技创新已成为国家发展和国际竞争的核心创新，积极开展资源主动布局是解决我国矿产资源供需矛盾、实现矿产资源的可持续性开发和利用的关键途径和根本动力。未来，矿物加工科学技术的发展将主要围绕以下议题开展。

（1）环境友好的矿物加工。中国矿产资源集中分布地区与人口密集区、粮食生产区、生态脆弱区高度重叠，矿产资源的粗放式开发对资源环境造成了空前的压力，矿产过度开发和环境有限承载的矛盾已成为制约我国经济社会可持续发展的瓶颈问题。据统计，矿业废水排放量约占全国工业废水排放量的12%，所排放的一般工业固体废弃物占45%，矿山废水污染曾导致多地爆发铅、镉、铬等重金属超标事件。另外，我国约有12000座尾矿库处于高势能位置的"泥石流形成区"；尾矿堆存量随着开采量与日俱增，其占据大量农、林土地，直接污染土地面积达6.67万km^2，间接污染土地面积更达66.7万km^2，有约1100座危、险、病库亟待治理，是土地重金属污染的主要来源之一。发达国家同类型选矿厂较我国的生产能耗低10%～30%，水资源回收利用率高20%～30%，固体废弃物处置水平高，生态环境保护力度强。当前我国社会主要矛盾已经转化为人民日益增长的美好生活需要和不平衡不充分的发展之间的矛盾，十九大报告提出坚持节约资源和保护环境的基本国策，推进资源全面节约和循环利用，形成绿色发展方式和生活方式。矿物加工科学技术今后的发展也须秉承绿色发展理念，把生态文明建设融入生产的全过程，加强基础理论研究，发展矿产资源的精细、高效、清洁的矿物加工生产技术，降低矿物加工过程的物质和能量消耗，提高矿产资源循环利用与源头治理水平，实现生产全过程零排放，建设花园式生态和谐工厂，是矿物加工学科亟须发展的命题，对保障国民经济发展与生态环境和谐可持续发展、开创社会主义生态文明新时代具有重要战略意义。

（2）矿产资源的高效综合利用。伴随我国过去几十年经济高速增长对矿产资源的高消耗，我国大宗矿产、煤炭、铁、铜、铅、锌、铝、锰、镍、钾盐等保障程度持续下降，对外依存度不断增加，长期大量依赖进口的局面难以得到根本改善。随着原生资源的日益消耗和未来对环境保护的严格要求，未来矿物加工处理的对象将更为广泛，不仅包括传统的矿产资源、尾矿、冶炼渣，还包括城市矿产、深地、深海、深空非常规资源，解决未来资源供需矛盾的核心是实现资源的全元素高效利用。例如，我国 85% 以上有色金属矿为多元素共伴生矿，目前大多数矿山只利用了其中的主要有价金属元素，资源综合利用水平低。此外，尾矿和冶炼渣等固体废弃物中也含有大量的有价元素，例如我国黄金尾矿中含金一般在 0.2 ~ 0.6 g/t，以当前总堆存量 5 亿 t 计算，其中尚含黄金数百吨。

（3）矿物加工智能优化制造。为满足经济发展对矿产资源的持续需求，一方面，我国越来越需要实现难选冶、低品位资源的高效开发，减少资源浪费；需要通过矿物加工制造的规模化、集约化和装备的大型化提升效率和效益；需要通过节能减排、绿色开发，将矿产资源开发对生态环境的影响降到最低，促进矿物加工向高效化、绿色化和智能化方向发展。另一方面，矿物加工过程作为典型的流程工业，具有生产连续、物料多次循环且难以标记跟踪等特点，其生产过程不可分割，各工序间关联复杂，导致全流程解决方案与各工序协同极为重要；矿物加工过程还伴随着一系列物理化学反应，物质转换和能量转移过程机理复杂，难以精确数字化；矿物加工过程原料属性变化频繁、工序与操作单元缺乏自感知能力，生产过程具有强耦合、非线性和大滞后等特点，是矿物加工过程智能化控制的主要难点。

在大数据、云计算和新一代人工智能发展趋势与矿物加工面临上述诸多需求与难题的多重驱动下，发展大数据、云计算和新一代人工智能与矿物加工的融合技术，实现矿物加工过程智能优化制造，将是解决矿物加工过程所存在问题的有效途径。矿物加工过程对全流程的自感知、自预测、自决策等能力要求较高，通过大数据和新一代人工智能等技术，发展矿物加工智能优化制造技术，以"少人化"和"无人化"为目标提高生产效率；以提升"作业品质"为目标，改善生产技术指标；以提升企业综合经济效益为目标，提高科学决策能力。加快信息技术与传统矿物加工技术的深度融合，实现矿物加工过程的数字化、网络化、智能化与绿色化，推进矿物加工行业技术进步及产业升级，抢占国际矿业行业竞争的制高点，有利于我国矿物加工企业在未来国际竞争中求得更大的生存和发展空间，也是促进我国从矿业大国走向矿业强国的战略要求。

（4）矿物加工产品高值化。矿物材料作为矿业工程学科的延伸和发展，同时又和材料科学与工程、生物医药、交通与通信工程、能源科学与工程等学科交叉，基于电、光、磁、声、热等功能效应的矿物材料，在航空航天、电子及环保等领域具有重要作用。矿物材料对促进高新技术产业发展、优化传统产业结构、节约能源和资源、保护环境等具有重要意义。近年来，由于新理论、新技术的出现和引入，矿物材料研究异常活跃，尤其是特殊功能矿物材料极具发展潜力。我国是矿产资源大国，具有特殊功能效应和可用于制备功能材料的矿物资源十分丰富。但我国的矿物材料加工技术落后于发达国家，国内还停留在对黏土矿物的加工改性时，美国已将黏土产业化应用于医用止血剂；国内的石墨矿物材料还主要用作密封润滑材料时，加拿大等国已大批量生产应用石墨烯电极材料。中国出口初级产品、进口高端矿物材料这一现状亟待改变。一些高端矿物材料"卡脖子"，用于催化、超导、生物医学及航空航天等热点领域的纳米金属、非金属粉末无法自给自足，高纯矿物尚不能满足精密仪器设备的纯度要求。《中国制造2025》重点领域技术路线图中明确指出，大力发展多功能矿物材料用于特种合金、高性能分离膜材料、高性能纤维及其复合材料、新型能源材料、电子陶瓷和人工晶体、生物医用材料、稀土功能材料、先进半导体材料、新型显示材料等高性能"关键战略材料"和"前沿新材料"。《国家中长期科学和技术发展规划纲要（2006—2020年）》也大力推广矿物材料在能源、环境、制造业与材料技术等领域的应用，实现矿产资源的高值化与无害化利用。另外，矿物材料学科领域与国家"十三五"发展规划导向产业紧密相关，如石墨烯、太阳能清洁能源及高效吸附材料等。矿物材料的发展，一方面，将为我国新能源、新材料及环保领域的技术进步提供基础研究和技术支撑；另一方面，随着我国节能减排、新能源、低碳社会、循环经济等社会和经济发展重大问题的提出，与之相应的矿物功能材料也迎来了重要的发展机遇。因此，加强矿物材料基础研究，开发新型矿物材料，对于国家的经济发展和高新技术材料发展具有重要作用。

（5）非传统矿产资源的高效利用。①城市矿产资源：调查显示，经过工业革命300年来的矿产资源高速消耗，全球半数以上可工业化利用的矿产资源，已从地下转移到地上，数量庞大。而靠工业文明支撑的现代化大城市中，大量的废旧汽车、废旧电池、废旧家电等蕴含大量的宝藏。据研究统计，从1 t废旧手机中可以提炼400 g黄金、2.3 kg银、172 g铜；从1 t废旧个人电脑中可提炼出300 g黄金、1 kg银、150 g铜和近 2 kg 稀有金属等。现今，全球约 45% 的钢铁和 40% 的铜来源于废钢与废铜的冶炼生产。与传统矿石的冶炼过程相比，用废钢生产 1 t 钢，可节约铁矿石 1.6 t，能耗减少 0.35 t 标准煤，节约能耗 74%，减少 1.6 t 二氧化碳排放，减少 86% 的空气污染。此外，城市矿山资源还富含锂、钛、金、铟、银、锑、钴、钯等稀贵金属，种类繁多且纯度较高，但组成复杂；新能源汽车的发展，废旧动力电池的处理及其中金属元素的回收将成为一大难题。要实现各种资源中的全元素回收和无害化处理，需要根据物理学、化学、冶金学、生物学、矿物加工学等多学科知识，在重磁、光电、界面分离、生物处理等方面形成矿物加工创新技术。②深地、深海、深空资源：已有研究发现大洋海底多金属结核总资源储量超 3 万亿 t、稀土资源量达 880 亿 t；月球以及其他小行星上也蕴藏着极其丰富的矿产资源，其中月球表面 10 m 厚的砂土铁储量就高达数百亿吨。未来，"三深" 资源的开发利用将是解决资源供应瓶颈问题的有效途径。因为 "三深" 资源矿物加工利用过程会受到温度、用水、重力及资源赋存形式差异大等诸多因素的影响制约，要实现 "三深" 矿产资源矿物加工集约化、连续化、智能化和绿色化的开发利用，矿物加工理念、模式、技术都必须有创新性的发展。世界强国的竞争，归根结底就是科技、人才、资源之间的竞争，谁能率先掌握 "三深" 进入、"三深" 探测、"三深" 开发方面的关键技术，在装备、技术能力上实现突破，谁就能在资源高地捷足先登获得跨越式发展。"三深" 资源开发利用需要矿物加工基础研究重大理论创新作为支撑，需要创新性的原创技术和智能化装备的发展。

本书主要由 7 个章节构成。第 1 章为总论，第 2 章~第 6 章为专题论述部分，第 7 章为政策与建议。总论部分主要概述矿物加工学科的基本范畴和关键性议题，阐述矿物加工学科热点问题的国内外研究现状，从学科交叉、绿色高效、精细加工、智能制造、高值化等方面探讨未来发展方向。

第 2 章主要针对大宗矿产资源利用过程中的技术瓶颈及挑战展开讨论；铁矿、铜铅锌、铝土矿、磷矿作为国民经济发展不可缺少的结构性、功能性、支撑性大宗基础紧缺资源，其稳定安全供给是实现国家发展战略的物质基础。随着我国经济发展和国家财力的增强，资源约束正替代资本约束逐步上升为国家经济发展中的主要矛盾，我国大宗矿产资源供应不足已成为制约国家经济发展的 "瓶颈"，甚至成为伴随工业化、城镇化和现代化全过程的一个重大现实问题。结合我国大宗矿产资源的特点，通过科技攻关，我国在铁、铜铅锌、铝、磷等大宗矿产资源高效开发利用方面取得了显著成绩，但目前依然存在着选矿工艺技术成本较高、选矿装备整体实力不足、复杂难选矿产资源开发利用率低、综合利用水平有待提高、选矿过程存在环境污染等问题。未来需要不断在难选铁矿石基于物相转化的强化分选关键技术、复杂有色多金属硫化矿高浓度分速浮选新技术、大宗矿产资源全组分利用、无尾生产技术等一系列 "卡脖子"

的、受制于人的核心关键技术和装备上开展深入研究，通过系统优化提高分选指标、降低能耗，突破我国大宗矿产资源禀赋对资源回收的不利影响，形成一批大宗矿产资源高效开发关键技术和装备，构建形成新型绿色、高效、经济的大宗矿产矿物加工技术体系，为保障我国大宗基础紧缺资源可持续供应提供技术支撑。

第3章主要针对战略稀有稀散稀土矿产资源综合利用的矿物加工问题展开讨论。"三稀"金属被誉为"高科技金属"，是体现未来国家竞争力的战略新兴产业的关键核心原料，是现代科技的重要基石。我国金属品种齐全，但存在少数优势矿种供需不平衡和多数劣势矿种对外依存度极高的问题。借助中国"走出去"战略契机开发国外稀有金属，实现全球化配置，缓解国内供需矛盾势在必行。然而，全球范围内的稀有金属矿产资源大部分矿石都为共伴生矿，开发利用面临着综合利用难、连续性差、成本高、环境污染严重等共性技术瓶颈难题。对此，未来亟须矿物加工理念、理论、技术和模式的创新，重点以稀土、钽铌、锂铍、锆铪、钨锡、铂钯、钒及稀散金属等资源为示范，逐步突破开发利用连续化、生态化、数字化、智能化的关键技术瓶颈和重大基础科学问题，构建新的智能模式，实现生产过程连续化、开发利用生态化、开采环境数字化、技术装备智能化。由于"三稀"资源品位低、禀赋差、富集提取困难，保障该类资源的安全供给需要矿物加工分离精度由宏观向微观纵深发展。

第4章主要针对二次资源和城市矿山的矿物加工发展路线展开论述。随着国家制造业的发展和人民物质生活水平的提高，国家对资源的消耗也在快速增加，并随之产生大量工业固体废物、报废汽车、电气电子废弃物等而形成"城市矿产"。"城市矿产"因含有大量有价金属而具有极高的经济价值。固体废弃物的资源化和无害化与建设美丽国家及可持续发展紧密相连，未来矿物加工的发展将促使"二次资源"及"城市矿产"的高效利用，实现资源循环。

第5章主要聚焦于煤的清洁生产与利用。煤炭占我国一次能源生产的70%以上。目前，我国煤炭开发利用方式粗放，资源环境压力大，优质煤炭资源日益减少，原煤灰分高，中高硫煤比例大。长期以来，以燃用原煤为主的煤炭利用方式，引起了严重的环境问题。很多研究将雾霾的产生和空气质量下降的矛头直接指向煤炭的燃烧。由于我国富煤、缺油、少气的资源赋存特点，决定了在今后相当长的一段时间内，煤炭在中国的基础能源地位，及其在中国能源革命中的"主角"身份。中国能源革命的方向不能是"去煤"，而只能是"净煤"，即煤炭清洁化。分选提质降灰是煤炭清洁利用的重要手段，已有数据显示：每分选1亿t煤，可脱除黄铁矿硫150万t，可脱除20%~30%的矿物质，洁净煤燃烧效率提升10%~15%，并显著降低二氧化硫、氮氧化物、燃烧粉尘排放，减少大气和水体污染。因此，需要大力加强煤炭"净煤"的矿物加工基础理论研究，形成清洁燃煤创新技术，为国家的节能降耗与保卫蓝天计划服务。

第 6 章主要针对深海、深地、深空资源利用的矿物加工问题展开讨论。人类正面临资源需求持续增长与地表资源逐渐枯竭的资源供需难题，绝大部分资源的获取来源于地壳的浅表层。但已有研究发现表明，如果我国固体矿产勘查深度达到 2000 m，探明的资源储量可以在现有基础上翻一番；此外大洋海底深海也含有丰富的矿产资源，深海多金属结核储量就相当于目前陆地锰储量的 400 多倍、镍储量的 1000 多倍、铜储量的 88 倍、钴储量的 5000 多倍。近地天体中也蕴含大量贵金属、稀有金属及核原料等资源，离地球最近的月球当中蕴含着丰富的铁、铝、铬、镍、钠、镁、硅、铜等金属矿产资源。因此，加强深海、深地、深空矿产资源的开发利用研究，对我国矿业可持续发展具有重要的战略意义，是关系到国民经济持续发展以及资源安全保障的长远问题。

1.2 国内外发展现状的分析评估

1.2.1 矿物加工基础理论研究

1.2.1.1 工艺矿物学和界面作用微观机理研究方面国外研究更具优势

国外注重于矿物加工基础理论的研究。在工艺矿物学领域，澳大利亚、挪威一直处于世界领跑地位，在矿物解离度、矿物嵌布粒度、矿物相对含量、矿物嵌布复杂程度等工艺矿物学方面开展了大量研究，使得工艺矿物学进入"定量矿物学"时代。在矿石碎磨效率及能量性能、动力学分析方面，澳大利亚、美国等国家取得了系统的前沿成果。美国、加拿大、英国等长期致力气泡形成及颗粒碰撞等方面的研究，在颗粒间相互作用理论和测试技术（如高速影像、原子示踪），颗粒与气泡、气泡与气泡相互作用微观机制，矿物/溶液/浮选药剂界面相互作用过程及机理的测试表征等展开了大量的研究；澳大利亚在设备流体力学模拟方面的研究一直处于国际前沿；巴西在浮选机矿浆停留时间及短路诊断上做了大量研究与测试。这些研究促进了矿物加工基础理论的创新发展。同时，国外也重视学科交叉与融合，注重冶金学、化学、材料学、生物工程、电磁学等相邻学科在矿物加工学科领域的应用，并形成了许多矿物分离强化的原始创新，如光电拣选、电脉冲、磁脉冲、微波预处理、细菌氧化、细颗粒三维浮选等方法，并为此研制选别设备和过程强化设备以提高分选效果。

1.2.1.2 在应用基础研究和工艺技术研发方面我国处于世界领先水平

近年来，我国在矿物加工基础理论研究方面取得了长足进展。在工艺矿物学研究方面我国实现了定量分析，在矿物颗粒的分割与矿物识别取得突破性进展，并在国际上率先提出和开展基因矿物学研究。在工艺研究领域，针对我国复杂难处理资源开发出了与资源紧密相连的一系列国际领先的原创工艺技术，实现了资源的高效回收利用，如：硫化矿的电位调控浮选、低铝硅比铝土矿浮选选择性脱硅技术、氧化铅锌矿原浆浮选技术、难选镍钼矿强化浮选技术、白钨矿的金属离子配合物常温浮选、高磷鲕状赤铁矿深度还原选冶一体化技术、煤炭多流态梯级强化浮选技术等。在矿物加工设备基础研究中，高梯度磁选、超导磁选、磁系设计、浮选机多相流流体动力学模拟与大型化等研究领域处于国际先进水平，开发出一系列先进的、大型化的磁选和浮选设备。在浮选晶体化学和界面化学领域，我国在矿物晶格缺陷、流体包裹体、浮选药剂界面分子组装、颗粒相互作用等方面进行了开创性研究。

1.2.2 矿物加工清洁生产

1.2.2.1 我国矿业废水循环利用率存在巨大的提升空间

我国淡水资源总量为 2.8 万亿 m^3，居世界第四位，但人均水资源量仅为世界平均水资源量的 1/4，是世界上水资源比较贫乏的国家之一。矿物加工过程用水量高，采用浮选法处理 1 t 矿石一般要用水 3~5 m^3，重选用水 6~10 m^3，浮磁联选用水 8~15 m^3，重浮联选用水 10~15 m^3；我国原煤入选能力和入选量快速增长，洗选 1 t 煤需要用水 3~5 m^3，矿业废水整体排放量逐年增加，而循环利用率却一直处于较低水平。2017 年，全国工业废水排放量约 190 亿 t，其中煤炭（14.8 亿 t）、有色金属（4.5 亿 t）、黑色金属（1.9 亿 t）的矿业废水排放量占比超过全国工业废水排放总量的 1/9[1, 2]。

目前，我国矿业废水循环利用率整体较低。煤炭、黑色金属矿选矿废水组成相对简单，废水循环利用率可达 85% 以上，未来可以实现完全循环回用；有色金属和黄金矿物加工过程有机药剂用量大、种类多，难降解有机选矿药剂和重金属含量高，废水处理难度大，虽然个别选厂废水循环利用率接近 100%，但循环利用率为 40%~50%，工业发达国家选矿废水循环利用率已在 85% 以上，如芬兰奥图泰公司瓦马拉矿等矿山的废水循环利用率达到 100%，加拿大 62 个有色和黑色金属矿石选矿厂中，有 35 个实现循环水供水。美国对矿山选矿废水的排放与处理有严格规定，并向选矿企业提供工艺控制和终端处理两类选矿废水处理回用技术，除了采用传统的自然降解法、混凝沉降法、活性炭吸附、化学氧化处理方法外，离子浮选、离子交换、电渗析等成熟的工程应用技术在美国矿山得到推广应用，取得了良好的经济效益和环保效益。美国、加拿大、日本等在新建选厂和改造现有选厂时，明确规定必须实行厂内循环供水和尾矿干式堆存。目前国内矿山企业在选矿厂的设计和改造过程中，选矿废水的处理回用尚未受到足够的重视，特别是复杂有色金属矿山废水循环利用率亟须提高。

1.2.2.2 矿山固体废弃物平均利用率低，处置与利用水平进步快

我国矿产品产量居于世界第一位，排出的矿业固体废弃物同样居于世界第一位，

主要是废石、尾矿、粉煤灰、煤矸石等。我国约 6.77 万座非油气矿山，尾矿废石堆存量超过 600 亿 t，矿业行业排放量占工业固体废弃物排放总量的 45%，每年新增矿山固体废弃物排放量达到 15 亿 t 左右，尾矿的处置与资源化利用已成为矿山可持续发展亟须解决的问题。我国矿山固体废弃物利用率不高，矿山废石排放总量较多的矿种如铁矿、铜矿、镍矿、钼矿和磷矿等，利用率较低。根据我国 20 个重要矿种 12366 座矿山固体废弃物大数据分析，20 种矿种矿山固体废弃物平均利用率仅为 20%，与世界先进水平相比有较大差距，日本和美国的尾渣利用率可达到 75% ~ 85%，德国的尾渣利用率可达到 100%，美国、俄罗斯和德国等发达国家已基本实现尾矿全部充填。我国矿山固体废弃物处置与利用起步较晚，但技术水平发展较快，途径主要包括回收有价金属资源、制作建筑材料、制备人工鱼礁混凝土等海洋工程材料、路基材料、制备充填材料回填矿井采空区、磁化尾矿作土壤改良剂等，煤矸石发电已有 20 年的历史，但面临飞灰及锅炉渣处理与控制难度更高的环保问题。多年来，我国已从矿山废渣中回收铜 148 万 t、铝 8.7 万 t、铅 39 万 t、锌 15 万 t，分别占其消耗量的 19%、1%、11%、4%；我国仅有少部分大型国有矿山实现尾矿综合利用，如金川、攀枝花、梅山铁矿和白云鄂博等矿山企业；典型无尾矿山有南京银茂铅锌矿业有限公司栖霞山铅锌矿、铜陵有色集团公司冬瓜山铜矿等，通过采用环境更新、生态恢复等为手段，我国目前建成 24 座国家矿山公园，在建（筹建）48 座。

1.2.2.3 矿物加工过程的噪声及粉尘区域污染物排放总量高，污染控制技术发展迅速

据国家统计局和环境保护部《中国环境统计年鉴 2018》显示，2017 年，矿业行业工业废气排放量占我国总排放量的 1.23%，工业烟（粉）尘排放量占 3.7%。选矿厂内颗粒物基本属于多金属混合粉尘，其中二氧化硅含量一般会超过 10%。环境保护部新增或修订了一系列国家标准规范企业的污染排放，根据采选金属种类的不同，选矿厂的颗粒物排放浓度限值在 20 ~ 200 mg/m³ 不等。国外的除尘技术和装备发展迅速，美国、德国、日本等开发的雾滴带电进行喷雾降尘效果达 60% ~ 70%，高压喷雾技术抑尘效率达 90%，已在现场广泛使用；能耗更低的生物纳膜抑尘方法应用成熟，除尘率可达 90% 以上。由于除尘设备操作不当、设备老化及除尘设施不到位等，部分选矿厂仍无法达到国家要求的排放标准，区域内污染物排放的总量控制也同样重要。

我国已具备减振、隔声、吸声、个体防护的职业噪声控制技术。国内现可提供能有效控制低频性和低中频性噪声的设备，采用加装消声器和隔声罩，可将空压机、电机噪声降低到 85 dB 以下；采用阻尼隔声层包扎、隔声罩、橡胶衬板代替锰钢衬板等方法来进行磨机降噪；因缺乏正式设计、施工过于粗糙或管理不善，国内隔音室难以将室内噪声降至 70 dB 以下。我国选矿厂噪声超限普遍，主要由于生产过程设备运行时产生较大噪声、设备无防噪隔音罩、原有减振基础损坏严重、现场无隔音控制

室等，且岗位人员停留时间较长。美国、英国等国家将噪声问题作为一种污染形式进行治理，工业和矿山的管理条例均规定工作噪声强度不得超过 90 dB（其中英国是85 dB），使用橡胶衬垫、纤维玻璃隔层等吸音材料，采取隔声装置或以橡胶衬板代替钢衬板，研究高效、低廉和适用性强的新型吸音材料和低噪声分布的选冶设备，以降低生产成本和提高吸音降噪效果。

1.2.2.4 矿物加工清洁生产相关法规标准陆续出台

截至 2018 年年底，我国已编制了近 40 个重点行业的清洁生产评价指标体系，与矿业清洁生产评价相关的指标体系主要包括：煤炭、有色金属（锑、镍钴、钛、锡、锌、铜、铅）、稀有金属（稀土、钨、锗）、炼铁（烧结）等行业；2016 年 7 月1 日起，我国开始施行《清洁生产审核办法》，对污染物排放超过国家或者地方规定的排放标准等 5 种类型企业实施强制性清洁生产审核。少数煤炭、有色、黑色金属以及黄金等行业中相关企业进行了生产全过程或部分生产过程的清洁生产审核工作，均可实现节约能源和资源、减少污染排放的目的。清洁生产大多数情况下并不能产生直接的经济效益，且通常需要大量的资金投入，大部分企业没有意识到清洁生产的实质是提高资源的综合利用率，企业实施清洁生产的紧迫感差、内在动力弱。澳大利亚、美国在法律上要求矿山企业需向政府登记每年的污染物排放量，强制企业调整生产实施清洁生产；荷兰政府通过执法和吊销营业许可权等方式强制企业实施清洁生产。

1.2.3 难处理矿产资源的利用

1.2.3.1 复杂矿产资源占比高，开发利用难度大

我国矿产资源总量丰富，种类较齐全，可为大多数行业提供基础原料或能源。然而，我国矿产资源禀赋较差，呈现"贫矿多、难选矿多、共伴生矿多"的资源特征，无论从资源加工技术还是经济可行性的角度，我国矿产资源开发及综合利用难度都较大。其中铁、铜、锰、铝、磷等国民经济紧缺矿产的贫矿比例分别高达 97.5%、64.1%、93.6%、98% 和 93%，其探明储量的平均品位远远低于世界平均品位。据统计数据显示，我国铁矿的入选品位已低至 10%，金矿最低入选品位低至 0.15 g/t（澳大利亚 0.63 g/t 为盈亏平衡点），铜矿入选品位低至 0.15%（世界平均值为 0.4% ~ 0.5%）。我国的鲕状赤铁矿、胶磷矿、吸附型金矿、一水硬铝石等均为世界公认的难利用矿产资源。我国单一金属矿床少，多金属共伴生复杂矿产资源多，其中 85% 有色金属矿属于共伴生矿，且共伴生状态复杂，矿物嵌布不均，共伴生元素可浮性相近，导致有价矿物与脉石矿物解离不充分，难以突破高效分离。我国大量复杂矿产资源利用率低是导致这些大宗矿产资源对外依存度高的另一主要原因。

1.2.3.2 部分复杂难处理矿产资源利用技术取得突破，但综合回收率低

在一些矿产资源丰富的国家，由于资源禀赋较好以及注重环保等因素，优先开发富矿资源，如澳大利亚力拓公司的铁矿石、铝土矿等，无须选矿或只经过简单洗选，就可直接进入冶金工序，因而国外矿业界更注重矿山设备的大型化、智能化以及节能降耗等方面的研究，而对复杂难处理矿石的工艺流程、药剂制度等分选技术研究的相对较少。而我国矿产资源禀赋差的特点，极大地促进了我国在复杂难处理矿产资源开发利用领域的技术创新和进步。与西方发达国家相比，我国在难处理矿产资源的工艺技术方面具有明显优势，在分选设备、工艺流程及药剂制度乃至尾矿尾水处理等方面不断创新，攻克了一个个世界性难题，将"贫、细、杂"等难利用的"呆矿"转变为可综合利用的有价矿产。

在低品位复杂有色金属矿产资源方面，我国开发了多金属矿部分优先快速浮选技术及药剂、硫化矿电位调控浮选技术、复杂混合铜矿高效回收技术、铝土矿浮选脱硅—拜耳法生产氧化铝技术、攀西地区钒钛磁铁矿磁浮联合选钛工艺、短流程浮选柱选矿工艺等；在难处理铁矿利用技术领域，我国针对磁铁矿或赤铁矿研发了磁滑轮预选、反浮选、磁团聚重选以及综合物理场分选技术；对于难处理的菱铁矿、褐铁矿，开发的闪速磁化焙烧、悬浮焙烧等工艺及重介质选矿、双反浮选工艺等，使得我国在同类型难处理矿产资源的开发利用技术领域处于世界领先地位。

尽管这些技术在有关矿山获得推广应用，但我国复杂矿产资源的综合回收率依然较低。例如，我国拥有地质储量巨大的高铁铝土矿，但由于其铁含量高、铝品位低，至今难以实现铝和铁的有效分离，资源综合利用率极低；又如我国钨矿通常与钼、锡、铜、铋、铅、锌、铌、钽以及金、银等共伴生，虽然大部分矿山对伴生有价元素进行了不同程度的综合回收，但由于回收技术难度大，各矿山资源综合利用水平参差不齐，伴生金属的总体资源回收率不高。此外，我国难处理矿产资源中的风化型钨矿、红土镍矿、鲕状赤铁矿等资源由于回收技术难度大、经济成本等问题，至今未能得到有效的回收利用。整体而言，我国矿产资源的综合回收率总体不超过50%，共伴生矿产资源综合回收率在40%~70%的国有矿山企业不足40%，有色金属矿产资源综合回收率为35%，比国际先进水平低15%~20%。矿石中多种有价伴生元素无法充分利用，难以实现矿石中的有价矿物和成分的高纯度提取，尚未形成具有高附加值的矿物产品，缺乏国际竞争力。此外，在高效节能选别装备、绿色环保选别药剂、智能化选矿厂等方面，我国还需加大研发力度。

1.2.4 矿物加工装备与智能化

回顾历次工业革命，第一次工业革命通过蒸汽驱动实现了机械设备应用，第二次工

业革命通过电气化实现了大规模生产，第三次工业革命通过电子和 IT 技术实现制造流程的自动化，第四次工业革命是以人工智能、机器人技术、虚拟现实、量子信息技术、可控核聚变、清洁能源以及生物技术为技术突破口的工业革命。以大数据、人工智能、物联网、云计算等为代表的第四次工业革命新技术正不断深化应用到矿物加工领域。

澳大利亚、芬兰、美国、南非等矿冶技术发达国家经过多年持续研究和产业化应用，已形成了矿物加工过程在线检测、先进控制和仿真平台一体的生态体系。在矿物加工过程关键装备与检测方面，瑞典、美国、加拿大等矿业大国形成了以美卓、奥图泰和艾法史密斯等为代表的先进装备制造企业，研发设计了系列化的矿物加工过程智能化装备与系统。在高精度传感器基础原理研究方面，欧美等发达国家长期处于领先地位，其装备和制造技术向大型化、高效、节能、绿色方向发展。在矿物加工工业软件方面，国外形成了选冶专家系统、流程仿真软件成熟产品体系。以工业物联网、工业互联网平台为基础的矿物加工智能化平台软件系统正在逐步形成业态。矿物加工工厂朝高效、节能、绿色发展，特种环境无人化、宜产宜居生态友好型的矿物加工工厂成为发展的方向。

未来几十年，我国将面临更复杂的竞争态势，国际竞争压力显著增强。实现矿物加工工业的数字化、网络化、智能化与绿色化，推进行业技术进步及产业升级，抢占国际矿业行业竞争的制高点，是促进我国从矿业大国走向矿业强国的战略要求。

1.2.4.1　矿物加工设备向大型化和高效化快速发展，但发展水平不均衡

（1）粉碎设备发展相对滞后。粉碎设备主要分为粗碎设备和中细碎设备。我国粉碎设备研究整体实力和技术水平还较弱，引进国外设备、学习改进仍是发展主线。粗碎设备方面芬兰的美卓公司和瑞典山特维克公司的破碎应用基础理论和产品设计开发仍占主导地位。细碎设备方面，上述两公司和德国伯力鸠斯公司、洪堡威达克公司等居国际领先地位。但在惯性破碎机方面，北京凯特破碎机有限公司已开发出 GYP-1500 型惯性圆锥破碎机技术水平达到了国际先进。国内破碎技术及装备发展的主要技术瓶颈为基础理论研究落后、结构创新乏力、实验研究方法和选型试验方法差距较大。

（2）磨矿设备发展参差不齐。磨矿是选矿工艺准备作业的关键，是整个选厂中能耗最高的环节。粗磨设备包括（半）自磨机、球磨机等，细磨设备包括立式搅拌磨机、卧式磨矿机等。（半）自磨和球磨矿设备已达较高水平，而细磨和超细磨设备整体水平还有待提升。目前世界上最大的半自磨机规格为艾法史密斯研制的 12.19 m × 7.92 m，于 2013 年在秘鲁特罗莫克铜矿投产；最大规格球磨机是艾法史密斯研制的 ϕ8.53 m × 13.4 m 型球磨机；现场应用最大规格的自磨机是由我国中信重工机械股份有限公司为中信泰富 Sino 铁矿制造的 12.2 m × 10.97 m 自磨机；最大规格的干式球磨机规格是 6.2 m × 25.5 m。随着矿物贫细杂化，细磨要求越来越高，以立式

螺旋搅拌磨机（塔磨机）、卧式搅拌磨机和擦洗机为代表的细磨设备发展也越来越受到重视。最大的立式搅拌磨机是芬兰美卓公司研制的 VTM-4500-C；嘉能可技术公司合作开发的 Isa 磨机 M50000 代表着卧式搅拌磨的最高水平。国外研究的重点在磨矿设备基础理论、选型实验设备和方法、工业规格磨机设计计算方法、传动技术、磨矿设备工作过程优化控制和自动化维护装备等方面，处于领先水平；但国内在工业规格磨机设计、制造和应用实践方面走在前列。研究开发高效、节能的新型粉磨设备，探索矿物加工高效磨矿工艺和技术，降低能耗是发展的方向。

（3）浮选设备规格齐全，与国际先进水平差距较小。据统计90%的有色金属和50%黑色金属采用浮选工艺处理，浮选设备是浮选工艺的重要支撑。浮选设备主要分为机械搅拌浮选机和浮选柱。中国浮选机已经达到国际水平。2014—2018年，基于成熟的浮选机放大方法，美国的艾法史密斯公司、芬兰奥图泰公司和北京矿冶科技集团先后开发成功 SuperCell 660、TankCell 630 和 eDreamCell 680 超大型浮选机。北京矿冶科技集团的系列大型浮选机在国内外推广上千台套。磨矿分级回路专用浮选设备可以实现早收早抛，是近几年的研究热点。主要以国外的奥图泰闪速浮选机、澳大利亚的 Novacell 浮选机、艺利的 HydroFloat 分选机等为主。大型浮选柱技术达到国际先进水平，短体浮选柱较为落后。具有代表性的中国矿业大学 FCSMC 浮选柱浮选柱、美国艺利公司 CPT 浮选柱、北京矿冶研究总院 KYZB 型浮选柱，短体浮选的代表是詹姆森（Jamson）浮选柱。我国在大型浮选设备设计、制造和工程实践上处于先进水平。

（4）磁选设备达到国际水平，光电拣选设备发展较快，但差距明显。磁选设备是黑色金属矿分选的重要支撑。我国永磁磁选机技术已经达到国际水平，北京矿冶研究总院、沈阳隆基磁电设备有限公司、山东华特磁电科技股份公司先后研制出 1500 mm × 5000 mm、1800 mm × 5000 mm 超大型永磁筒式磁选机，是世界最大规格的磁选机。国际上，磨前预选设备发展较快，研发的多种永磁筒式磁选机等获得了较多的工业应用。美国艺利公司已采用先进的磁场仿真软件 MagNet 进行筒式磁选机永磁磁系的设计。美卓公司将数字高程模型、计算流体动力学与有限元模型相结合并二次开发建立了一个耦合磁选模型，首次实现了永磁筒式磁选机分选矿物的全过程仿真。赣州金环公司研制的 SLon 系列电磁立环强磁选机最大规格已经达到 $\phi5$ m，代表着国际水平。中国科学院高能物理研究所与山东华特联合开发出往复式超导磁选机。

光电拣选设备是根据物料中不同颗粒之间易被检测的物理特性（光性、放射性、磁性、电性等）的差异，通过对颗粒的逐一检测和鉴别，然后通过一定外力分拣欲拣颗粒或剔除废弃颗粒的一种分选设备。在处理对象方面，拣选可以处理有色、黑色、稀有、放射性矿石及非金属矿石。目前，利用可见光、X 射线、γ 射线等技术的机械拣选设备有了较快的发展，受到各国的重视。拣选技术应用主要是大块矿石的预选。

目前研发拣选设备的主要是国外公司，如俄罗斯拉多什的 PPC 型拣选机、德国康茂达斯 XRT 拣选机和德国施泰纳特公司研制的 XSS 系列 XRT 拣选机、奥地利 BT 集团的 XRF 拣选机、挪威康曼斯、澳大利亚钨开发公司等。2010 年，东北大学与俄罗斯拉多什公司合作成立了中俄国际 X 射线分选技术研发中心，着力推广拣选设备和技术，最大分选矿石粒度达到 300 mm。

另外，重选设备研究进展较快，表现在以重介质旋流器为主的设备大型化、离心设备优化研究与推广应用，以及黄金等稀有稀贵金属预先回收技术设备的研究，但整体自动化水平低。

1.2.4.2　深海、深地选矿装备探索发展

深海、深地由于工作环境的特殊性，处理物料有别于常规物料的分选。基础研究薄弱。地下选矿厂国内的还没有工程实践的先例，基础研究同样薄弱。

1.2.4.3　检测仪器仪表智能化技术现状

在线检测与分析技术是实现矿物加工自动化、智能化的基础。在过去的十年里，矿物加工过程的流量、物位、压力、温度、酸碱度等单一参数的检测应用十分普及和成熟。但是关键工艺参数，如矿石块度、磨矿机负荷、浮选泡沫状态和矿浆品位等，难以在线精准测量。在国际矿物加工领域，芬兰奥图泰、美卓、南非矿冶技术研究所、澳大利亚联邦科学与工业研究组织、JK 矿物研究中心等公司和研究机构较早开展了矿物加工检测仪器仪表的研究，并推出包括磨机装载量、浮选泡沫状态、矿石粒度、矿浆粒度 / 品位等参数的测量分析产品。我国研究机构通过技术引进和消化吸收，逐步研发了相应产品并在典型矿物加工企业成功应用。

随着数字经济的发展，矿业大数据应用越来越受重视，但离不开基础和特种参数的精准感知和分析处理，在"视""听""触"等高精度传感器基础原理研究方面，尤其在矿物加工工程特种关键指标的检测领域，欧美等发达国家长期处于领先地位，在微量、复杂矿物成分的在线精准检测方面取得一些突破。

我国在一次检测元器件、关键材料和核心传感部件上对国外依赖程度较高，与国外差距明显。缺乏检测流程运行状态智能传感器，矿物加工过程磨损、结钙、堵塞等问题严重，微量有用矿物含量还无法在线检测，这将是未来一段时间我国矿物加工检测面临的问题。因此，我国亟须结合图像处理、物联网、信息物理系统、大数据等先进检测分析与网络技术创新，开发高效可靠的智能感知仪器仪表和装备，夯实未来矿物加工智能工厂建设中数字化工厂的根基。

1.2.4.4　矿物加工工业智能化软件现状

经过 50 余年的基础研究和产业应用，澳大利亚、芬兰、南非、美国等矿冶技术发达国家已形成矿物加工领域基础控制、先进控制和仿真平台一体的生态体系。美

卓、南非矿冶技术研究所、曼塔等企业和研究机构在国外矿物加工碎、磨、选、脱水等过程控制与优化方向形成了较成熟的工业软件和产业化应用。我国矿产资源禀赋差、复杂难处理矿多、生产工况多变，近年来，在矿物加工磨矿、浮选、浓密过程方面研发了专家和优化控制系统，在局部已实现了成功应用。

国际矿业公司和研究机构已开始致力建立网络化数据中心和控制中心，提供矿冶制造自动化整体技术和全生产周期服务，通过互联网、云服务等技术与矿业相结合，加强对行业的集中监控、技术与运营服务来促进矿业经济可持续发展。奥图泰、美卓、纽蒙特公司以及联邦科学与工业研究组织等机构建立了连接矿山的远程监测中心。当前，我们与国际先进矿物加工研究企业与机构相比，主要存在以下差距：

（1）智能控制、优化与决策技术软件未形成成熟产品。针对我国矿产资源开发利用的特点和难点，亟须采用智能控制、大数据和人工智能技术开发全过程智能控制、优化与决策工业软件，稳定工艺流程，提高技术经济指标。

（2）虚拟选厂技术薄弱。矿物加工过程伴随着一系列物理化学反应，物质转换和能量转移过程机理复杂，难以精确数字化。针对上述问题，需采用人工试验、计算流体动力学、数字高程模型等技术方法开展矿物加工机理模型、流程模型和超实时仿真等技术的研究，我国在这方面的基础研究落后于发达国家。

（3）新一代人工智能方法在行业内的应用尚未起步。2017年7月，国务院印发的《新一代人工智能发展规划》中提出：到2025年，人工智能基础理论实现重大突破，部分技术与应用达到世界领先水平。但我国矿物加工过程自动控制技术还停留在"经验主导"为主的简单人工智能水平，针对性的矿物加工过程大数据分析与挖掘技术，历史数据分析及利用不足，导致矿物加工过程全生产周期内智能化水平不高。

近年来，随着人工智能和工业互联网技术的发展，国际上开始研究超越传统的框架，建立开放式流程自动化框架，形成新的系列标准和业态。美国工业互联网联盟（IIC）也发布最新工业物联网（互联网）参考架构，日本推出了"工业价值链参考框架IVRA"顶层设计，我国工业互联网产业联盟（AII）也推出了《工业互联网体系架构》。这些技术和工业互联网软件也正在加速向矿冶领域和矿物加工企业融合应用，必将促进矿业生产运营模式不断革新，使矿物加工从传统生产制造迈向数字化、自动化、信息化、智能化和绿色化。

1.2.5　先进矿物材料研发

1.2.5.1　国外在矿物材料提纯工艺上拥有领先技术

国外对天然矿物高值材料化的研究起步较早。美国、新加坡等发达国家从20世纪20年代即开始了矿物材料制备方面的相关研究，并且建立了较为完善的理论技术体系，为矿物材料的深远发展奠定了基础。20世纪50年代中期，为满足航空航天、精密通信、清洁能源等精尖端行业产品对原料的新要求，国外发达国家率先开展了矿物材料提纯加工工艺研究。国内由于技术水平、工艺设备的限制，在矿物材料的提纯上主要采用传统的矿物加工工艺。首先通过破碎、磨矿等手段将矿物单体解离，其次通过重选、磁选、浮选等方式实现有用矿物及脉石矿物分离。然而，传统的矿物加工工艺有很大局限性，对于嵌布粒度极细的矿物，很难充分解离，获得纯度很高的产品。针对传统工艺的技术瓶颈，国外提出了一系列改良措施，极大地提高了矿物材料的纯度，并形成了较为完善的技术系统。例如，土耳其某公司通过膨润土钠化改性和添加柠檬酸钠等药剂辅助除杂的工艺，高效地富集了膨润土中的蒙脱石。加拿大开发的熔碱法和日本开发的热碱液法，可大幅提高石墨的固定碳含量。尽管与中国相比，国外发达国家在矿物材料提纯上具有领先技术优势，但仍然无法完全满足航空航天、精密通信等高精尖端领域产品对原料的纯度要求，因此，未来仍需大力研发新型高效的矿物材料提纯工艺，以满足高新技术及尖端产品的发展需求。

1.2.5.2 国外具有先发的矿物材料精细制备优势

由于纳米矿物材料具有独特的性质及广泛的应用领域，国外率先对天然矿物纳米技术进行开发。美国在1936年首次研制了扁平式气流粉碎机从而开启了气流粉碎的时代。随后德国阿尔派公司开发了流化床式气流粉碎机，中国也成功研制了超音速气流粉碎机。气流粉碎可将天然矿物破碎到 $1~\mu m$，甚至 $100~nm$ 以下，但进一步粉化矿物材料的可能性较小。为进一步减小材料的粒度，液体粉碎技术应运而生。美、日、德等发达国家开发的高速高压液相粉碎机可实现矿物材料的纳米级粉碎。除此之外，日本在机械力化学方面贡献突出，通过机械合金化工艺能较好地制备出常规方法难以实现的纳米金属复合材料。物理技术如电弧放电法、激光气化法、高温电阻丝法等可将矿物晶体气化—凝结为纳米级矿物颗粒，是应用前景广阔的矿物精细化制备技术。

1.2.5.3 矿物材料微观设计

随着计算机技术的蓬勃发展和理论方法的逐步完善，模拟计算已成为矿物材料基础研究的重要组成部分，对矿物材料的发展发挥着极其重要的作用。英国、美国等发达国家于20世纪80年代初率先提出运用计算机技术预测矿物结构，通过采用能量最优化原则，模拟研究压力改变对晶格以及晶胞参数的影响。而后十年，在研究晶胞参数、层间结合能、弹性常数和吸附能等参数与矿物材料微观结构及界面性质关系方面做了大量工作。我国学者于20世纪80年代末提出了将分子模拟作为一种理论工具，用于矿物材料的微观研究。虽然与国外相比，国内的理论计算基础薄弱、技术装备落后，但进入21世纪后，特别是近十年，我国在矿物材料计算模拟上的研究迅猛发展，该技术已被广泛应用于矿物材料的基础研究。例如，基于密度泛函理论、非平衡态格林函数方法等理论，计算预测矿物材料的电子能带结构、态密度、光学性质等性质，指导矿物材料在电化学产氢、光催化降解污染物等领域的应用。总体来说，我国在运用计算模拟研究矿物材料结构、性能、应用等方面已取得显著进步，与国外发达国家相比差距在持续减小。目前，国内外主要将计算机技术应用于独立矿物的界面及性质研究、新型矿物材料的微观设计和性能研究。

1.2.5.4 功能矿物材料制备技术发展迅速

20 世纪 50 年代，国外已有部分学者对功能矿物材料进行研究并加以利用，例如将矿物制备成光催化剂以降解有机染料、灵敏电化学传感器检测废水中污染物及高速光探测器等先进材料。我国矿物材料的研究起步较晚，20 世纪 80 年代才开始矿物材料的研究。进入 21 世纪后，矿物材料，特别是功能矿物材料的研究才取得突破。例如：在环境治理方面，研发了各种用于处理污染废水的光催化剂，用于去除重金属离子的超级吸附剂及检测有毒气体的高灵敏传感器等复合材料；在能源电池方面，开发了可产氢产氧的可见光催化剂、高容量锂离子电池及储能材料等；在人体健康领域，研发了可检测人体内癌细胞行踪的生物传感器，用于结构健康监测的应变传感器及新型杀菌过滤器等；在生物传感领域，研发了单细菌分辨率生物器件，高灵敏度电化学发光脱氧核糖核酸传感器及预吸附血凝素 / 离子液体 / 青霉素酶的青霉素生物传感器等。尽管功能矿物材料发展迅速，但已开发应用的矿物材料仅 200 多种，而具有优越理化性质和工艺性质的天然矿物材料超过 3000 种，矿物材料的利用率偏低。对于仍未开发利用的两千余种矿物材料，如何采取合理方式以开拓发展应用领域是未来亟待解决的问题。此外，我国长期出口初级矿物原料，反而花数十倍价钱进口高端材料的现状，也亟须发展我国的矿物材料加工技术。

1.3 未来发展方向的预测与展望

矿产资源供需矛盾的日益加剧使矿物加工对矿产资源综合利用甚至对其全元素利用的需求更加迫切；建设美丽国家对环境保护和生态文明建设提出了更高的要求，绿色、低碳与环境和谐的矿物加工发展将势在必行；新兴高科技行业的升级换代对新型矿物功能材料等高品质矿物加工产品需求持续攀升，矿物加工产品的高值化研究也已成为学科发展关注的热点。信息时代的到来，使数字化、智能化已成为 21 世纪最具标志性的技术。全面推进实施制造强国战略，加快大数据、云计算、物联网应用，以新技术、新业态、新模式，推动传统产业生产、管理和营销模式变革，是我国制造业的首要任务。科学技术的进步使人类对可利用资源范畴得以不断扩充，资源提取对象不再局限于传统矿产资源，固体废弃物、烟气粉尘、盐湖卤水、大洋海水等都将是未来矿物加工资源提取的重要对象。同时，人类活动空间的扩大使得资源开发领域也由地表，逐步向深地、深海、深空资源迈进；这些非传统型资源的矿物加工提取研究将极大地扩大人类获取资源的范围，对促进人类文明进步意义深远。

1.3.1　基于多学科交叉融合的矿物加工基础理论

1.3.1.1　原子／分子水平的矿物加工界面理论

随着经济的发展，已探明的优质矿产资源接近枯竭，未来我国面临金属原材料总量供应短缺的问题将日益严峻，在"难选、难冶"的复杂低品位矿石或者二次资源逐步成为主要原料后，对传统的矿物加工技术将提出愈发严峻的挑战。未来矿物加工的发展迫切需要适应未来资源特点的新理论与新技术。矿物加工是一种界面过程，矿物界面构成矿物加工过程的基础，矿物加工技术的进一步发展需要对矿物界面有更加系统、深入的认知。因此在矿物加工传统理论的基础上，有必要对矿物界面的原子和分子结构及其电子性质进行深入细致的研究，促进原子／分子水平的矿物加工界面理论发展，开发面向分子识别的高精度矿物加工技术，以实现复杂矿产资源的精细化高效利用。目前的矿物加工技术，虽然有重选、磁选、电选、浮选等方法，且浮选可用来处理微细粒级嵌布的矿产资源；根据资源的不同特点，还可采用化学选矿、生物浸出、火法冶炼等手段；但目前的矿物加工研究远未实现原子、分子层面的矿物微界面调控，矿物加工方法的精度和准确度难以适应愈发复杂和贫细杂资源利用的要求。

随着理论计算化学与高性能计算的飞速发展，使得建立原子／分子水平的矿物加工界面作用理论成为可能，可以借助从头算量子化学、反应分子动力学模拟等先进理论计算手段并结合高精度原位表征方法，准确揭示矿物界面作用的原子／分子机理，进而实现矿物界面作用的精准调控，以开发面向原子／分子识别的高精度资源利用方法与技术，而且通过学科交叉，借鉴其他相关学科最先进的技术，拓展现有的矿物加工理论，使矿物加工分离精度由宏观向微观纵深发展。在原子／分子水平，从矿物／溶液界面浮选剂的分子组装、电化学及溶液化学反应、矿物／微生物界面作用、矿物浸出反应等方面系统认识矿物加工界面过程，将促使原子／分子水平的矿物加工界面理论更加系统与完善。

1.3.1.2　矿物加工智能优化控制及虚拟仿真基础理论

开展矿冶智能优化控制理论与方法研究；研究有色金属矿冶动态过程非线性、多变量、强耦合的控制理论与方法、生产过程动态模拟及指标最优化理论与方法；以设备机理模型为基础，辅以过程检测数据的复合生产时变特性的动态模拟理论与方法等构成的矿冶生产过程智能优化理论研究。

开展基于多源信息与知识融合的矿冶模拟理论的研究；研究基于机理与数据驱

动相融合的建模仿真技术，为虚拟工厂提供基础设备的模型技术支撑。研究新一代"人—信息—物理系统"（HCPS）基础理论。研究"人在回路"的矿物加工混合增强智能控制、优化及决策。

开展结合工艺与装备的数字映射理论研究；研究基于矿物加工智能的虚拟现实/增强现实基础原理，以及综合增强现实、虚拟现实技术的物加工过程的动态模型数字映射基础理论及方法。

1.3.2 绿色和谐的矿物加工过程

矿山必走绿色和谐发展道路，未来的矿山将与周围自然风光浑然一体；建设绿色和谐选矿厂应发展先进的污染源头控制生产技术与装备，降低矿物加工能量和物质消耗，噪声、粉尘量得到严格控制，矿物加工所用药剂易降解且环境友好；设备高效节能且智能化，人机协同完成矿物加工生产，工人劳动强度低，工作环境舒适；提高选矿废水处理技术，实现选矿废水100%循环利用，发展资源循环技术，实现矿山固体废弃物高值化、大宗化处置利用技术，打造无尾矿山，实现污染物的零排放；尾矿库、露天采矿场和废石堆场等复垦绿化，建设矿山地质公园，打造农业生产、工业旅游景点的可持续发展模式，打造"绿水青山"，最终建设成花园式矿山。

1.3.2.1 污染源头控制技术与高效智能装备

开发矿物加工节水工艺、高效物理分选技术，节约水资源；开发噪声和粉尘的源头控制技术；发展绿色选矿化学药剂，以降低废水处理难度，减少环境污染；建设采选一体化的地下选矿厂，将选矿厂直接建到地下深部，降低提升成本及对地表环境的影响；增加尾矿、废石等的充填用量，让尾矿在矿山内部消纳；研发节能高效选矿设备和短流程新技术，采选一体化高效矿物预处理技术，能耗节约20%～30%；健全矿业清洁生产标准，建立矿物加工清洁生产指标评价体系，提高清洁生产意识及管理水平。

1.3.2.2 矿山废水及固体废弃物利用技术与矿山环境修复

未来绿色和谐矿物加工的目标是无废矿山，开发选矿废水高效处理及资源化技术，实现选矿废水零排放，达到完全循环利用；将矿物加工产品可直接作为化工原料、高端材料，充分利用矿山固体废弃物中有价矿物，研发固体废弃物大宗化资源化利用及处置技术，开发固体废弃物有害组分源头减量及全流程控制技术，固体废弃物有用组分高效富集、定向分离与清洁提取技术，大宗低阶固废规模化制备高值矿物材料关键技术，大宗固体废弃物协同充填采空区技术；革新尾矿库、露天采矿场和废石堆场等复垦绿化技术，建设矿山地质公园，与旅游业、农业生产相结合，建设花园式矿山。

1.3.3　复杂矿产资源高效利用与精细化分离

1.3.3.1　复杂矿产资源基因诊断分析

对工业典型复杂资源进行分类，综合运用传统的化学分析方法结合先进的现代分析测试技术，如飞行时间二次离子质谱仪（TOF-SIMS）、矿物解离分析仪（MLA）工艺矿物学分析、扫描电镜能谱分析（SEM-EDS）、X射线能谱仪（XPS）、电子探针技术、扫描CT、核磁共振技术等对复杂矿产资源、二次资源、城市矿产及其他具有潜在开发前景的新资源的基因特性进行多维精细辨识及信息集成，建立典型复杂资源的基因物性数据库，为资源高效、节能、环保提取提供科学依据，实现复杂资源的高效开发利用与精细化分离。

1.3.3.2　复杂矿产资源精细化分离和高效清洁利用

未来矿物加工处理的对象复杂多样，既有传统的矿产资源，又有城市垃圾、废旧电子物料等固体废弃物资源。固体废弃物资源化是实现资源可持续发展的重要手段之一。为了有效缓解日益严峻的资源供需矛盾和适应未来环保的新要求，必须使资源物尽其用。虽然现阶段已经有部分技术可以实现城市固体废弃物的有效分类，但仍然不能满足资源有价组分的全回收利用及产业化的要求。复杂的固体废弃物处理困难的最大原因是其种类繁多，多种材料、物质以不同的形态混合在一起，极大阻碍了组分的高效回收利用。因而有价组分提取与回收利用的最根本前提是做到不同种类的固体废弃物有效分离，基于资源物性可以借鉴或综合运用矿物加工分选富集中的破碎筛分、重选、磁选、浮选、光电拣选等多种技术。此外，需要开发与资源物性相匹配的选择性解离技术，实现资源中有价组分的选择性定向解离，降低能耗，减少物料的过粉碎现象，超细粉体分离装备与技术应运而生，如超细磨装备（搅拌磨、气流磨、胶体磨等）、超声粉碎技术、热分解技术、化学法等。复杂矿产资源的高效清洁利用从设备开发、工艺融合、技术创新等方面继续发展，开发精细化和深度分离新技术与新装备，开辟固体废弃物高效分离及元素回收利用的新方向。

1）复杂矿产资源的选择性解离与超细粉体制备

根据复杂难处理的低品位矿石、尾矿、冶炼渣，城市垃圾、废旧电子物料等物性特征，通过磨矿介质的组合优化、精确化装补球等，开发出与资源物性相匹配的选择性解离技术，实现资源中有价组分的选择性定向解离，降低能耗，减少物料的过粉碎。

2）基于原子识别的矿物界面组装与精细分离

复杂有色金属元素通常以元素对的形式在自然界中出现（如钨钼、钽铌、锆铪、镁锂），它们元素间半径相近、电荷相近或相同，化学性质极其相似。这对元素分离提出了更高的精度要求。事实上生物地球化学发现，生物与各种有机质在成矿元素的选择性迁移与富集中，特别是沉积矿床、层控矿床等的成矿过程中曾起到重要作用。如藻类细胞中的各种配体对海水中金属离子的富集可以达到几十万倍，甚至对同位素都有生物分馏效应，这种生物配体的选择性对我们寻找选冶试剂的先导化合物有极其重要的启发意义。另外，药剂与组元的作用是一个复杂的微观过程，该过程很难定量化。传统选冶试剂的寻找和筛选，主要是借助于溶度积、解离常数、水油度、量子化学参数等判据，由于稀有金属元素对键合性质高度相似，很难得到高精度的选冶试剂。其实，生物医学领域药剂和蛋白的相互作用研究已可以达到分子识别的精度。比如利用分子对接工具（molecular docking）可以精确模拟顺铂化合物在治疗癌症过程中铂金属离子与脱氧核糖核酸嘌呤分子的相互作用机制。复杂有色金属选冶过程实际上也是金属离子与分离提取试剂之间的作用过程，因此可以借鉴生物医学药剂设计理论对先导化合物进行筛选、类型衍化和优化设计，开展基于原子识别的矿物界面组装与精细分离研究，以提升复杂体系下矿物加工的分离精度。

3）多力场作用下复杂资源的精细分离

贫、细、杂矿产资源的开发利用一直以来都是世界性的选矿难题，原有的常规浮选设备在处理高品质矿石时，可以获得较好的效果。但是其单一的分选物理场使得其难以适应在复杂共伴生矿石的分选。现今随着高品位易选别资源的日渐枯竭，复杂矿产资源逐渐成为资源开发的主要对象。复合力场分选获得比单一力场选别更高的精度，具有很强的开发价值及良好的发展前景。目前，离心力 – 重力复合力场、重力 – 磁力复合力场、疏水力 – 磁力复合力场、机械力 – 磁力复合力场、磁力 – 离心力复合力场和磁力 – 重力 – 离心力复合力场都是研究的方向，并产生了诸如离心磁选机、磁选柱、磁水力旋流器和磁浮选柱等设备。

4）多学科交叉选 – 冶融合深度分离

针对复杂低品位矿石、冶炼渣、城市垃圾、废旧电子等物料，单用常规矿物加工方法将难以获得理想的效果，甚至难以分选。此时，就需要结合物料特性，通过利用多学科交叉的手段做到有价组元间的分离富集。根据资源特点，选择适宜的选冶结合点，充分发挥冶炼和选矿的优势，往往能发挥更大的优势。非常规资源的有价提取，既要考虑有价组元的分离精度，又要兼顾资源回收的综合成本。多学科交叉选 – 冶深度融合将是实现上述非常规资源高效提取的重要方式。

1.3.4　矿物加工智能工厂

我国将整体形成以科技创新为驱动力的矿产资源低碳清洁矿业新格局，实现"生态环境根本好转，美丽中国目标基本实现"的总体目标。当前为突破我国矿产资源呈现的中部向西部偏远地方转移，由浅部向深部转移，以及资源条件向高海拔、高寒、缺水等极端化变化的新问题、新困难。我国矿业领域将响应国家"一带一路"倡议，执行"两个市场、两种资源"方针，这需要打破常规矿产利用方法，研发新的方法、技术和装备，以适应环境条件的变化，为这些特殊环境下的资源开发利用奠定基础。未来，矿物加工智能工厂需要机器人、人工智能、工业互联网和智能移动网络等技术与矿物加工深度融合和创新发展，逐步实现矿物加工智能工厂、无人工厂、绿色工厂，矿物加工过程将变得更加高效、低碳、清洁、绿色和人文友好。

1.3.4.1　传统设备的智能化升级研究和智能运维机器人开发

研究方向包括：选矿过程核心装备运转参数、结构参数、健康监测、动力学过程和生命周期等参数的传感器和执行机构的开发；选矿过程基础支撑设备包括实验室试验、采样、制样装备的智能化开发；选矿装备大型化实现高可靠性需要精心维护；其配套维保工具比如管道维护机器人、浮选装备维保机器人、溢流堰清洗机器人、磨机维保机器人和选矿过程适合于选矿环境耐磨耐腐智能化材料开发。以上这些为智能选矿厂建设奠定基础。

1.3.4.2　绿色、高效前沿矿物加工设备的创新开发

未来矿物加工设备研发主要集中在绿色、高效前沿。破碎在设备技术方面主要有爆炸破碎／真空破碎、预处理辅助破碎、热力梯度破碎（微波）；在磨矿分级方面有超细磨、磨矿分级一体化技术；浮选设备的深层槽式与表层浮选相结合的浮选技术、流态化浮选（预抛尾浮选技术）、高浓度及无水浮选和逆序浮选技术等；磁选方面有低比磁化系数矿物超导强磁分离／分选、弱磁性矿物磁分选、微细粒高精度分选、全流程干选技术研发等；电子废弃物的稀有金属的高效电选回收技术、城市二次回收资源有价元素的电选回收设备等；在拣选方面是基于三维扫描的矿物识别技术、多传感器识别技术；固液分离方面是磁震联合浓缩脱水技术和加载混凝沉降技术等。

1.3.4.3　智能在线检测分析技术与装备

未来矿物加工需要智能化的在线检测技术来解决矿物加工过程中的特种参数的检测问题，包括贵金属在线检测分析、矿物组成在线分析、矿物加工过程智能图像识别技术和在线分析仪器的智能运维技术等。

（1）贵金属在线检测分析。对于大多数贵金属矿山，其原矿、尾矿中贵金属的含量远低于 0.01%，品位的检测非常重要，当前国内外尚无成熟的技术和产品可以使用。研发微量贵金属在线检测分析技术，实现贵金属矿浆品位的在线实时测量，为贵金属选矿企业控制产品质量、提高自动化水平创造条件。

（2）矿物组成在线分析。选矿实现的是目标矿物与其他矿物或脉石的分离，矿浆中的矿物组成及含量是指导矿物加工生产和控制最直接的参数，目前国内外尚没有实现矿物含量的在线测量技术及产品，实际生产中只能以品位测量代替矿物测量。我国

矿物加工企业处理的矿石性质复杂多变，未来实现矿物在线测量技术，可以使矿物加工企业对矿石、矿浆的矿物组成变化做出迅速的判断以及响应。

（3）矿物加工过程智能图像识别技术。未来需要在矿物加工图像识别与机器学习方面开展创新技术研究，一方面是研究基于人工智能的图像识别技术，提高现有仪器的测量精度；另一方面是探索图像处理和机器学习技术在矿物加工过程检测新的应用，形成新的技术或产品。

（4）在线分析仪器的智能运维技术。未来研发工业物联网信息平台进行矿物加工在线分析仪器的智能运维。将人工智能的能力与运维相结合，通过机器学习的方法来提升运维效率，针对矿物加工在线分析仪器可以实现远程监控、深度交叉的数据分析和智能运维。

1.3.4.4　融合新一代人工智能的选矿过程智能操作、优化控制与诊断技术

在复杂环境下的矿物加工，特别是在未来深海、深地复杂环境下，矿物加工过程操作面临新的问题，当矿物资源性质、生产设备状态、工况条件等频繁变化且难以预知时，基于传统的专家控制方法，无法自动调节专家系统的规则种类及规则中的参数阈值，仍然需要人工进行大量的经验挖掘和数据分析，重新提取专家规则和专家知识。由于受限于研发人员的知识、能力和研发条件，传统矿物加工操作系统难以快速响应工厂内部和外部状态的动态变化实现过程智能优化。为了进一步减少对人工操作、人工决策的依赖，融合新一代人工智能技术的选矿过程控制与优化理论，基于大数据的生产控制知识自动化技术，基于知识自动化技术的破碎智能优化、磨矿分级智能优化、浮选过程智能优化、浓缩脱水智能优化系统，最终实现新一代人工智能技术在选矿厂的应用，实现选矿整个生产过程的智能优化是未来发展的重要方向。未来基于5G或更新一代智能网络、新一代人工智能技术的矿物加工过程自主无人控制系统研究，将通过深度学习、增强学习等技术应用于矿物加工领域，实现生产控制的知识产生、获取、运用和传承。

在单体设备操作、流程控制与优化不同层次都面临异常及故障问题，既包含设备方面的"硬"故障和异常，也包含控制方法、软件等方面的"软"故障和异常。如何应用新一代人工智能技术，实现各级故障的识别、纠偏和自愈调整是未来研究的一个重要方向。

1.3.4.5　矿物加工自主智能决策

矿物加工全过程生产资源包括生产物料、设备、能源、人力、财务及上下游相关产业链资源等，矿物加工生产计划、操作、运营及调整跨越大空间和多时间尺度资源配置，传统基于经验及简单人工智能的技术不能满足复杂环境下的敏捷优化决策需求。未来为了满足矿物加工过程对全流程的自感知、自预测、自决策等能力要求，将

应用大数据、新一代人工智能以及探索颠覆性的类脑智能决策技术创新，通过人机混合增强决策、类脑科学决策智能的应用，实现矿物加工产业链、全流程、大空间的自主智慧决策，实现矿物加工的资源优化配置，既保证矿物加工企业的生产效益，同时优化对资源的有效利用和环境保护。

1.3.5 矿物加工产品的高值化

1.3.5.1 高纯化矿物材料的制备与利用

航空航天、核工业、新材料精密通信等领域的高技术产品对原料具有较高的纯度要求，因此，高纯化、精细化的矿物材料是未来高精尖产业发展的前提与保障。未来将充分利用交叉学科中的优势技术，根据化学化工、机械力学、固体物理等研究领域所涉及的先进理念，大力研发新型高效的矿物高纯化技术，为矿物材料的高纯化、精细化提供技术支持。通过探究不同地区矿物原材料的结构组成及其性质特点，结合机械力学的知识体系及自动化的流程工艺，研制稳定高效的矿物材料高纯化加工设备，并完成工业生产的规模化以及参数可调节化，以实现对矿物原料"因地制宜"的机械化生产。建立健全超高纯矿物质量检测技术平台，为超高纯矿物材料的制备与发展提供有力保障。研究超高纯矿物材料的物化性能，开辟新功能、新属性及新应用领域。

1.3.5.2 纳米化矿物材料的开发与应用

低维、纳米颗粒具有独特的表界面效应、量子尺寸效应、介电限域效应以及宏观量子隧道效应等，是 21 世纪重点发展的功能材料之一，但低维化、纳米化技术尚未规模化应用，未来将大力推进低维化、纳米化进程。基于我国复杂矿产资源"贫、细、杂"的特点以及后续资源精细化分离的技术要求，超细分体制备技术越来越受到重视，大力发展超细分体制备技术势在必行。研究常见矿物晶体结构、表面特性等，建立低维化、纳米化通用技术，为后期大宗化生产利用提供理论技术支持。充分利用现有技术研究基础，借鉴前沿尖端技术，研发出有效的特种矿物纳米化技术，并进一步完善技术，降低生产成本，实现纳米化技术的覆盖性推广与使用。研究矿物材料间协同效应，理清材料间作用机理，建立健全新型复合材料理论体系与制备技术，研发一系列多功能、高性能纳米矿物材料。理论指导实际，加大企业机构间的交流合作，研制新型高效的矿物纳米化设备，建立健全纳米矿物制备生产线。大力研发稳定高效、简单快速的纳米颗粒分散技术，保证纳米矿物在介质中的高分散性，为材料制备的均一化提供技术与设备支持。研究纳米颗粒对生态环境的危害及补救措施，同时开发一整套纳米材料回收系统，包括回收技术及设备，实现绿色无害化生产与使用。

1.3.5.3 纳米功能矿物材料智能优化策略的构建

现代科学技术的发展，需要功能属性复杂多样的材料，因此复合多功能矿物材料的开发是未来矿物高值化的重点，同时这对矿物材料的设计也提出了新要求。目前矿物材料设计停留在传统的"试错式"方法，实验工作量巨大且存在潜在危险，导致矿物材料研发速度跟不上日益增长的需求。未来将借鉴"人类基因组"研究方法，通过构建矿物材料数据库平台，实现资源共享。总结目前已有矿物材料的晶体结构、分子结构、电子结构，存储矿物材料的组分、处理、实验条件以及应用评价等内容。通过讨论矿物材料体系的量子状态方程，掌握体系的状态及其转化规律，建立能够应用的矿物材料设计数据库，进而预测矿物材料的结构与性质之间关系，实现最优化的矿物材料设计。通过调整矿物材料的原子、配方，改变材料的堆积方式或搭配，结合不同工艺制备，得到具有特定性能的新矿物材料。加快对矿物材料本质和规律的认识，达到矿物新材料研发周期缩短一半、研发成本减低一半的目的，加速新的矿物材料开发生产应用进程。

1.3.5.4　新功能、新属性矿物材料的开发与利用

天然矿物有 3000 多种，但矿物材料化比例非常低，且应用领域狭窄，因此开发新型矿物材料并拓展已知矿物材料的新功能属性是提升矿物高值化的有效途径。对于已应用的 200 余种矿物材料，未来将侧重于全面开发其潜在的新属性和新性能，以扩展其在新兴产业领域的应用。根据已建立的理论基础、功能属性，借助计算模拟等先进手段，开发研究材料的新性能属性及应用。针对尚未开发的功能矿物材料，未来将全面开发研究其属性，以制备出更多性能优越的功能性矿物材料，在有限的资源内创造最大价值，满足高科技发展的需求。从最根本的矿物晶体结构出发，总结归纳已开发矿物材料的属性，找出其中的理论支撑依据，分析不同晶体结构对属性及应用领域的影响，实现其他矿物的开发与利用。

1.4　本学科国内发展分析与规划路线图

1.4.1　矿物加工基础理论发展的分析与规划

矿物加工未来处理对象将更加复杂多样，不但要处理复杂低品位的矿产资源，还要面临工业固废、城市矿产和其他非常规资源的开发利用。建立矿物加工资源基因诊断分析理论体系是开发利用这些资源的前提；同时这些资源来源不同，资源的性质与赋存状态各异，处理的方法和技术与传统的矿物加工有巨大的差异；现有的矿物加工理论难以指导这些资源的处理，现有理论迫切需要与其他学科的交叉融合，形成原子/分子识别的矿物加工界面理论和多组分复杂体系资源精细化综合分离提取理论。

1.4.1.1　中短期发展目标和实施规划（到 2035 年）

对矿物真实界面原子的配位结构、价键结构、空间结构及其对分离提取加工过程

的影响机制与调控机理模型基本清晰，矿物界面微结构与分离提取药剂相互作用的微观机理基本清楚，难免离子、杂质物种对矿物界面的有效结构与性质的影响规律基本建立，形成矿物加工的界面化学理论。矿物加工关键设备机理模型基本成熟、初步实现矿物加工流程装备的建模技术，实现基于可配置的流程建模仿真；实现矿物加工子流程的专家系统控制技术，达到少人化高效调控，提升矿物加工效率和效益的目的。

1.4.1.2　中长期发展目标和实施规划（到 2050 年）

建立极度复杂矿物加工体系下，多相界面、多种矿物、多种难免离子和多种分离提取药剂等溶液、界面行为和复杂相互作用的全尺度（微观、细观和宏观）精确模拟与原位表征方法，建立高精度多维度的定量构效关系预测模型，实现对极度复杂矿物加工体系下矿物界面原子及电子结构的精准调控，建立完善的原子 / 分子层次资源加工界面理论。通过虚拟矿物加工工厂平行模拟实际矿物加工生产过程，实现数据的透明化和部分数据的软测量功能，并通过超实时仿真功能对矿物加工全流程生产进行快速决策，引导实际工厂快速响应，实现全流程智能优化控制和矿物加工工厂技术指标优化。提升矿物加工工业大数据的质量和价值。形成完善的复杂资源基因数据库和多学科融合的复杂资源分离提取理论。

1.4.1.3　重点任务

（1）极度复杂矿物加工体系的全尺度模拟、原位表征与界面精准调控。开展极度复杂矿物加工体系全尺度模拟与原位表征研究，实现真实矿物界面微结构的精准调控，从原子 / 分子层次深度揭示矿物界面作用的微观机制和调控机理。基于对矿物真实界面的深刻认知，开展分离提取新体系的"精准设计"研究，建立矿物真实界面结构—药剂结构与相关性能的高精度多维度构效关系准确预测模型，针对不同属性资源开发具有特异性的环保、高效、专属方法。通过矿物加工体系微界面的精准调控研究，为矿物加工新技术和新工艺的发展提供强有力的理论和方法支撑。

（2）多力场作用下矿物颗粒的运动及复杂矿物资源选择性分离。开展多力场作用下矿物颗粒的运动轨迹研究，研究矿物自身物理化学特性、叠加力场、运动轨迹和分离效率四者间的关系，进而发现复杂矿物颗粒的多力场作用下的分离原理并实施调控。开展多力场条件下的空气力学、流体力学的研究以及多力场分选条件的虚拟仿真；为多力场分选设备的设计开发提供支撑。

（3）智能化控制及虚拟仿真研究。开展传统矿物加工与智能化控制及虚拟仿真技术的交叉研究，研究矿物加工生产操作过程的智能化控制理论、基于机理与数据驱动的建模仿真理论。研究自适应性、自愈性的矿物加工智能控制理论与基础技术。研究基于大数据技术及新一代人工智能方法，包括矿物加工异常工况感知理论与方法、基于机器视觉的矿物加工过程智能感知、基于异构数据融合的矿物加工生产智能感知原理和方法。通过虚拟矿物加工工厂平行模拟实际矿物加工生产过程，实现数据的透明化和部分数据的软测量功能，并通过超实时仿真功能对矿物加工全流程生产进行快速决策，引导实际工厂快速响应，实现全流程智能优化控制和矿物加工工厂技术指标优化。提升矿物加工工业大数据的质量和价值。

1.4.2 绿色和谐的矿物加工过程的发展分析与规划

1.4.2.1 中短期发展目标和实施规划（到2035年）

资源综合利用率大幅提高，固体废弃物开发高附值产品技术及大宗化处置利用技术成熟且赶超国际水平，固体废弃物减少排放20%~40%，部分矿山实现无尾矿排放；废水基本实现循环利用，达到零排放；高效节能设备和短流程新技术应用能耗节约20%；高效新药剂应用，药剂消耗大幅减低，基本实现建设绿色矿山目标。

1.4.2.2 中长期发展目标和实施规划（到2050年）

实现矿山无尾排放，废水零排放，循环利用率达100%；高效节能设备和短流程新技术应用能耗节约20%~30%；高效新药剂应用药剂消耗大幅减低；固体开发高附值产品技术成熟且赶超国际水平，实现全元素利用的无废矿山、和谐矿山、零排放花园式矿山建设。

1.4.2.3 重点任务

（1）开发高效物理分选技术、采选一体化高效矿物预处理技术。基于强化磁选工艺的超导磁选机等替代浮选工艺，基于重力分选的尼尔森选矿机；通过预选工艺提高入磨矿石的品位、减少磨矿能耗，综合利用伴生废石，如射线拣选技术、光电拣选技术等。

（2）研发节能高效选矿设备，发展智能选矿是未来矿物加工清洁生产的一个明晰方向。高压辊磨机在碎磨流程中的应用、自磨（半自磨）设备的应用、浮选柱、浮选机的大型化等缩短选矿流程，实现节能降耗；中长期目标是高效节能设备和短流程新技术应用能耗节约20%~30%。智能选矿可大大提高生产指标，降低成本，节约人力资源，提高综合效益。智能选矿厂技术需要解决的问题是如何实现选矿工艺自动化，达到对不同选矿过程预期工艺参数的精确把握，使整个选矿生产过程处于最佳状态，最大限度地提高选矿指标。未来智能选矿厂将围绕装备智能化、业务流程智能化和知识自动化循序渐进，其发展目标是去人化、轻资产、高效率。未来的主要研究方向包括但不局限于：磨机状态监测技术、基于图像识别的矿石粒度分布、浮选泡沫状态分析技术、矿物加工工艺参数的软测量技术等智能检测技术；装备智能化；选矿数据的采集、挖掘与分析技术；基于智能矿物加工过程的建模、仿真和预测技术，基于大数据分析的智能控制策略数据信息组织、存储与数据挖掘研究，选矿设备自学习能力研究、基因矿物加工工程技术等。其中，基因矿物加工工程是以矿床成因、矿石性质、矿物物性等矿物加工的"基因"特性研究与测试为基础，建立和应用大数据库，并将现代信息技术与矿物加工技术深度融合，经过智能推荐、模拟仿真和有限的选矿验证试验，快捷、高效、精准地选择选矿工艺技术和装备，为新建选矿厂的设计或老厂的技术改造提供支撑，是未来智能选矿发展内容的重要构架。

（3）开发源头节水分选工艺及低毒易降解绿色药剂，提高选矿废水高效处理及资源化技术水平。开发高浓度浮选、粗粒浮选、海水浮选、干法分选等源头节水工艺，节约水资源；开发选矿废水高效处理及资源化技术，如开发高效低成本的水处理技术，开发选矿废水分质处理、分级循环利用技术，研发天然高分子基的选矿废水处理药剂等，实现选矿水 100% 循环利用，达到零排放。采用易降解绿色药剂，以降低废水处理难度，并减少对环境的污染。一方面，发展绿色选矿化学药剂的设计、合成及开发技术，将绿色化学的概念融入选矿药剂开发中，即利用化学原理和方法削减或消除化学产品设计、制造与应用中有害物质的使用和产生，使所设计的化学产品或过程更加环境友好，在合成途径、反应条件、药剂分子设计等方面实现绿色化；另一方面，着手微生物选矿药剂、天然高分子基药剂的开发应用技术。此外，建立健全规范，实现矿山用化学品全生命周期管理。

（4）发展矿山固体废物高值化利用及综合利用的循环经济技术与装备，构建循环经济新模式。从有价高值元素回收和新型态物质制备出发，发展尾矿高值化利用关键技术，应用选矿和冶金－化工－选矿工艺来实现矿山尾矿的有价元素回收利用技术；开发煤中稀散元素的利用技术，如铝、锂、镓等；煤炭高附加值产品技术、非金属矿高附加值产品开发技术等。发展尾矿大宗利用技术，如矿山尾矿充填采矿技术，尾矿制作建筑材料技术，或用于修筑水利、道路等大型建设工程，制备新形态物质主要是利用尾矿生产水泥、硅酸盐尾矿砖、加气混凝土、耐火材料、玻璃、铸石、陶瓷、陶粒等建筑材料，建立少废或无废生产，减少尾矿量，建立固体废弃物—电—建材、煤—电—化—建材、煤—焦—电—建材等模式的循环经济。

（5）研发地下选厂配套矿物加工技术，升级复垦技术水平。地下选厂建设是采选一体化的重要体现。国内外大部分地下矿山都采用地表选矿厂对矿石进行处理，井下开采的矿石经运输、提升后运至地表选厂。随着矿石开采深度的增加，井下提升和地表运输成本逐渐提高，为降低企业生产成本，考虑将选矿厂直接建到地下深部，从而降低提升系统运营成本，此外还可以减少地表选矿厂占地，降低对地表环境的影响，对企业具有巨大的经济效益。目前，世界上在地下建设选厂的国家主要有加拿大、美国、智利、乌克兰等。地下选矿是否可行应该把整个矿山和选矿结合考虑，值得考虑的因素包括深度、矿体特性、矿石运输和选厂的规模及位置等。此外，发展革新尾矿库、露天采矿场和废石堆场等复垦绿化技术，建设矿山地质公园，与旅游业、农业生产相结合，最终目标建设成为花园式矿山，打造"绿水青山"。

（6）健全矿业清洁生产标准及评价体系，提高矿山清洁生产管理水平。我国已制定清洁生产标准 50 个，其中与矿业相关的清洁生产标准 3 个，分别为铁矿采选、煤炭以及镍选矿行业清洁生产标准。应制定覆盖全矿业的清洁生产标准，用于矿物加工相关企业的清洁生产审核和清洁生产潜力与机会的判断，以及清洁生产绩效评定和清洁生产绩效公告制度，并建立矿物加工过程清洁生产指标评价体系。相关指标主要可分为：资源能源利用指标、生产工艺及设备指标、资源重复利用指标、污染物排放指标、产品指标、环境管理与劳动安全卫生指标、环境管理体系建立及清洁生产审核。

1.4.3　复杂资源高效利用与精细化分离的发展分析与规划

1.4.3.1　中短期发展目标和实施规划（到 2035 年）

开展复杂资源基因特性的多维精细辨识及信息集成，通过行业研究院、相关高校、大型矿山企业的协同攻关，建立典型难选冶矿产资源、固体废弃物，如复杂难选铁矿资源中的鲕状赤铁矿、褐铁矿、高磷高硅铁矿、攀枝花钒钛磁铁矿、铜铅锌复杂多金属硫化矿、中低品位铝土矿、低品位胶磷矿、高泥氧化锌矿、矿山固体废弃物、城市电子垃圾等典型资源的基因物性数据库，为这些复杂资源物的综合回工艺技术的开发提供依据。开发与复杂资源物性相匹配的选择性解离及超细粉体制备技术，为后续资源的深度富集与分离提供最佳工艺粒度物料。

1.4.3.2　中长期发展目标和实施规划（到 2050 年）

研发一批复合力场强化分选设备，合成出一批绿色高效选冶药剂。通过矿物加工强化分选装备、高效选冶药剂、先进工艺流程等的深度融合与技术集成，开发出难选冶矿产资源、固体废弃物等复杂资源综合回收和深度分离共性技术，实现复杂资源的全元素回收利用，资源综合利用率整体达到世界先进水平。

1.4.3.3　重点任务

（1）复杂资源的基因物性提取与数据库建立。综合运用传统的化学分析方法结合先进的现代分析测试技术，对复杂难处理矿石和固体废弃物资源、具有潜在开发前景的新资源等基因物性进行多维精细辨识及信息集成，建立典型复杂资源的基因物性数据库。

（2）复杂资源的选择性解离技术。未来矿物加工所面临的对象非常复杂，要实现资源全元素的回收，首先要实现复杂资源中主要有价组分的选择性解离，重点开发选择性解离技术，如选择性磨矿技术、超细粉体制备技术、热解技术等定向分离出有价组分，为资源的全元素提取准备原料。

（3）复合力场强化分选设备的开发。传统的重选、磁选、浮选设备所涉及的分选力场较为单一，难以高效回收难选冶矿产资源中的目的元素。针对这些复杂资源，重点开展复合力场强化分选设备的开发，提高设备的分选强度和分选精度，如磁场和重力场的复合设备、磁场和离心场的复合设备、磁力-浮力-重力多场耦合分选设备等。同时，提高设备的自动化水平，对生产中的工艺参数进行精确把握，使整个生产过程处于最佳状态，最大限度地提高难选冶资源的回收效率。

（4）典型难选冶矿产资源的绿色高效浮选剂的开发。基于现代浮选药剂分子设计理论，结合计算机辅助分子设计技术，建立选矿药剂与矿物作用的定量构效关系模型，设计合成出典型难选冶矿产资源的绿色高效浮选剂，重点开展铁矿石高效反浮选脱硅脱磷药剂、胶磷矿耐低温捕收剂、微细粒级钛铁矿高效捕收剂、复杂多金属矿浮选分离选择性抑制剂、金属氧化矿螯合捕收剂等药剂的设计与合成。

1.4.4 矿物加工装备及过程智能优化制造规划

2016年，国土资源部发布《全国矿产资源规划（2016—2020年）》；2017年，国土资源部等六部委下发《关于加快建设绿色矿山的实施意见》，为国内矿山指明了发展方向：加快引领和带动传统矿业转型升级，提升矿业发展质量和效益；大力推进矿业领域科技创新，按照绿色开发、节约集约、智能发展的思路，加快建设数字化、智能化、信息化、自动化矿山。在《中国制造2025》及绿色矿山、智能生产等国家战略引导下，改变矿物加工装备部分世界领先到全面领先的定位，攻克部分核心技术，从矿物加工装备大国向强国迈进。矿物加工设备技术更加高效、绿色，单位工业值、能耗和物耗及污染物排放明显降低。设备本身智能化充分发展，能够满足选矿过程智能生产的要求，助力行业转型升级快速提升选矿行业创新与研发能力，助力我国绿色矿山、生态矿山建设，推动我国制造强国战略顺利实现。

矿物加工过程智能优化制造是指以矿物加工过程全局及生产经营全过程的高效化和绿色化为目标，以生产工艺优化和生产全流程整体智能优化为特征的制造模式。矿物加工过程智能优化制造的发展总体目标为：将先进信息化与传统的矿物加工制造技术深度融合，利用大数据与新一代人工智能技术，通过人、物理空间与信息空间的高效交互与协同，开发与集成具备自感知、自学习、自决策、自执行功能的矿物加工生产全流程优化控制技术，实现矿物加工制造资源优化配置，推动矿物加工制造高质、高效、柔性、绿色与创新发展，助力我国绿色矿山、生态矿山建设。

1.4.4.1 中短期发展目标和实施规划（到2035年）

通过行业研究院、相关高校、大型矿山企业的协同攻关，开发矿物加工装备及过程智能优化共性技术。完成传统矿物加工试验设备自动化升级、传统矿物加工设备智能化升级和设备智能运维机器人开发能够替代大部分人工工作。智能化矿物加工设备达到较高水平，完全支撑智能选矿厂和智能绿色矿山建设。适应深海、深空、深地等复杂环境和复杂物料的工业尺度设备架构完成。在此基础上，实现基于人－信息－物理系统的矿物加工过程运行状态智能感知与认知、矿物加工流程智能操作与设备智能运维及智能决策，实现矿物加工生产全流程智能优化，初步建成有色、黑色、黄金等智能矿物加工示范工厂，新一代人工智能技术在矿物加工行业的应用达到世界领先水平。制定一批建设智能矿物加工工厂的行业标准，形成一批可复制、能推广的矿物加工生产新业态、新模式，设定矿物加工生产组织管理的新机制、新制度。

1.4.4.2 中长期发展目标和实施规划（到2050年）

矿物加工设备基础应用理论研究达到世界先进水平，协同开发体系成熟运行，能够适应深海、深空、深地等复杂环境和复杂物料的工业尺度设备大范围工业应用。颠覆性的矿物加工装备5～10项。矿物加工关键装备总体处于国际先进水平；部分装备处于国际领先水平，初步构建我国智能矿物加工设备技术体系。大幅提升矿物加工装备水平和国际竞争力，重塑世界矿冶装备发展的新格局。与此相适应的是建设矿物加工工业大数据平台和智能服务云平台，通过高端智能服务降低中小矿物加工工厂智能化建设的技术门槛和资金投入，全面提升中小矿物加工工厂的智能化建设水平，进而提升行业的整体智能化水平，助力传统矿业的转型升级，支撑绿色矿山、生态矿山建设。

1.4.4.3 重点任务

（1）传统矿物加工设备的高效化和智能化研究。开展破碎磨矿新技术开发、新型驱动技术开发和高效节能细磨超细磨技术及设备的研发；开展磨矿分级一体化、超高速搅拌无介质磨矿技术与装备，研发破碎、磨矿新型材料；在此基础上，开展设备智能化研究，开发适合复杂工况的矿物加工设备运行、维护过程中的机器人；开展大处理量宽适应性有色金属矿智能拣选抛废技术的开发；开展复杂物料分选设备、化学选矿设备、综合声光电涡流分选短流程高效选矿设备和选冶一体化等设备的研发和应用。逐步开展深海高压选冶一体化设备、深空无水环境下采选冶设备和深地高压高温高粉尘地下矿物加工设备的探索研发。

（2）矿物加工过程智能检测、感知与认知技术研究。开展贵金属在线检测分析、矿物组成在线分析、矿物加工过程智能图像识别、在线分析仪器的智能运维等技术研究。开展矿物加工过程传感器的阵列化、个性化和移动化部署技术研究，具有自诊断、自校正、自补偿等功能的智能化传感器开发；开展基于传感数据和算法的矿物加工流程运行状态的智能感知技术研究。基于矿物加工全流程运行状态智能感知信息，挖掘与提取生产运行中的关键特征，实现从实时运行监测与故障诊断到矿物加工全流程运行状态的智能认知。

（3）矿物加工流程智能操作、运维技术研究。利用大数据、机理分析以及知识库等多种方法，对操作知识进行学习与获取；在智能运行优化的基础上，评价全流程生产健康状况并对子流程进行识别；通过子流程自主调整与全流程协同优化，实现矿物加工流程智能操作优化；在生产健康状况下降时，通过智能优化结果给出操作指导，保证生产状况的健康恢复，以此实现矿物加工流程智能操作优化。研发矿物加工工业云平台，实现矿物加工工业设备连接、应用开发、数据存储以及矿物加工工业设备资产绩效服务等应用。对矿物加工工厂关键设备实施智能监测、故障预测等，实现矿物加工工厂关键设备智能监测与预测性维护管理，为矿物加工工厂提供便捷、可靠的远程监测和资产绩效管理服务。

（4）矿物加工过程智能决策技术研究。开展面向矿物加工环保处理过程的智能协同优化、融合新一代人工智能技术的矿物加工全流程生产智能决策技术、采选冶产业链协同的智能优化决策技术研究。开发与实际生产过程融合的全流程自决策系统软件，实现智能优化决策技术的应用。

（5）虚拟矿物加工工厂共性技术开发与建设。建设虚拟矿物加工工厂，依照物理信息系统的理念，平行模拟实际矿物加工生产过程，并将实际矿物加工工厂生产过程产生的工业数据与数字化仿真模型数据进行融合，使所建立的虚拟矿物加工工厂不断完善，越来越接近真实矿物加工生产过程。利用矿物加工虚拟工厂开展流程设计优化、运行优化以及故障诊断。

（6）矿物加工过程智能优化制造支撑云平台建设。构建矿物加工生产大数据与知识管理系统、智能制造共性技术开发系统，实现多源矿物加工生产大数据智能预处理、存储与管理。利用增强智能等新一代人工智能实现矿物加工生产相关知识挖掘、学习、融合与迁移，开发矿物加工智能制造支撑云平台核心技术，实现面向矿物加工智能制造的云平台服务，实现云平台数据、知识、技术与服务的评估与共享，平台与终端互动及标准化，平台安全保障等功能，为智能制造提供保障。

（7）颠覆性技术的开发。大宗基础紧缺资源矿物加工颠覆技术开发，以极大缩短流程长度、大幅度减少能量的消耗、极大幅度增加资源利用效率等。利用新一代人工智能以及探索颠覆性的类脑智能决策技术创新，通过人机混合增强决策、类脑科学决策智能的应用，实现矿物加工产业链、全流程、大空间的自主智慧决策，实现矿物加工的资源优化配置，既保证矿物加工企业的生产效益，同时又优化对资源的有效利用和环境保护，协同保障社会利益。

1.4.5 先进矿物材料研发的发展分析与规划

先进矿物材料的研发要突破目前技术上的瓶颈，未来在能源、环境、航空航天等领域的工业应用方面作出实质性的贡献。未来将面向矿业工程学科国际前沿，以矿物材料学科为基础和牵引，交叉融合其他学科，突出矿物材料特色、发挥学科优势，建立健全多学科协同创新研究平台，适应国家和区域创新发展重大需求，应和国家科技发展大战略。结合矿物材料当今日益增长的需求、广泛的应用领域以及《新环境保护法》所提出的要求，未来矿物材料应满足绿色无污染的制备以及多领域应用的要求。

1.4.5.1 中短期发展目标和实施规划（到 2035 年）

建立各大院校、研究机构之间的合作交流平台；提出先进矿物材料制备的新思路、新方法、新设备；初步在实验室制备出多种新型纳米结构、复合组分的矿物材料，实现矿物材料与环境、安全、航空航天等领域的高度融合；开展矿物材料晶体、分子、电子等结构数据提取与研究，初步完成典型矿物的基因数据库建立；初步达到矿物材料与其他材料融合，形成基于矿物材料的新型材料的相关理论研究；全面开发目前已有矿物材料的新属性、新性能及新应用领域，实现从实验到大型工业应用的转变。

1.4.5.2 中长期发展目标和实施规划（到 2050 年）

建立完整的矿物材料相关基因数据库，完善上述基因数据库的开发利用及建设，建立多学科交叉融合的新型矿物材料设计理论；从矿物材料晶体结构及性质出发，全面开发新型矿物材料的属性、性能及应用领域，并实现部分新型矿物材料的产业化应用；建立研究机构与企业之间的合作交流平台，为实现矿物材料制备方法规模化、设备大型化、应用工业化建立基础；将前期积累的技术应用到实际的工业应用中，对应用过程中发现的问题进行总结并优化改进。

1.4.5.3 重点研究方向

（1）尖端矿物材料的高纯化制备技术。结合现代矿物加工测试技术，通过工艺矿物学系统研究天然矿物的晶体结构、赋存形式、粒度分布、掺杂状态和物相分析等基础特性，建立合理的分选提纯理论基础。充分结合物理分选、化学提纯和高温处理等现有技术，融合物理、化学、机械等多学科知识，大力开发新型高效的矿物材料高纯化技术，例如开发新型的除杂药剂并辅以相应的工艺路线、设计高性能的自动化选别设备等。加强企业和科研单位之间的合作，通过各机构之间大数据共享，建立健全高纯矿物质量检测技术平台，并最终指导天然矿物高纯化加工新装备、新药剂、新技术等研发。

（2）绿色环保、节能高效的天然矿物纳米化技术。为突破现有纳米技术普适性差、单一、规模小等难题，从天然矿物原有属性出发，通过微观结构、表面性质等的系统研究，对现有矿物的通性总结归类，结合现有物理化学粉碎技术，大力发展绿色环保、节能高效的天然矿物纳米化技术，提升技术的普适性。改变能量的输入形式，如通过激光、电能、热能、化学能等使矿物吸收足够的能量，进而使晶格解离纳米化，建立天然矿物纳米化技术理论，健全天然矿物纳米化技术。通过理论计算建立能量输入与矿物晶格解离间的关系，结合实际应用，探究介质、能量强度等对天然矿物纳米化的影响，优化产能结构，扩大生产规模。建立健全的纳米化表征系统，对纳米矿物的微观结构开展质量评级。加强机构、企业间的合作，联合开发新型节能高效的矿物纳米化设备，为天然矿物纳米化提供保障。

（3）多尺度矿物材料计算与基因库构建。利用第一性原理法、分子动力学法和有限元法等，将多粒子构成的矿物材料体系分解为由电子和原子核组成的多粒子系统，从原子尺度模拟矿物材料相关性质，进而通过统计试验实现目标量的计算。深入、系统研究矿物晶体结构、界面特性、电子结构等性质，借助相关学科理论及实际成果，整合和建立矿物性质及矿物材料物性数据库。以矿物材料基因组计划为基础，借鉴"互联网+"的新基础设施架构，即云—网—端体系，融合大数据等技术，应用于矿物材料领域的协同合作平台建设，有助于矿物材料领域重大问题解决和数据共享。从矿物组成与结构及其相关性质出发，针对特定性要求的矿物材料定量和定性开展预测性研究，构建矿物材料计算与设计的理论和方法体系，建立计算并分析矿物材料模型，实现高效制备满足特定功能性的矿物材料，推动矿物材料科学发展。

（4）矿物材料结构功能一体化技术。开展矿物材料与其他领域材料交叉研究，围绕热点领域开展新型环境功能材料、能源功能材料、健康功能材料、航空特种功能材料等研究，采用结构化学与界面化学研究矿物材料与其他材料统一性，建立新型复合矿物材料的晶体化学模型，为应用于高端制造业、高新技术和新领域开发提供理论依据。

环境功能材料：开发自然储量丰富的天然矿物，大力研究矿物的晶体结构，结合矿物的自然属性，研发一系列绿色高效环境功能材料，如二维黏土复合吸附剂、二维辉钼矿吸附催化复合材料、石墨烯复合催化材料以及土壤修复材料等。

能源功能材料：以天然矿物为载体，降低生产成本，实现能源的高效转换；开发层状矿物，用于燃料的包覆，实现相变储能；开发半导体矿物，实现光电的高效转化；开发多孔矿物，用于能量的储存运输等。

健康功能材料：研究如何在不破坏天然矿物结构的前提下协同多种物理方法使矿物颗粒中的纳米级杂质从孔道中解离，突破物理方法解离和分选超高纯多孔矿物的技术瓶颈；加强矿物粉体表面改性技术研发，以解决在应用中的分散及相容性问题；开发天然矿物复合吸附剂以提升天然矿物对病毒、毒素等的高效脱除，同时加快相关产品制备及推进国家与行业标准的性能检测方法建设。

航空特种功能材料：提升矿物晶须的品质并对矿物晶须进行改性研究，提高矿物晶须/基底材料的复合材料的性能，降低矿物复合材料的成本，使其满足性能需求及成本要求；系统研究天然多孔矿物，大力开发吸附容量高、稳定性好、体积小、耐磨性高的航空航天用分子筛，吸附过滤舱内的微量污染物及二氧化碳。

1.4.6 本学科国内发展的路线图

矿物加工工程学科发展路线图见图 1-1。

需求与环境	我国矿产资源的刚性需求仍将保持高位运行并持续增长态势，资源约束趋紧将成为今后一个时期中国经济社会发展的常态，我国矿产资源开发利用活动仍将持续旺盛	
基础理论	目标：建立矿物真实界面的微结构及其作用模型，形成矿物加工的界面化学理论，建立矿物加工智能优化控制与虚拟仿真的初步理论	目标：建立原子/分子层次的矿物界面理论和分离提取新体系设计理论，建立完善的矿物加工智能优化控制及虚拟仿真基础理论，形成完善的复杂资源基因数据库和多学科融合的分离提取理论
	建立矿物真实界面的微结构模型和界面作用模型	
	建立矿物真实界面微结构与相关性质的准确多维定量构效关系模型	
	建立矿物加工智能优化控制与虚拟仿真的基础理论	
	建立面向分子/原子识别的资源加工分离提取新体系及"精准设计"理论	
	建立完善的复杂资源基因数据库和多学科融合的分离提取理论	
资源的全元素	目标：实现复杂资源的高效利用，整体达到世界先进水平	目标：实现复杂资源精细化分离及全元素回收利用
	复杂资源基因物性的多维精细辨识与提取	
	研发复杂资源的选择性解离技术	
	开发复杂资源复合力场强化分选设备、绿色高效选冶药剂、深度分离共性关键技术	
绿色和谐矿物加工	目标：固体废弃物减少排放 20%~40%，部分矿山实现无尾矿排放；废水基本实现循环利用；能耗节约 20%，基本实现建设绿色矿山目标	目标：实现矿山无尾排放，废水零排放；能耗节约 20% 以上；固体开发高附值产品技术成熟且赶超国际水平，实现花园式矿山、和谐矿山建设
	开发高效物理分选技术、采选一体化高效矿物预处理技术	
	研发高效节能选矿设备、矿物加工绿色智能制造技术	
	健全矿业清洁生产标准及评价体系，提高矿山清洁生产管理水平	
	发展矿山固体废物高值化利用及综合利用的循环经济技术与装备，构建循环经济新模式	
	研发地下选厂配套矿物加工技术，升级复垦技术水平	

2019 年	2025 年	2035 年	2050 年

续图

目标： 初步建成有色、黑色、稀有金属、煤炭等示范性矿物加智能工厂。制定一批建设智能矿物加工工厂的行业标准，形成一批可复制、能推广的矿物加工生产新业态、新模式，矿物加工生产组织管理的新机制、新制度

目标： 全面提升中小矿物加工工厂的智能化建设水平，建成典型矿物加工无人化工厂，提升行业的整体智能化水平，助力传统矿业的转型升级，支撑绿色矿山、生态矿山建设

矿物加工智能工厂

传统矿物加工设备的高效化和智能化研究

建立二次资源（城市矿山）、固废与新生成物料加工设备技术体系

深海、深空、深地装备研发

矿物加工过程智能检测、感知与认知技术研究与开发	矿物加工过程智能检测与感知装备开发与应用	
矿物加工流程智能操作技术研发	矿物加工流程智能操作工业软件开发	矿物加工流程智能操作工业软件平台与网络联盟
矿物加工流程智能运维技术研发	矿物加工流程智能运维工业软件开发与应用	矿物加工流程智能运维平台与网络联盟
矿物加工过程智能决策技术研发	矿物加工过程智能决策软件开发与应用	矿物加工过程自主智慧决策技术研究与应用
矿物加工虚拟对象与过程建模技术研究	虚拟矿物加工工厂共性技术开发与建设	

矿物加工过程智能优化制造支撑云平台建设

面向矿物加工过程的大数据分析方法研究	面向矿物加工过程的大数据库的建设	面向矿物加工过程的大数据分析及人工智能技术的应用与服务

颠覆性矿物加工装备和技术探索研究

颠覆性矿物加工装备和技术开发及应用

2019 年   2025 年   2035 年   2050 年

续图

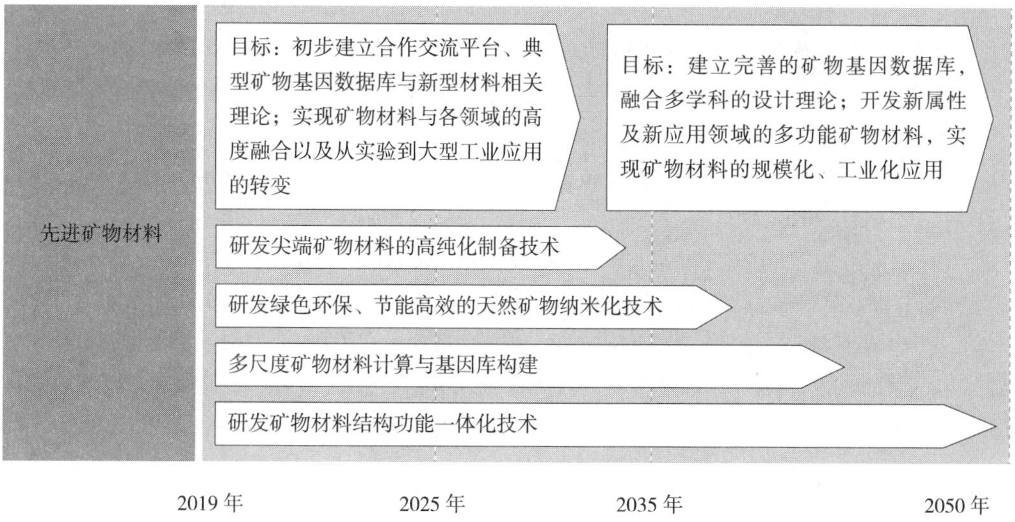

图 1-1 矿物加工工程学科发展路线图

参考文献

[1] 孙传尧. 选矿工程师手册 [M]. 北京：冶金工业出版社，2015.

[2] 王淀佐，邱冠周，胡岳华. 资源加工学 [M]. 北京：科学出版社，2005.

[3] Fuerstenau D W. Chemistry of Flotation，Principles of Mineral Processing（The Wark Symposium. eds. by Jones M H and Woodeock J T）[M]. Victoria: Lunies Ross House，1984.

[4] 孙传尧. 矿产资源高效加工与综合利用—第十一届选矿年评 [M]. 北京：冶金工业出版社，2016.

[5] 陈建华. 硫化矿物浮选晶格缺陷理论 [M]. 长沙：中南大学出版社，2012.

[6] Pradip P，Rai B. Molecular modeling and rational design of flotation reagents [J]. Int J Miner Process，2003，72（1/2/3/4）：95-110.

[7] Б А 格列姆博茨基. 浮选过程物理化学基础 [M]. 郑飞等译，北京：冶金工业出版社，1985.

[8] 中国科学院，国家自然科学基金委员会. 中国学科发展战略—理论与计算化学 [M]. 北京：科学出版社，2017.

[9] He J，Han H，Zhang C，et al. Novel insights into the surface microstructures of lead（II）benzohydroxamic on oxide mineral [J]. Appl Surf Sci，2018b，458：405-412.

[10] 李世厚. 矿物加工过程检测与控制 [M]. 长沙：中南大学出版社，2011.

[11] Lakshmanan V I. Advanced materials: application of mineral and metallurgical processing principles [M]. Englewood：Society for Mining，Metallurgy，and Exploration，1990.

[12] 江南. 先进碳材料科学与功能应用技术 [M]. 北京：科学出版社，2016.

［13］吴平霄. 黏土矿物材料与环境修复［M］. 北京：化学工业出版社，2004.

［14］郑水林，孙志明. 非金属矿物材料［M］. 北京：化学工业出版社，2016.

［15］孙立德，李爱莉，端夫. 奇妙的纳米世界［M］. 北京：化学工业出版社，2004.

［16］郑水林，杨华明，韩跃新，等. 矿物材料学科发展报告［M］. 北京：中国科学技术出版社，2018.

［17］Zhou Ji, Li Peigen, Zhou Yanhong, et al. Toward New Generation Intelligent Manufacturing［J］. Engineering, 2018, 4（1）: 11–20.

［18］Feng Qian, Weimin Zhong, Wenli Du. Fundamental Theories and Key Technologies for Smart and Optimal Manufacturing in the Process Industry［J］. Engineering, 2017, 3（1）: 154–160.

［19］钱锋，杜文莉，钟伟民，等. 石油和化工行业智能优化制造若干问题及挑战［J］. 自动化学报，2017, 43（6）: 893–901.

［20］柴天佑，丁进良. 流程工业智能优化制造［J］. 中国工程科学，2018, 20（4）: 51–58.

［21］孙传尧. 选矿工程师手册［M］. 北京：冶金工业出版社，2015.

［22］中国电子技术标准化研究院. 工业物联网白皮书［R］. 2017.

［23］中国电子学会. 新一代人工智能发展白皮书（2017年）［R］. 2017.

［24］工信部. 金属尾矿综合利用专项规划［EB/OL］. http://www.miit.gov.cn/n1146285/n1146352/n3054355/n3057542/n3057547/c3576140/content.html.

［25］刘亚川. 我国矿产资源综合利用技术现状分析与展望［J］. 矿产综合利用，2013（6）: 1–3.

［26］毕献武，董少花. 我国矿产资源高效清洁利用进展与展望［J］. 矿物岩石地球化学通报，2014（38）: 14–22.

［27］自然资源部关于发布《非金属矿行业绿色矿山建设规范》等9项行业标准的公告［EB/OL］. http://www.mnr.gov.cn/gk/tzgg/201806/t20180628_1993031.html.

［28］张生辉. 重要矿产资源调查总体思路与部署［EB/OL］. http://www.cgs.gov.cn/upload/201506/20150611/20150611105755325.pdf.

［29］国家统计局，环境保护部. 中国环境统计年鉴2017［M］. 北京：中国统计出版社，2018.

［30］中国生态环境部. 2017中国生态环境状况公报［R/OL］.（2018–05–31）http://www.mee.gov.cn/hjzl/sthjzk/zghjzkgb/po20180531534645032372.pdf.

［31］冯章标，何发钰，邱廷省. 选矿废水治理与循环利用技术现状及展望［J］. 金属矿山，2016, 45（7）: 71–77.

［32］冯安生，吕振福，武秋杰，等. 矿业固体废弃物大数据研究［J］. 矿产保护与利用，2018, 214（02）: 46–49, 57.

［33］Peng H T, Y Liu. A comprehensive analysis of cleaner production policies in China［J］. Journal of Cleaner Production, 2016（135）: 1138–1149.

［34］Hendryx M, J Luo, B C Chen. Total and cardiovascular mortality rates in relation to discharges from toxics release inventory sites in the United States［J］. Environmental Research, 2014（133）: 36–41.

［35］环境保护部，国家质量监督检验检疫总局. GB25466-2010，铅、锌工业污染物排放标准［S］. 北京：中国环境科学出版社，2010.

［36］环境保护部，国家质量监督检验检疫总局. GB 25467–2010，铜、镍、钴工业污染物排放标准
　　　［S］. 北京：中国环境科学出版社，2010.

［37］环境保护部，国家质量监督检验检疫总局. GB 25661–2012，铁矿采选工业污染物排放标准
　　　［S］. 北京：中国环境科学出版社，2012.

2 大宗基础紧缺矿产资源

2.1 大宗基础紧缺矿产资源概述

2.1.1 大宗基础紧缺矿产资源在国民经济中的作用

大宗基础紧缺矿产资源是指对我国经济发展影响大、对外依存度高的初级矿产资源，包括铁矿资源、铜铅锌资源、铝资源和磷资源。党的十八大以来，我国提出了中华民族伟大复兴的"中国梦"、全民小康的"双百年目标"和"城镇化建设"等国家发展战略。铁矿资源、铜铅锌矿资源、铝土矿资源、磷矿资源作为国民经济发展不可缺少的结构性、功能性、支撑性大宗基础紧缺矿产资源，实现其有效开发可为国家发展战略提供物质有力保障。目前，我国仍处于工业化发展中期至晚期，基础设施建设和社会财富积累水平远低于发达国家，预计到 2035 年我国的城镇化率将达到 70% 左右。因此，我国对大宗基础紧缺矿产资源的需求仍将维持在较高水平，从而继续保持对大宗基础紧缺矿产资源供应数量的旺盛需求。

大宗基础紧缺矿产资源是否能充足供应，关系到我国经济是否能够持续增长以及我国的经济安全和社会稳定。随着我国经济发展和国家财力的增长，资源约束正替代资本约束逐步上升为国家经济发展新常态的主要矛盾。大宗基础紧缺矿产资源供应不足，已经成为制约国家经济发展的"瓶颈"，甚至成为制约工业化、城镇化和现代化全过程的一个重大影响因素。

我国铁矿资源、铜铅锌资源、铝资源及磷资源储量较为丰富，但人均占有量低，且中小型矿床多、贫矿多、复杂难选矿多，导致采选工艺流程复杂、成本相对较高。随着国民经济的不断发展，基础工业对铁、铝、铜铅锌等大宗基础矿产资源的需求继续增长，加之现有矿产资源的不断消耗和开发利用难度加大，未来对进口的依赖将继续存在，我国大宗基础紧缺矿产资源将处于严重的供不应求状态。2017年，我国进口铁矿石 10.75 亿 t，对外依存度高达 88.7%，预计到 2030 年我国铁矿石对外依存度仍将维持在 85% 以上；我国铜、铅、锌金属的消费量占全球消费比分别达到 50%、40% 和 49%，随着我国铝工业的快速发展，铝土矿资源日趋紧张，我国正以不足世界 3% 的铝土矿储量生产着世界 50% 以上的氧化铝和 40% 以上的电解铝，

2017 年我国铝土矿进口量同比增长了 10% 达到 6616 万 t，铝土矿对外依存度超过 50%；我国磷矿基础储量约 33 亿 t，年产量维持在 1.2 亿 ~ 1.4 亿 t，虽然近几年对外依存度不高，但从长期可持续发展和我国磷矿石资源安全的角度来看，我国将面临磷矿对外依存度将大幅度提高的局面。为了应对大宗基础紧缺矿产资源受制于人所带来的风险和挑战，为保障矿产资源长期供应安全，2016 年国务院批复通过了《全国矿产资源规划（2016—2020 年）》，将包括铁、铜、铝和磷在内的 24 种矿产列入了战略性矿产目录，作为矿产资源宏观调控和监督管理的重点对象，并在资源配置、财政投入、重大项目、矿业用地等方面加强引导和差别化管理，提高资源安全供应能力和开发利用水平。从科技创新角度来看，要确保大宗基础紧缺资源不受制于人，必须提高国内资源供应保障能力，努力发展和开发高效清洁且绿色环保的矿物加工新技术和新工艺，这是国民经济发展的必要需求，是保障国家资源安全的重要条件，也是提高矿产品国际贸易定价话语权的重要筹码，更是降低对外依存度、打破国际矿业垄断的撒手锏。简而言之，大宗基础紧缺矿产资源的全面节约与高效利用对矿物加工学科发展提出更高的要求与挑战，也必将促进矿物加工学科进一步完善和加强。

2.1.2　大宗基础紧缺矿产资源现状

2.1.2.1　铁矿资源现状

我国铁矿资源储量丰富，据《中国矿产资源报告（2018）》显示，2017 年我国铁矿石查明资源储量 848.88 亿 t，资源储量居世界第四位，仅次于澳大利亚、俄罗斯和巴西。我国铁矿资源的分布广泛但相对较集中，主要分布在辽宁鞍本地区、四川攀西地区、河北冀东地区和邯邢地区、湖北大冶地区和鄂西地区、内蒙古白云鄂博地区、安徽马芜地区以及山西和云南等地。

我国铁矿石资源禀赋差，其主要体现在矿物嵌布粒度细、组成复杂、原矿品位低。我国铁矿石平均铁品位仅为 31.3%，比世界平均铁品位约低 14 个百分点，铁品位大于 50% 的富矿仅占 2.7%（约 15 亿 t），97% 以上的铁矿石需要经选矿处理后才能送高炉冶炼。我国铁矿石类型多，主要类型及其比例为：磁铁矿型 55.3%，赤铁矿型 18.1%，菱铁矿型 14.4%，钒钛磁铁矿型 5.3%，镜铁矿型 3.4%，褐铁矿型 1.1% 及混合型 2.3%。

我国钢铁工业产能巨大，国内铁矿石产量供应严重不足。2015—2017 年，我国进口铁矿石分别为 9.53 亿 t、10.24 亿 t 和 10.75 亿 t，对外依存度连续三年超过 83%，这已成为我国钢铁工业安全、稳定运行的重大隐患。

2.1.2.2 铜铅锌资源现状

我国铜、铅、锌资源，无论是矿床的类型、储量，还是开发利用条件，与世界工业发达国家相比均处于劣势。据2018年国土资源部统计，截至2017年，中国铜、铅、锌资源储量分别为10607.75万t、8967万t和18493.85万t。中国铜资源主要分布在赣、滇、鄂、藏、甘、皖、晋、黑等省（自治区），集中分布于长江中下游地区，中国西南的怒江、澜沧江、金沙等地区，东南临海地区，东三省的东部，西藏冈底斯山脉带等区域。我国铜资源从矿床类型来看，以斑岩型铜矿床为主（如江西德兴铜矿），铜金属储量约占总储量的44%；其次是矽卡岩型铜矿床（如安徽铜陵冬瓜山铜矿），铜金属储量约占总储量的27%，但矽卡岩型铜矿床提供的铜产量却与斑岩型铜矿床所提供的铜产量相当。我国铅锌矿产资源主要有花岗岩型（广东连平）、矽卡岩型（湖南水口山）和斑岩型（云南姚安）等矿床类型，经过40多年的发展，已经形成东北、湖南、两广、滇川、西北等五大铅锌采选冶和加工配套的生产基地，铅产量占全国总产量的85%以上，锌产量占全国总产量的95%。

近年来，我国铜、铅、锌产业规模不断扩大，但相关资源的基础保障较为薄弱，当前高速的资源消耗方式难以长期为继。2015—2017年，我国精铜的进口量分别为347万t、320万t和291万t，虽然每年对外的进口量有所减少，但是依然有近1/3的铜消费需要依赖进口。铅、锌的消费也存在类似的问题，2015年，我国铅精矿的消费量为321万t，其中进口的铅精矿量为96万t，对外依存度为30%；锌精矿消费量为671万t，其中进口的锌精矿量为65万t，对外依存度为10%。

2.1.2.3 铝土矿资源现状

我国铝土矿储量较大，约为10亿t。但从全球铝土矿储量角度来看，我国不属于铝土矿资源丰富的国家，只占世界储量的3%，远低于几内亚、澳大利亚、巴西三国，也低于同在亚洲地区的印度尼西亚和越南两国。近年来，随着勘探力度的加大，我国铝土矿查明资源储量虽有较大幅度增加，但是过度开采使储量呈现下降态势。我国铝土矿资源分布较集中，查明资源储量分布于19个省（自治区），主要分布在山西、广西、贵州、河南、重庆以及云南。山西、广西、贵州和河南等4省（自治区）的铝土矿资源储量占全国的90%以上，其中山西查明资源量占比全国第一，为34.5%。我国铝土矿质量较差，大部分都是加工困难、耗能高的一水硬铝石；并且有相当一部分铝土矿中硅、硫、铁等有害杂质含量过高，不仅使氧化铝生产工艺流程复杂化，且会使碱耗和电耗及生产成本增加。

我国高铁铝土矿主要分布在广西的贵港、宾阳、来宾、德保、曲阳等地。仅广西贵港高铁铝土矿已探获资源储量达2.2亿t，预测远景储量超过10亿t。高铁铝土矿利用单一的选矿方法（磁选、浮选）不能有效分离铝、铁，难以获得合格铝土矿精矿。

因此，高铁铝土矿至今也未能得到有效的开发与利用。我国的高硫铝土矿储量达 5.6 亿 t，约占铝土矿资源总储量的 11.0%。由于我国对高硫铝土矿脱硫的研究起步较晚，在高硫铝土矿脱硫处理方面的研究较少，高硫铝土矿尚未得到有效的开发利用。

近年来，我国越来越多的氧化铝厂使用进口矿作为原料补充。2017 年，我国铝土矿进口量增长至 6616 万 t，铝土矿对外依存度超过 50%。铝土矿资源供应的严重短缺和矿石品位降低，已成为制约我国氧化铝工业发展的瓶颈。

2.1.2.4　磷矿资源现状

我国磷矿资源丰富，储量位居世界第二。2017 年，我国磷矿查明资源储量为 252.8 亿 t，78% 以上的磷矿资源集中分布在湖北、云南、贵州和四川。湖北磷矿查明储量达 63.4 亿 t，云南储量 40.2 亿 t、贵州储量 35.8 亿 t。然而，我国磷矿贫矿多、富矿（五氧化二磷品位高于 30%）少，90% 属中低品位磷矿，五氧化二磷平均品位仅为 16.95%。因此，为了满足湿法磷酸和高浓度磷肥生产要求，大部分磷矿必须通过选矿富集后才能使用。

我国磷矿按地质成因可分为岩浆岩型磷灰石、沉积变质岩型磷灰岩和沉积岩型磷块岩。岩浆岩型磷灰石储量较少，约占我国磷矿总储量的 7%，主要分布在河北、新疆和山东。其特点是磷矿物结晶完整、嵌布粒度较粗，可浮性好，选矿工艺简单，但五氧化二磷品位普遍偏低，一般小于 10%。沉积变质岩型磷灰岩的储量占我国磷矿总储量的 23% 左右，主要分布在江苏、安徽、湖北等省。其特点是风化泥化现象严重、矿石松散、含泥量高，需采用擦洗脱泥、浮选等选矿工艺才能获得合格磷精矿。沉积岩型磷块岩是我国磷矿的主要类型，约占我国磷矿总储量的 70%，常被称为胶磷矿，其特点是磷灰石呈隐晶质或微晶质，没有特定的晶体结构。磷矿集合体多为鲕粒、假鲕粒结构，嵌布粒度较细，集合体内部常混有碳酸盐、石英和硅酸盐等脉石矿物。此外，该类型磷矿中因方解石、白云石与磷灰石晶体结构中均含有钙离子，可浮性相似，选矿难度大，工艺较为复杂。

2.2　大宗基础紧缺矿产资源开发利用现状及存在的问题

2.2.1　开发利用现状

2.2.1.1　铁矿资源开发利用现状

我国铁矿石"贫、细、杂、散"的特点促进了我国铁矿选矿新工艺、新技术、新设备研究工作的开展，铁矿石采选技术与装备领域取得了丰硕的成果。铁矿选矿工艺技术与设备制造进步相辅相成，有效提高了铁矿资源利用率，改善了矿山企业的效益，促进了铁矿选矿学科发展与技术进步。

1）选矿工艺

我国铁矿选矿工艺目前为国际先进水平，尤其是在贫赤铁矿、褐铁矿、菱铁矿选矿技术方面居国际领先地位。我国针对鞍山式贫赤铁矿开发了弱磁—强磁—反浮选技术、分步浮选技术；针对褐铁矿、菱铁矿等开发了（闪速）悬浮焙烧—磁选技术；针对白云鄂博矿、攀枝花钒钛磁铁矿等多金属共伴生矿的综合利用，开发了弱磁选—强磁选—反-正浮选、磁选—重选—浮选—电选等联合选矿工艺。

2）浮选药剂

我国铁矿资源的禀赋特点决定了国内的铁矿反浮选捕收剂以阴离子捕收剂为主。在几十年的攻关研究中，我国铁矿选矿工艺和药剂均取得了重要突破，成为世界上铁矿选矿技术的创新中心。国内铁矿捕收剂主要以阴离子为主，占铁矿捕收剂用量的90%。捕收剂型号主要有 RA 系列、CY 系列、GK 系列、MZ 系列和 MH 系列；阳离子捕收剂占 5% 左右，主要用在磁选铁精矿和焙烧—磁选铁精矿提质降杂工艺中；其他类型的捕收剂占 5%。随着国家对矿山企业节能减排、清洁生产工作的日益重视，常温铁矿捕收剂的研制成为研究热点，先后开发出 DMP-1、DMP-2、DMP-3、DTX-1、DL-1、DZN-1、Fly-101、CY-20、MG 等一系列具有低温溶解性、捕收性强、选择性优的新型常温高效捕收剂，实现了在常温（15～25℃）下对铁矿石有效分选。

3）选矿设备

我国在铁矿资源开发利用过程中实现了自磨机、球磨机、浮选机等设备的大型化，成功研制了立环脉动高梯度强磁选机、超导磁选机等装备，在高效浓密与高浓度输送技术等方面也取得了一系列技术进步。其中，在铁矿磁选设备方面研了多种较高水平的磁选设备，不同型号的永磁圆筒型弱、中磁场磁选机在磁铁矿资源粗粒预先抛尾、粗选、精选和扫选工艺阶段获得广泛应用。细粒级赤、褐铁矿石资源的磁选仍以强磁选设备（如平环强磁选机、立环强磁选机等）应用最为广泛，其中立环脉动高梯度磁选机大型化取得重要进展，国内单台处理能力最大的 SLon-4000 型立环脉动高梯度磁选机，单台处理能力达到 550 t/h。对于弱磁性氧化铁矿石，如赤铁矿、镜铁矿、褐铁矿、菱铁矿等，粗粒预先抛尾永磁高、强磁场设备已研发成功，正逐步推广应用。分级设备研制进展同样取得成功，水力旋流器、高频振动细筛已在国内选厂普遍采用，由此产生的组合分级技术使选矿厂磨矿分级效率提高到一个新水平。高压辊磨、自磨与半自磨、塔磨与立式搅拌细磨等技术与装备在引进国外先进技术及装备的同时，国内相关研究机构及设备制造公司加大研发力度，研制成功了 ϕ12.19 m×10.97 m 半自磨机和 ϕ7.93 m×13.6 m 溢流型球磨机，打破了大型自磨机 / 半自磨机、球磨机国际垄断，国内大中型铁矿选矿厂采用高压辊磨、自磨、半自磨设备逐步增加。重载高压浓缩装备已得到推广，高浓度管道输送已在昆钢、太钢、包钢等企业应用。超细磨设备开发成功与大型化发展，大型浮选机及浮选柱在铁矿山的应用，陶瓷过滤机、压滤机的低成本工业应用，为微细粒铁矿大规模高效利用创造了条件。

4）选矿自动化

在引进、消化、吸收国外自动化控制技术基础之上，我国铁矿选矿自动化技术得到突飞猛进的发展。铁矿选矿自动化系统建设是新建矿山的标配，已经成为新建矿山初步设计和施工设计中不可缺少的重要部分。很多老旧选矿厂相继进行了选矿自动化系统的实施、完善或更新升级。国内部分大型矿山企业开始着手推进自动化和信息化的融合，使矿山生产管理的信息化，生产过程的自动化、智能化、数字化及装备水平的智能化水平有了较大幅度的提高。

5）资源综合利用

我国有储量丰富的多金属共伴生铁矿资源，在一定经济技术条件下，通过采用合理的选冶工艺，最大限度地综合开发利用共伴生、低品位和难利用资源，综合回收或有效利用采选冶过程中产出的废弃物，包括废石（渣）、尾矿等，是实现铁矿伴生资源综合循环利用的重要途径。内蒙古白云鄂博铁矿和攀西钒钛磁铁矿是我国典型的多金属共伴生铁矿床。白云鄂博铁矿是以铁、铌、稀土为主的多元素共生矿床，铌资源储量巨大，占我国总储量的 95%，居世界第二位，同时还伴生铁、稀土、萤石、钪等有益元素；攀枝花—西昌地区的钒钛磁铁矿矿床是以铁、钛、钒为主，并伴生有铬、钴、镍、铜、硫、钪、硒等多种成分。针对白云鄂博铁矿、攀西钒钛磁铁矿等多金属共伴生矿的综合利用，开发了弱磁选—强磁选—反、正浮选、磁选—重选—浮选—电选等联合选矿工艺。近年来，通过攀枝花和白云鄂博矿产资源综合利用示范基地建设，回收了大量钒、钛、稀土等稀有金属，对推进全国矿产资源综合利用工作起到了很好的示范作用。河北承德等地矿山也对矿石中富含的有益元素进行了综合回收利用，给企业带来显著的经济效益。

2016 年，铁尾矿产生量近 8 亿 t，约占到当年总尾矿产生量的 50%，铁尾矿总堆存量超过 100 亿 t，综合利用率约为 20%。铁尾矿的综合利用对大规模减少大宗固废的堆存、减少安全隐患和减少占地具有重要意义。铁尾矿的综合治理和开发利用已经成为我国面临的重大课题，我国在铁尾矿综合利用方面虽然取得了一些成果，但利用率低的问题还没有从根本上得以解决。目前，我国铁矿尾矿再利用主要有四种途径：一是作为二次资源再选；二是用于制作高标号水泥基免烧砖等建材；三是用作矿山充填材料；四是用作土壤改良剂及微量元素肥料或利用铁尾矿复垦植被。其中，矿山空场充填是尾矿利用的主要方式，占尾矿利用总量的 53%。

6）国外铁矿选矿及资源综合利用概述

国外铁矿资源以富矿为主，其选矿工艺相对简单。巴西、澳大利亚等南半球国家的铁矿石成矿条件优越，脉石矿物基本为石英，铁矿浮选一般采用胺类阳离子浮选工艺。国外利用阳离子捕收剂对铁矿石进行反浮选脱硅取得了良好的效果，如加拿大园湖铁矿、美国默萨比铁矿、巴西萨马尔科选厂等。国外常用的阳离子捕收剂主要有脂肪胺、酰胺、多胺、醚胺、缩合胺及其盐等。阳离子反浮选工艺具有药剂制度单一、工业生产操作简单、浮选速度快、分选效果好、耐低温性能好等优点，但也存在浮选泡沫黏度大、后期处理困难等缺点。国外较少对复杂难选铁矿资源进行开发利用，对复合氧化铁矿石、菱铁矿等复杂难选铁矿石虽有开发利用，但效果均不理想。保加利亚和法国等曾用洗矿—重选—磁选、焙烧磁选—重选等方法处理鲕状褐铁矿和菱铁矿，但精矿品位普遍较低，市场竞争力不强，目前都已停产。国外铁矿选矿技术的研究重点是高效大型选矿装备的开发和自动控制，开发了高效圆锥破碎机、高压辊磨机、大型搅拌磨等新型高效节能装备，不断推进破碎机、球磨机、浮选机等装备的大型化。选矿厂普遍采用数字化、信息化管理，实现了生产过程全流程自动控制。同时，国外更注重基础理论的研究，如矿物本征特性快速高效检测、矿物碎磨解离原理、分选过程力场力学分析等等，由此产生了一大批高效节能、大型化、自动化装备。国外矿业发达国家对铁矿石及其伴生元素的综合利用极为重视，例如瑞典的基律纳铁矿和格兰耶斯贝里铁矿均采用浮选技术回收磷矿物。在尾矿利用技术方面，主要集中在水泥填料、建筑材料、玻璃制品等技术开发。国外发达国家对环境保护要求更为严格，对尾矿库的复垦工作十分重视，如德国、俄罗斯、美国、加拿大，澳大利亚等国家的矿山土地复垦率都已达 80% 以上。

2.2.1.2 铜铅锌资源开发利用现状

我国铜、铅、锌矿产资源种类丰富、分布较广。经过几十年的开发利用，易选铜、铅、锌矿石逐渐减少，"贫、细、杂、难"的问题日益凸显。国内外选矿科技工作者们经过长期的试验研究和生产实践总结，虽然开发出了一批新技术、新工艺、新型环保选矿药剂、新型大型化选矿设备，但总体来说进展略显滞后。

1）选矿工艺

铜、铅、锌资源的矿种类型主要有铜硫矿、铜锌硫化矿、氧化铜矿、混合型铜矿、铅锌硫化矿、氧化铅锌矿、混合型铅锌矿和铜铅锌多金属硫化矿等。对于铜、铅、锌硫化矿资源，目前国内外主要选矿工艺有：优先浮选、部分优先—混合浮选、等可浮浮选、异步浮选、磁—浮联合、选冶联合工艺等。随着铜铅锌硫矿山的不断深入开采，矿石性质越来越复杂、原矿品位越来越低，传统的选矿工艺难以实现铜铅锌硫化矿高效分离的目的。近年来，复杂铅锌硫化矿高浓度分速浮选新技术和复杂铜铅锌选矿高效分离技术等新技术得到开发和利用，选别指标提高、浮选药剂用量降低、流程短、能耗低，提升了复杂铜铅锌硫化矿的选矿水平。

针对氧化铜铅锌资源，现阶段开发的工艺主要以硫化—黄药浮选法为主，硫化过程是本工艺的重点。同时，由于不同产地、不同成矿形成的氧化铜铅锌矿矿石性质复杂，可选性与硫化矿石有很大差别，无论是矿物组成或矿石结构、构造的特点都给分选增加了难度。针对中等可选及难处理氧化铜铅锌矿石，目前主要应用的浮选工艺有脂肪酸捕收剂浮选法、螯合捕收剂浮选法、絮凝浮选法、浸出—浮选法等。

2）浮选药剂

近年来，特别重视对浮选药剂的研发和组合药剂的使用，目前在捕收剂与抑制剂的研发与应用方面的成果较多。

铜铅锌硫化矿的浮选捕收剂主要是含硫、氮、磷和氧元素的2～4种，并由4～12个碳原子组成的有机物。除常见乙基黄药、丁基黄药以外，有代表性和明确化学结构的含硫有机浮选剂包括：二硫代氨基甲酸盐类、次烷基二烷基二硫代氨基甲酸酯类、烷基异硫脲类、硫代次磷酸类、次甲基二乙基二硫代氨基甲酸、二烃基硫代磷酸铵、二苯基二硫代次磷酸、烷基氨基硫代醋酸等；近年研究合成的硫化矿浮选药剂包括：三硫代碳酸盐、异丁基黄药、黑药、硫代酰基酰替苯胺、N，N-二乙基氰乙基二硫代氨基甲酸盐、2-巯基苯并噻唑、6-乙基-2-巯基苯并噻唑、乙基硫代乙胺等。

铜铅锌氧化矿浮选捕收剂主要是含氮、磷和氧元素的2～4种，并由8～20个碳原子组成的有机物。国外研究的氧化矿浮选药剂包括：酰胺酸类捕收剂、辛基羟肟酸钾盐、醚胺类、多胺类等。国内研究的氧化矿浮选药剂包括：2-羟基-1-萘甲醛肟、酯基柠檬酸钠、十六烷基醚聚氧乙烯醇、烷基磺酸钠、醚胺、油酸钠、N-十二烷基-1，3丙二胺、N-（3-氨基丙基）月桂酰胺、二［2-乙基己基］磷酸、烷氧基丙胺、N-十二烷基β氨基丙酰胺盐酸盐、8-羟基喹啉等。

铜铅锌浮选分离过程中，常用的硫化矿抑制剂可根据分子量大小分为无机抑制剂与有机抑制剂。常用的无机抑制剂有石灰、硫酸锌、氰化物、硫化钠、重铬酸盐、亚硫酸盐、水玻璃、六偏磷酸钠等；有机抑制剂有羧甲基纤维素（CMC）、木质素、草酸、柠檬酸、琥珀酸、巯基乙酸等。

硫化铜铅锌矿浮选常用的活化剂主要有硫酸铜、氯化铵、硫酸铵、草酸等，氧化铜铅锌矿浮选常用的活化剂主要有乙二胺（活化菱锌矿）、甲基（乙基、丁基）二硫代碳酸盐（活化异极矿）、二甲酚橙（活化异极矿）、羟肟酸（活化异极矿）、硫酸铵（活化氧化锌）；常用的絮凝剂主要有聚丙烯酰胺、水解聚丙烯酰胺等；常用的分散剂主要有水玻璃、六偏磷酸钠、腐殖酸钠、烤胶等。

3）选矿设备

目前国内大多数铜铅锌矿山采用闭路破碎（洗矿）筛分及闭路磨矿分级常规流程，国内破碎设备主要有：颚式破碎机、旋回破碎机、圆锥破碎机、锤式破碎机、反击式破碎机、辊式破碎机和高压辊磨机等。近些年，在铜铅锌矿山的选矿工艺中，已逐步采用"粗碎—半自磨（SAB 或 SABC）"工艺替代传统的三段一闭路破碎流程，即采用半自磨机替代中细碎，缩短破碎流程。国外常用的破碎设备有：山特维克生产的 H 系列和美卓矿机生产的 HP 系列（如 HP-300、HP-400 等）的破碎机等。磨矿设备主要有格子型球磨机、溢流型球磨机、塔式立磨机、艾萨磨机（由澳大利亚的 Mountlsa 矿发明的一种细磨设备）等，常用浮选设备有自吸气机械搅拌浮选机（XJK 型、JJF 型、SF 型等）、充气式机械搅拌浮选机、充气式浮选机（浮选柱）等，大部分浮选机采用方形或圆筒形槽。

国内磨矿、浮选设备已逐渐大型化、自动化和节能化。在设备大型化方面，已成功研制出 $\phi 12.19 \text{ m} \times 10.97 \text{ m}$ 半自磨机、$\phi 7.9 \text{ m} \times 13.6 \text{ m}$ 球磨机和 320 m^3 溢流型浮选机。在设备自动化方面，目前国内部分矿山已实现采用音频控制可以自动调节球磨机给矿量和钢球补加量，能按比例添加给水量，球磨机可以始终保持最大生产能力；采用浮选机液位传感器来控制浮选机的液位；采用射流浮选柱的检测与控制系统来实现射流浮选机的自动化控制；采用微泡浮选柱计算机监控系统控制浮选柱内液位等，确立加药量与进料流量的函数关系；采用泡沫数字图像控制系统分析各特征参数的物理意义及其随浮选时间（泡沫纹理）的变化关系，定性地指出各泡沫特征参数与泡沫纹理的相关性。未来这些自动化技术将在铜铅锌矿山推广使用。在设备节能化方面，部分矿山已实现通过变频来调节浮选机主轴电机转速，并对浮选机组的功率进行改造而实现节能；根据不同的浮选机型号选择不同的叶轮叶片形式和参数，使其达到最节能的工作状态等。

4）废水处理

我国的选矿废水处理技术经过多年努力已获得一定的成果，但与国外相比还存在一定的差距。常用的选矿废水资源化处理方式包括：自然降解法、物理化学法、生物法、高级氧化法、膜分离法和人工湿地法等。

自然降解法是最原始的一种选矿废水处理方法，选矿废水中的污染物通过自然条件自我降解，其中的重金属和悬浮物等经过一系列的物理化学作用，在尾矿库堆积、沉淀。

物理化学法主要包括酸碱中和法、化学氧化法和吸附法。酸碱中和法就是使用一些有机或者无机中和剂对废水的 pH 进行调节，从而达到酸碱中和，去除废水中的一些污染物的目的；化学氧化法在水处理中是一种比较常见的处理方法，多被用于处理各种有危害的有机污染废水，可以把大分子的有机物降解成小分子的有机酸，从而提高废水的可生化性；吸附法是利用吸附剂与吸附质之间的分子引力、化学键力、静电力将污染物从水中去除的一种深度水处理技术，常见的吸附剂材料如：活化煤、活性炭和煤渣等，活性炭材料因其价格低廉、吸附能力较强，被广泛应用于处理各种浮选废水。

生物法因其在降解过程中不添加任何药剂，主要依靠微生物自身的生化反应，对有机污染物进行降解，同时对废水中的重金属也可起到一定的吸附效果，是国内外研究的热点方法之一。

高级氧化法主要分为光化学氧化降解和臭氧氧化降解选矿废水。光化学氧化是一种高效、低成本的水处理技术，多用于降解有机污染废水；臭氧氧化法具有高去除率和低运行成本的优点，比较适合用于选矿废水中残留的选矿药剂的降解。人工湿地法是近年来国内外研究的重点，它具有出水性质稳定、基建和运行费用低、技术含量低、维护管理方便、抗冲击负荷强等诸多优点。

2.2.1.3 铝土矿资源开发利用现状

我国铝土矿资源丰富，但其低铝硅比严重制约着我国铝行业的发展。通过合理的选矿方法提高铝土矿的铝硅比，以获得高质量的铝土矿精矿，满足氧化铝生产需求，是降低铝土矿生产氧化铝能耗和成本的有效途径。为充分利用我国铝土矿资源，我国选矿科技工作者针对低品质铝土矿开展了大量的研究工作，在理论研究、技术研发和工程应用方面，均取得了一定的进展。

1）破碎与磨矿

铝土矿的碎磨研究相对较少，主要集中在磨矿介质对选择性磨矿的影响和助磨剂的使用方面。选择合适的助磨剂对铝土矿选择性磨矿有一定的强化作用，还可以显著降低矿浆黏度，改变颗粒表面电位，影响颗粒表面形貌，从而提高磨矿效率和降低磨矿能耗。

2）选别工艺

铝土矿选矿的主要任务是脱硅、脱硫和降铁，根据不同矿区铝土矿资源特点和矿石性质的不同，所适用的工艺流程也各有差异。目前，研究与应用较多的铝土矿选别技术主要包括铝土矿浮选脱硅技术、铝土矿浮选脱硫技术、铝土矿降铁技术及铝土矿选择性絮凝脱硅技术。此外，洗矿是堆积型与红土型铝土矿提高铝硅比常用的工艺。

针对我国典型一水硬铝石型铝土矿的选矿脱硅，提出以一水硬铝石富集合体为解离目标，以一水硬铝石及其富连生体为捕集和回收对象的新思路，突破因一水硬铝石嵌布粒度细而需细磨的技术思路，充分利用脉石矿物易泥化的特点，放粗磨矿细度，并结合浮选工艺降低矿泥对选矿脱硅的影响。在此基础上，先后提出了阶段磨矿—浮选、浮选—分级、分级—浮选、选择性磨矿—粗细分选等典型工艺，并在 2003 年先后将选择性磨矿—粗细分选、分级—浮选工艺应用在中国铝业公司两条工业生产线（山东分公司与中州分公司），生产指标运行良好。此外，在国家科技部相关项目支持下，中低品位一水硬铝石型铝土矿的反浮选脱硅也获得了突破，采用选择性碎磨—絮凝脱泥—反浮选取得了半工业试验的成功。

针对高硫铝土矿的脱硫，国内也开展了大量研究。高硫铝土矿中的硫主要是硫化铁，硫矿物的主要成分为黄铁矿、磁黄铁矿以及胶黄铁矿等。当前铝土矿脱硫工艺主要包括以下几种：浮选法脱硫、生产氧化铝湿法脱硫、焙烧预处理脱硫和添加还原剂烧结法脱硫等，其中选矿浮选法脱硫应用最为广泛。2008 年，我国第一条铝土矿选矿脱硫工业生产线在中国铝业重庆分公司投入使用，采用 BK313 作为活化剂与黄药作为捕收剂，在中碱性矿浆条件下，工业生产获得硫品位 35.55%、回收率 73.91% 的硫精矿及氧化铝品位 59.56%、回收率 95.10% 的铝精矿。铝精矿中硫含量为 0.30%，回水利用率为 100%。目前，铝土矿脱硫的技术开发研究较多，针对不同地区的矿石性质差异开发了与之适应的流程结构和药剂制度，一般均可获得品质合格的铝精矿，铝回收率达 90% 以上。

高铁铝土矿石中主要的铁矿物是赤铁矿、针铁矿和褐铁矿，主要的铝矿物是一水软铝石、一水硬铝石和三水铝石，矿石结构复杂，有相当比例的高铁铝土矿资源铝和铁品位均达不到工业要求，利用单一的选矿方法（磁选和浮选）不能有效分离铝和铁。并且高铁铝土矿的种类繁多，性质复杂，不同性质的矿石需选用不同的设备和方法，致使加工利用困难。我国选矿科技工作者先后提出了"先铁后铝""先铝后铁"和"铁铝同步回收"的方案，采用磁选—浮选联合、磁化焙烧—磁选、直接还原—磁选等技术进行了研究，取得了一定的进展。

物理选矿法是处理矿石最普遍的方法，生产成本低，容易实现嵌布粒度粗、易于单体解离的高铁铝土矿的分选。洗矿是堆积型铝土矿和红土型铝土矿提高铝硅比的有效工艺，该工艺简单、稳定、运行成本低。

化学法也被广泛用来处理高铁铝土矿，但不同性质的矿石需采用不同的工艺流程，焙烧法研究较多，然而该法能耗与成本高。

微生物法具有低耗、无污染的特点，但国内仍处于研究探索阶段，有望成为新的研究方向。

贵港市高铁铝土矿为我国最大的三水型铝土矿矿床，含有丰富的铁、铝资源以及稀土元素。其中，三水铝石、针铁矿、赤铁矿的含量总和为 70%~80%，属于高铁、低铝硅比型铝土矿。该类矿石中的铝主要以微细粒嵌布或以类质同象形式存在铁矿物中，导致无法有效地实现单体解离，采用常规选矿、焙烧、冶炼等工艺都难以有效实现铝、铁分离，使得我国贵港市高铁铝土矿成为一类典型的难处理呆滞矿石。

平果铝土矿为了控制并降低洗矿产品的含泥率，同时保持较高的洗矿生产效率，通过圆筒洗矿机、槽式洗矿机和直线振动筛等设备工艺的改造，同时配置两段洗矿与三段洗矿两种模式的切换，有效降低了洗矿含泥率，保证了供矿质量，为氧化铝厂提产降本创造了有利条件。针对云南文山堆积型铝土矿，采用圆筒洗矿机加槽式洗矿机为主洗设备的两段洗矿流程对含泥率较高的难洗矿石进行洗矿，同时在筛子分级时进行高压水冲洗及分级机作业时进行浸泡、冲洗，形成了多段洗矿流程，从而保证精矿质量。

3）选矿药剂

铝土矿选矿药剂主要包括 pH 调整剂、分散剂、抑制剂及捕收剂。铝土矿浮选药剂的研究主要集中在捕收剂的设计与合成，目前工业应用的典型捕收剂有 KL 及 BJ422 等。近年来，随着分子动力学模拟技术的进步，研究者通过合成、复配等方式，开发了大量新型浮选药剂，主要包括正浮选捕收剂、反浮选捕收剂和调整剂。

4）选矿设备

近年来，针对铝土矿选矿设备的研究，主要集中在新型碎磨机、浮选柱、专用浮选机、重选设备以及浓密脱水设备的应用研究。其中，研发出的深槽浮选机和旋流—静态微泡浮选柱对铝土矿的浮选效果较好，应用前景广阔。

5）尾矿与废水的处理与利用

随着铝土矿选矿工业化的运行及大规模生产，产生了大量的铝土矿尾矿，尾矿中的主要组分包括高岭石、伊利石及部分未得到回收的三水铝石、一水硬铝石等矿物。从铝土矿选矿尾矿的矿物组成来看，尾矿在建筑材料、耐火材料、化工产品等方面均存在资源化利用的可能，尾矿的再利用已是铝工业发展和资源循环利用的关键。

在铝土矿选矿废水利用方面，目前的一些研究着重关注残留絮凝剂对浮选指标及废水回用的影响。铝土矿浮选过程中由于回水中絮凝剂的累积，导致浮选指标变差，精矿中氧化铝回收率和铝硅比显著降低。针对这种现象，往往采取增强对目的矿物的捕收、破坏聚丙烯酰胺对铝硅矿物的絮凝、降低回水中聚丙烯酰胺的浓度等措施来改善铝土矿浮选指标，实现浮选回水的有效利用。

2.2.1.4 磷矿资源开发技术现状

与世界上磷矿资源多的国家，如摩洛哥、俄罗斯、美国等国家相比，我国磷矿具有品位低、嵌布粒度细、杂质含量高、可选性差等特点，除少量高品位磷矿石可直接利用外，绝大部分磷矿石需要选矿后才能利用。

1）选矿工艺

磷矿选矿工艺主要有浮选、擦洗脱泥、重介质分选、焙烧—消化、光电选、化学浸取以及联合分选等。化学浸取由于药耗高、酸性废水污染大、磷矿物损失率高，适用性不强；焙烧—消化工艺适用于处理高镁磷矿，但存在能耗高、石灰乳脱除困难的问题，不易推广应用；光电选生产效率低，难以实现规模化应用；擦洗脱泥和重选工艺简单、成本低、不消耗选矿药剂、对环境污染小，但处理后的尾矿中五氧化二磷品位高，回收率偏低。

浮选是目前磷矿选矿最主要和应用最广泛的方法，85%以上的研究工作集中在浮选领域。针对不同类型的磷矿，研发了正浮选、反浮选、正—反浮选、反—正浮选和双反浮选工艺。正浮选工艺主要用于硅质或钙—硅质磷块岩，该工艺对氧化镁含量较低的中低品位磷矿石适应性较强，对废水处理要求较高，浮选产品直接过滤比较困难，对后续浓密沉降过程要求较高。反浮选工艺适用于磷矿物密集成致密块状或条带状的矿石，以及硅质矿物含量比较低的沉积型钙镁质磷块岩。正—反浮选工艺主要适合分选钙—硅质磷块岩，少部分硅—钙质磷块岩也能适用，从目前的生产应用来看，正—反浮选获得的磷精矿品位要比单一正浮选或单一反浮选高，并且反浮选阶段无须加热，该工艺中反浮选除了能提高精矿品位外，还能改善精矿的加工性能，反浮选后的精矿粒径较大，易脱水。该工艺对于原矿性质的适应性强，但药剂消耗大，尾矿五氧化二磷品位较高，精矿成本高，且在温度低于10℃时难以获得理想的指标。反—正浮选工艺主要应用于硅—钙质磷块岩，该工艺对原矿性质的适应性强，但碱耗增加。双反浮选适用于硅质脉石和碳酸盐含量都不太高的混合型磷块岩，该工艺使用的阳离子型捕收剂如胺类捕收剂对矿泥较为敏感，泡沫发黏。

随着磷矿资源日益趋向贫、细、杂、难，采用单一的选矿工艺往往很难获得优质的磷精矿产品，采用联合选矿工艺处理此类磷矿是有效的途径，如重介质—浮选联合工艺、重—磁—浮联合工艺和擦洗脱泥—浮选联合工艺。联合选矿工艺在获得良好选矿指标的同时，还有利于回收伴生的有用矿物，应用前景良好。近年来，选矿科技工作者对磷矿微生物法、选择性絮凝浮选等新技术也开展了研究。微生物处理和微生物浮选法具有污染小、能耗少及成本低等优点，是处理低品位磷矿的新方法。此外，选择性絮凝浮选用于处理微细粒磷矿有良好的应用前景。

2）浮选药剂

浮选药剂是磷矿浮选研究的核心内容之一。磷矿浮选药剂按用途可分为捕收剂、调整剂（pH调整剂、抑制剂和活化剂）和增效剂，其中，捕收剂和抑制剂对浮选指标影响最大。研究人员相继研发了改性脂肪酸、阳离子型、两性型、混合型等捕收剂，碳酸盐矿物抑制剂、硅酸盐矿物抑制剂和含磷矿物抑制剂。目前工业上应用的主要是改性或复配的脂肪酸类捕收剂，诸多新型药剂陆续在实验室研发成功，但仍然需要工业实践的检验。开发应用脂肪酸类衍生物、制备各种取代酸、提高脂肪酸的选择性和捕收能力、降低药剂浮选温度，是国内外选矿药剂工作者的研究重点。此外，单一药剂通常难以获得理想的选矿指标，混合用药和增效剂的使用能有效改善浮选效果。

3）浮选设备

大型浮选柱具有结构简单、占地面积小、耗能低及药剂用量低等优点，其应用越来越受到重视。国外浮选柱在磷矿选矿应用较多，1995 年巴西戈亚斯弗特尔磷矿开始采用，随后 Arafertil 和 Fosfertil 等磷矿山大规模应用，获得了较好的浮选效果。国内磷矿的柱浮选技术上与国外相差较大，$\phi 4500\ mm \times 10000\ mm$ 浮选柱在云南磷化昆阳磷矿浮选中获得成功应用。因此，需加强柱浮选新技术在磷矿产业化应用方面研究。

4）综合利用

多伴生、共生组分元素是我国磷矿资源的特点，全国 1/3 以上的磷矿共生或伴生有氟、碘、稀土、硅、镁等有价元素。目前在氟、碘和稀土的回收方面的相关研究日益增多，瓮福（集团）有限责任公司从含碘磷矿石生产过程中产生的稀磷酸内提取碘的研究取得了较好的效果，建成了两套 50 t/a 气相碘回收工业化装置，年回收碘达到 100 t。利用湿法磷酸生产中副产的氟硅酸为原料，采用浓硫酸分解工艺，已开工建成 2 万 t/a 无水氟化氢工业化装置，成为世界上第一家从磷化工生产过程中回收氟资源加工高档氟化工产品的企业。

2.2.2 存在的问题

2.2.2.1 铁矿资源开发利用存在的问题

1）现有工艺技术成本较高

我国铁矿资源禀赋差，选矿工艺流程较复杂、选厂大多规模小、效率低、资源利用率不高，生产成本高，各项技术经济指标与矿业发达国家相比缺乏竞争力。统计数字表明，2017 年 FMG 集团、淡水河谷、力拓和必和必拓的铁精矿生产成本分别为 12.08 美元/t、13 美元/t、13.4 美元/t 和 14.6 美元/t，而我国大型铁矿石生产企业铁精矿制造成本约为 450 元/t，远高于国外铁矿石的生产成本。

2）选矿技术装备整体实力不足

我国国产铁矿选矿装备仍以引进、消化吸收、再创新为主，新设备的自主研发、大型化与系统集成能力差，在稳定性、耐用性、大型化、自动化等方面与国外技术装备存在一定差距。细磨设备方面，立磨机需进一步实现大型化及自主化，自主化大型立磨机尚未实现系列化研制及推广应用；大型/超大型浮选机在自动监测及控制方面有待提高；组合式强磁选机单台设备处理量仍然偏低，需进一步大型化；SLon 型立环高梯度磁选机对细粒级弱磁矿物分离效率偏低；超导磁选机大型化存在给矿不均匀、介质冲洗不干净、分选指标不稳定等不足；选矿全流程生产过程自动控制及信息管理方面与发达国家仍有明显的差距。国内应加大自主研发力度，提高大型化与系统集成的能力，制造出性能优越的铁矿资源开发选矿装备。

3）难选铁矿资源开发利用率低

微细粒矿、贫赤铁矿、菱铁矿及褐铁矿等复杂难处理铁矿开发利用率较低，选矿厂能耗较高，鲕状赤铁矿尚无成熟的选矿技术可供利用。近年研发的焙烧—磁选技术虽然已经成熟，但与磁铁矿、赤铁矿相比，其生产成本相对较高，许多生产企业对处理该类难选铁矿积极性不高，仅回收可选性好的磁、赤铁矿，菱、褐铁矿大多排入尾矿，不仅浪费资源，也加重了环境负担。

4）综合利用水平有待提高

我国铁矿资源在综合开发利用共伴生和二次资源方面取得一定成绩，但在综合利用水平方面存在较大不足。白云鄂博矿多金属中铁矿物基本得到了有效利用，但共伴生的稀土铌、钍、钪等有价元素回收率低；攀枝花钒钛磁铁矿中铁、钒得到了有效利用，但钛利用率较低。铁矿二次资源综合利用工艺只停留在简单易行的技术上，缺乏能够使铁矿废石及铁尾矿等二次资源高效利用和高值利用的原创性技术研发。我国铁矿每年尾矿排放量更多，利用率很低，不到 20%。其大量堆场对生态环境和生产安全具有潜在的威胁。与原矿采选相比，铁尾矿等二次资源综合利用社会效益好，但利用成本高，经济效益差。现有资源综合利用政策缺乏针对性，支持力度不够，企业利用尾矿的积极性不高。同时，在铁矿废石及铁尾矿等二次资源综合利用的前瞻性技术开发方面投入不足。

5）环境问题突出

铁矿资源的开发利用引发的环境污染和地质灾害事故已成为铁矿资源选矿技术可持续发展的制约因素和不可忽视的重大社会问题。我国铁矿山安全与生态环境治理技术创新不足，随着铁矿资源的深度开发，形成大量铁尾矿库，容易引发泥石流等地质灾害，对矿山安全生产形势构成严重威胁。同时，铁矿选矿废水排放带来的环境问题日益凸显，但我国在这方面的技术创新与成果应用严重不足。铁矿选矿过程中的尾矿及废水安全清洁处置成套工程技术与装备的研发和产业推广应用已刻不容缓。

2.2.2.2 铜铅锌矿资源开发利用存在的问题

1）复杂难选铜铅锌矿选矿技术及设备发展滞后

随着易选铜铅锌矿石的逐渐消耗，铜铅锌矿产资源"贫、细、杂"趋势日益凸显，矿石中有用矿物间及其与脉石间呈现嵌布关系紧密、嵌布粒度细、含泥高等特征，现有的选矿设备及技术仍难以达到高效综合回收利用矿石中有价元素的目的。矿浆中"难免离子"的影响制约着矿石中有用矿物之间或与脉石矿物间的高效分离，当矿石的氧化达到一定程度的时候，磨细后的矿石颗粒表面溶解度会增大，矿浆中"难免离子"进一步增加，铜、铅、银等离子的存在极易活化锌、硫矿物，致使铜铅、铜锌、锌硫等难以得到高效分离。此外，工艺流程不合理将导致铜铅锌多金属硫化矿的分选精度降低，精矿产品互含杂质严重，影响精矿质量与精矿中主要金属的回收率。因此，必须要确定适宜的入选物料细度、解决矿浆中"难免离子"影响，从而实现复杂铜铅锌硫化矿的高精度分选。

对于硫化铜铅锌矿，我国的基础理论研究，如硫化矿表面电位调控浮选技术、量子化学计算、药剂分子设计，以及选矿工艺技术研发水平均处于国际领先地位。对于氧化铜铅锌矿石，我国基础理论研究较为薄弱。对于氧化铜铅锌矿的硫化浮选，选矿科学工作者提出了很多硫化理论或假说，但存在很多无法解释的现象以及研究结果与实践现象相矛盾之处。总体而言，氧化铜铅锌矿浮选药剂的机理研究发展缓慢，矿物与药剂作用的机理研究不够深入，从而导致在解决实际问题时缺乏理论依据，对于低毒性、低成本的药剂仍需加强研究。

此外，我国关于氧化铜铅锌矿工艺矿物学研究还比较薄弱，特别是在矿物学、晶体化学、表面化学等方面还有待深入，导致在选矿工艺、元素赋存状态研究中，理论依据不足，工艺难以达到理想效果。为高效回收微细粒级氧化铜铅锌矿物，应进行更深的基础理论研究及加强对浮选新方法的研究。

相对于澳大利亚、加拿大等国家，我国在氧化铜铅锌矿山设备研发方面较为薄弱，特别是在设备大型化、自动化方面。对于氧化铜铅锌矿的一些新型选矿方法研究，大都存在着经济性差、操作难度大和局限性大等问题，很多研究成果仍然停留在实验室阶段，在工业生产中实现难度较大，不利于大型的工业生产推广应用。适应于微细粒氧化铜铅锌矿浮选设备精确、快捷、适应性强的在线分析检测系统将是今后的研究重点之一。

2）高效、环保、耐低温、专属功能浮选药剂研发滞后

国内铜铅锌多金属选矿厂采用铜铅锌优先浮选工艺时，一般采用传统的捕收剂如黄原酸盐、脂类等。此类捕收剂选择性很差，在浮选硫化铜、铅矿物时，同时也捕收锌硫矿物，影响精矿质量及选矿指标。在抑制剂使用方面，一般采用常规药剂硫酸锌及其组合药剂，新型高效抑制剂研发方面未能得到实质性的突破，且传统抑制剂用量较高，对浮选环境乃至矿区环境影响较为严重。氧化铜铅锌矿浮选药剂的机理研究发展缓慢，矿物与药剂作用的机理研究不够深入，从而导致在解决实际问题时缺乏理论依据，对于低毒性、低成本的药剂仍需加强研究。因此，加大对铜铅锌多金属矿高效、环保、耐低温、专属功能浮选药剂的研发，将有助于选矿工艺技术的进步。

3）选矿水耗高及选矿废水资源化循环利用率低

选矿水耗高、废水资源化利用程度低是造成选矿成本高、环保问题日益突出的重要因素。铜铅锌浮选耗水量较大，有色金属矿采选冶是我国重金属污染重点防控五大

行业之一。有色金属选矿过程中重金属污染物的排放节点多，排污量大；铜铅锌选矿过程中选矿废水含有复杂有毒的各类成分，若不加处理直接排放，将会对生态系统造成危害。同时，铜铅锌废水回用对浮选系统影响较为严重，选矿废水循环利用较差，国内选矿废水净化系统应用较少，成本偏高。因此，铜铅锌选矿废水处理技术还需进一步突破，真正实现选矿废水零排放。

4）选矿生产能耗大、成本高

铜铅锌矿石矿石性质、工艺流程复杂，国内大型矿山占比较小，导致铜铅锌选矿主要还是以中、小规模生产为主，且选厂设备大型化、自动化在国内并未得到普及，大部分选厂因工艺复杂出现设备种类多、数量多、能耗高等问题，严重影响选矿厂经济效益。

2.2.2.3　铝土矿资源开发利用存在的问题

1）铝土矿脱硅（硫）除铁困难

正浮选法作为铝土矿主要的选矿脱硅技术，不符合浮选的"浮少抑多"原则，药剂用量大；流程循环量大，不易操作控制；浮选精矿过滤脱水困难；药剂的残留影响氧化铝的溶出；尾矿处理与综合利用存在一定难度等。反浮选脱硅虽然较正浮选有药剂用量少、选矿成本低以及对后续氧化铝溶出影响小等优点，但在工业应用上还不够成熟。

我国高铁铝土矿、高硫铝土矿的资源储量丰富。在拜耳法氧化铝生产过程中，若铝土矿中铁含量过高，会降低设备的单机生产能力、增加生产能耗、赤泥沉降困难，影响到成品氧化铝的质量；硫的存在会影响氧化铝的溶出与烧结性能，生产阶段硫的累积必然会提升碱的消耗量，还会增加溶液黏度，降低赤泥的沉降水平。因此，我国很多高铁铝土矿和高硫铝土矿未能得到有效的开发与利用。由于高铁铝土矿中氧化铝品位低，铁含量高，且铁主要以褐铁矿的形式存在，矿物嵌布粒度细小，嵌布关系复杂，大大增加了选矿的难度。

2）赤泥无害化处置及资源化利用

目前，我国每生产 1 t 氧化铝产品就会制造出 0.7～1.8 t 的赤泥废渣。据估计，近几年全世界每年排放的赤泥约为 1.2 亿 t，我国每年排放的赤泥量约为 1 亿 t。截至 2017 年，全国累积堆存的赤泥就约为 5 亿 t，仅山东省堆存量超过 2 亿 t。目前，世界上赤泥的利用率为 15% 左右，而我国仅有 4%，大量赤泥长期露天堆存，既造成资源浪费也导致环境污染严重。

赤泥是氧化铝生产排放的强碱性固体废弃物，低成本、无害化大宗消纳利用是亟待解决的世界性难题。国内外赤泥综合利用的研究主要集中在生产建筑、陶瓷、吸附、新型功能材料和回收铁、铝、钛、钠及稀有金属等。我国当前回收有价金属的工业化技术主要有强磁选提铁和碱石灰烧结法提铝，前者获得的铁精矿品位低、有害杂质含量高、回收率低，后者湿法喷浆入窑烧结能耗高、提铝尾渣产量大、附加值低。

目前，我国尚未形成不同特征赤泥高效回收和适于大规模推广的分类利用支撑体系。

2.2.2.4 磷矿资源开发利用存在的问题

1）选矿工艺技术成本较高

我国不同磷矿之间的选矿成本差异较大，开阳磷矿受益于其高品位原矿，不经选矿就可以直接获得合格的磷精矿，生成成本较低，主要是采掘和磨矿费用。但中国磷矿资源分布过于集中，形成"南磷北运"及"西磷东调"的格局，长距离的运输和较高的运输费，给磷肥企业的原料供给和产品成本带来较大的影响。此外，由于我国磷矿80%为中低品位胶磷矿，矿物颗粒细、嵌布紧密、有害杂质多，导致磨矿粒度细、能耗高、药剂用量大，从而使选矿成本偏高。

2）选矿药剂研发滞后

近年来，国内学者对磷矿浮选捕收剂的改性和复配研究较多。脂肪酸类捕收剂在胶磷矿浮选中使用最为广泛，常规的脂肪酸类捕收剂往往存在选择性不强、不耐低温和溶解度小等缺点。目前胶磷矿阴离子捕收剂主要是在脂肪酸类捕收剂的基础上对其进行改性或复配，从而提高其选择性，提升其对胶磷矿的捕收性能。然而，随着优质磷矿资源的枯竭，原矿趋向于贫、细、杂的中低品位胶磷矿，现有的浮选药剂难以适应矿石性质的变化，因此，开发新型、高效、无毒、经济的浮选药剂是未来胶磷矿浮选发展的主要方向。

3）选矿装备整体实力不足

随着浮选柱技术的发展，其分选细粒矿物的优势突出，能提高细粒磷灰石浮选的选择性。国外在将浮选柱应用于磷矿浮选方面的研究较多，浮选柱工业应用较广；但其在国内磷矿浮选中的研究与开发相对较晚，工业应用较少。

4）复杂难选磷矿资源开发利用率低

沉积型磷块岩是我国磷矿的主要类型，根据脉石矿物的种类可分为硅质胶磷矿、钙（镁）质胶磷矿和硅钙质胶磷矿，其中最难处理的硅钙质胶磷矿占该类型储量的70%。中低品位硅钙质胶磷矿组成复杂、嵌布粒度细、选矿流程长、药剂种类多、选矿指标偏低，尤其是磷矿石中倍半氧化物含量高，脱除困难，导致磷精矿质量低。因此，目前主要以开发利用高品位或易选的钙（镁）质胶磷矿和硅质胶磷矿为主，对中低品位硅钙质胶磷矿的开发利用率较低。

5）资源综合利用水平有待提高

磷矿中共伴生有氟、碘、稀土、镁、硅等有价元素，由于研究程度不够，共伴生资源综合利用率较低，多数有价元素在磷矿加工过程中以工业废物的形式排除，造成资源浪费。目前除氟、碘元素能实现工业回收外，其他有价元素尚未有效富集或回收，尤其是稀土元素，因含量低，导致回收利用困难。

6）选矿过程中的环境问题突出

磷矿在磨矿和浮选过程中，由于矿物的优先溶解，药剂的解离、络合作用以及矿浆中各种离子的水解，使得浮选废水中含有大量的矿物无机离子、残留药剂组分以及微细粒固体悬浮物等，这些物质大大超出了国家工业废水的排放标准。如果将磷矿浮选废水直接排放，会改变水体的 pH，影响水体中细菌和微生物的生长，妨碍水体自净，此外还会腐蚀船舶和水工建筑，破坏正常的生态循环。

浮选所用的捕收剂大多为脂肪酸类，进入水体后易漂浮在水面上，阻碍空气进入水体，导致水体缺氧恶化。磷矿溶解生成的钙、镁离子会增加水体硬度，高浓度的磷会使水体富营养化。此外，废水中存在的铁、铝、锰和铅等少量重金属会通过沉淀、络合、吸附、氧化还原以及螯合作用影响水体生态环境，并通过食物链危害人类健康。

2.3 大宗基础紧缺矿产资源节能降耗清洁生产技术

2.3.1 现状——选矿成本偏高、环境问题突出

总体来说，我国大宗基础紧缺矿产资源禀赋差，选矿工艺流程复杂，选厂大多规模小、效率低、资源利用率不高，生产成本高，各项技术经济指标与矿业发达国家相比，缺乏竞争力。国外 FMG 集团、淡水河谷、必和必拓等大型企业铁精矿生产成本约为 13.2 美元 /t，而我国大型铁矿石生产企业铁精矿制造成本约为 450 元 /t，远高于国外铁矿石的生产成本。经过选矿科技工作者的持续技术攻关，我国大宗矿产资源的选矿技术已经取得了长足的进展，但随着我国矿产资源紧缩、生态文明建设要求和社会生产力的进一步提升，中国大宗矿产资源的开发利用必须以高效低耗、节能减排、环境友好为原则，追求和发展高效、绿色选矿技术势在必行。

目前，国内大部分选厂通过工艺升级改造，分选指标已达到较高水平，但矿石碎磨过程的能量利用效率、常温高效浮选药剂研发、选矿废水循环及重金属治理等方面还存在不足。主要存在以下问题：①我国选矿厂普遍存在矿石碎磨效率低、电耗和钢耗大，导致矿山企业生产成本高，市场竞争力不强，严重制约了矿山企业的可持续发展和经济效益。②我国常规的铁矿捕收剂主要为脂肪酸（皂）类，该类捕收剂溶解性和分散性差，不能用常温水溶解，必须采用高温溶解，保温使用，而且需加温浮选，以改善其在矿浆中的溶解状态，才能获得满意的选矿指标。③选矿水耗大、回水循环利用率低，选矿用水成本普遍较高；尤其是有色行业选矿废水普遍具有碱度高、化学需氧量高、悬浮物含量高的特性，残留的浮选药剂自然降解周期长、效果差，普遍含有多种重金属离子，环境污染问题日益突出。

2.3.2 挑战——大型高效设备及耐低温绿色药剂的研发

对大宗基础紧缺矿产资源的加工处理,要进一步开展大型碎磨装备节能降耗关键技术、大型高效浮选设备、绿色高效耐低温铁矿捕收剂研发及应用、选冶过程中清洁绿色能源耦合应用等一系列核心关键技术和装备研究,通过系统优化形成协同性良好的工艺流程,提高分选指标、降低能耗,突破我国矿产资源禀赋差对资源回收的不利影响,形成一批大宗基础紧缺矿产资源高效开发利用关键技术和装备,构建选矿节能降耗清洁生产共性技术体系,为保障我国大宗基础紧缺矿产资源可持续供应提供技术支撑。

2.3.2.1 高效节能磨矿技术与装备的研发

矿石的破碎和磨矿是一个极为耗能的过程,碎矿磨矿过程不仅消耗大量的电能,而且消耗大量的钢材。我国每年有 3 亿~4 亿 t 的有色金属和黑色金属矿石需要碎矿磨矿。据统计,单磨矿作业所消耗的电能就占整个矿山选厂能耗的 40%~60%。长期以来,选矿厂二段和三段细磨设备主要为普通球磨机,磨矿过程需要转动筒体和其内部的钢球介质与矿浆,能量转化率低,进而导致了磨矿效率低。因此,研发新型磨矿技术与装备,并从理论上研究和分析矿石碎磨过程能量消耗的一般规律,提高碎矿磨矿过程的能量利用效率,对矿山节能降耗具有重要意义。

2.3.2.2 高效、环保、耐低温、专属功能浮选药剂的研发

国家对环境保护力度的加大、矿石性质越来越复杂、高原高寒环境恶劣等因素都对浮选药剂提出了更高的要求。目前,国内铜铅锌矿山特色高效浮选药剂品种还不多,浮选过程中多采用一些常用药剂,如铜矿物的捕收剂还是常用的 Z-200 等,铅矿物的捕收剂还是常用的 25# 黑药、乙硫氮等,锌矿物的捕收剂还是常用的丁基黄药、抑制剂为硫酸锌和亚硫酸钠等。部分浮选药剂在高原、高寒、缺氧条件下,并不能发挥出其最佳的效果,进而影响选矿指标。因此,研究开发高效、环保、耐低温、专属功能浮选药剂及工业推广应用是今后的研究重点。

2.3.2.3 新型、大型化、自动化选矿设备制造应用技术的研发

新型、大型化、自动化选矿设备的工程化应用是降低选矿成本的主要手段。目前,国内部分选矿设备已实现了大型化、自动化的制造,但对于整体选矿技术装备水平的提升还有很大的空间,大部分矿山选用的还是中小型、半自动化的选矿设备,无形地增加了人工、设备、能耗等生产成本。因此,还需在选矿设备大型化、自动化等关键技术方面开展深入的研究。

2.3.2.4 低成本、高效的选矿废水处理新技术的研发

我国选矿废水处理技术经过多年努力已获得了一定的成果,但与国外选矿废水的处理水平相比还存在一定的差距。目前,国内大部分矿山的选矿废水还是直接排入尾

矿库储存，采用自然降解的方法处理并直接回用到浮选系统，废水中的重金属离子、悬浮物、浮选残余药剂等并不能得到较彻底的净化，对浮选指标造成了较大的影响。部分矿山采用混凝沉降—化学氧化法、催化氧化—膜分离法等技术处理选矿废水，虽能较好地去除选矿废水中的有害杂质，但选矿废水净化处理的成本较高，给矿山企业带来了较大的成本负担。因此，研发低成本、高效的选矿废水处理新技术意义重大。

2.3.3　目标——绿色、高效、节能选矿新技术与装备研发与应用

2.3.3.1　高效节能磨矿新技术与装备

磨矿成本在选矿厂的生产费用（主要是电耗、钢耗）中占有很大比例，同时磨矿产品的质量（粒度特性、单体解离度、磨矿产品浓度等）对选别作业的指标也有很大影响。随着对矿产资源的开发利用，易选的矿产资源逐渐减少，品位低、嵌布粒度细的难选矿产资源被逐渐开采。对于难选矿产资源，细磨甚至超细磨使待回收组分充分解离，是成功分选的关键。研制高效、低耗的磨矿技术与装备，已经成为选矿界的共同目标。

2.3.3.2　清洁选矿新技术与装备

开展典型低品位复杂难选大宗基础紧缺矿产资源矿床、矿石、矿物"三矿基因"研究，查明典型矿石的矿物组成、嵌布粒度、赋存状态及连生关系等特征，研发与矿石基因特性相匹配的工艺流程。采用软件模拟矿物与药剂的作用原理，设计绿色、无毒浮选药剂，并验证绿色、无毒药剂与矿物颗粒在浮选中的作用模型。设计并制造与之相匹配的高效、大型选矿设备等，实现对大宗矿产资源在开发利用过程中的关键工艺参数、设备等的精确控制，最终形成复杂难选大宗矿产资源选矿新技术集成与应用，以实现铁、铜、铅、锌、铝、磷等有价元素的高效分选回收。

2.3.3.3　选矿废水净化处理循环利用新技术

对不同性质的大宗基础紧缺矿产资源选矿废水性质进行研究，研究选矿废水中不同重金属离子含量、不同固体悬浮物含量、不同化学需氧量等因素对大宗矿产资源选矿指标的影响及作用机理，在此基础上，研究开发低成本、高效的选矿废水处理新技术，包括工艺流程、新型选矿废水处理药剂设计研究等，最终形成选矿废水净化处理循环利用新技术，达到选矿废水资源化循环利用的目的。

2.4　大宗基础紧缺矿产资源大规模、低成本利用与零排放技术

2.4.1　现状——综合利用率较低

随着大宗基础紧缺矿产资源的深度开发，形成大量尾矿库，容易引发泥石流等地

质灾害，对矿山安全生产形势构成严重威胁。选矿废水排放带来的环境问题也日益凸显，然而，我国在这方面的技术创新与成果应用严重不足。选矿过程中的尾矿及废水安全清洁处置成套工程技术与装备的研发和产业推广应用已刻不容缓。

我国的大宗基础紧缺矿产资源储量丰富，但是经过长时间的消耗，我国的优质资源已经接近枯竭的边缘，特别是近些年来，我国矿产资源的开发存在乱采滥挖现象，综合利用率低下。我国的地质条件比较好、资源品位比较高的大宗基础紧缺矿产资源呈现日益枯竭的状态，矿产资源的可持续发展能力严重下降，后备资源严重不足，这就使得可选性比较差的低品位资源成为选矿技术研究的核心内容。从根本上有效提升选冶技术和综合利用效率，真正实现资源的大规模、低成本利用与无尾排放，是面临的重大技术问题。

2.4.2 挑战——共伴生多金属组分全利用与尾矿综合利用

对资源的加工处理，要考虑其中有价组分的综合利用、对环境的保护治理及废水废渣的合理处置与资源化利用，最大限度地实现资源的大规模、低成本利用与零排放。目前，我国大宗基础紧缺资源开发利用过程中产生的尾矿一般排入尾矿库中。尾矿的堆存不仅需要占用大量土地、污染环境，而且存在巨大的安全隐患。此外，由于先前选矿技术水平较低，大宗基础紧缺矿产资源开采利用过程中产生的尾矿、废石中仍含有大量的有价组分，是一种宝贵的二次资源。因此，加快现有尾矿中有价组分提取及其综合利用，将是未来选矿领域研究重点。

2.4.2.1 共伴生多金属矿石大规模、低成本综合回收利用新技术与装备

大宗基础紧缺矿产资源共伴生多金属矿石中的矿物组成、嵌布关系较为复杂，常规的选矿工艺难以实现多金属矿的高效分选及大规模、低成本利用。钒钛磁铁矿不仅是铁的重要来源，而且伴生有钒、钛、铬、钴、镍、铂族和钪等多种组分，具有很高的综合利用价值。采用常规的磁选—重选—浮选—电选流程仅能实现铁、钛、钴等有价金属的初步分离，获得低品质铁钒精矿、钛精矿、硫钴精矿及尾矿，无法实现大规模、低成本高效利用。要实现共伴生多金属矿石的大规模、低成本综合回收利用，还需从以下几方面进行深入的研究：一是开展矿石的基因诊断研究，从微观、微量、微区等多层次实现矿石性质科学诊断和分析，为多金属矿物提取提供基础依据；二是研发新型的选冶联合加工技术与装备，主要包括选冶新工艺、新型冶炼装备、尾矿建材化应用技术等研发。

2.4.2.2 尾矿中有价组分回收利用新技术

目前，我国每年要花费 10 多亿元资金用于堆放尾矿，现有的尾矿已占地 3000 多 km^2。尾矿中有价组分的回收再利用需从以下几方面进行深入研究：一是对尾矿中有

价元素的赋存状态、嵌布关系、单体解离度等特性进行深入研究，为新技术的开发提供基础依据；二是选矿新工艺和与之适应匹配的新型选矿设备的研发。

2.4.2.3 尾矿建材化应用技术的研究与开发

针对不同的尾矿性质，其建材化应用的发展路线不一。因此，开展尾矿性质研究，确定尾矿建材化应用的方向十分必要。对于块度大或粒度粗的废石，可用作路基材料或混凝土骨料；对于细粒级以方解石、石灰石为主的尾矿可用作生产水泥；对于含铁高的尾矿，可部分代替生产水泥的原料；对于含石英、钾长石、钠长石高的尾矿，可用作制作（微晶）玻璃或陶瓷的原料；尾矿还可用作制备胶凝材料。此外，还需对不同性质的尾矿建材化应用技术开展研究，包括工艺流程、设备等。

2.4.3 目标——大规模、低成本利用与无尾生产

针对大宗基础紧缺矿产资源，探索研究与矿物加工相关的新技术、新方法和新装备，实现大规模、低成本利用，无尾生产。

2.5 鲕状赤铁矿和钒钛磁铁矿资源特色关键技术

2.5.1 现状——开发利用效率低

我国鲕状赤铁矿资源储量达 100 多亿 t，约占国内铁矿资源总储量的 12%，主要分布于湖北、河北、湖南、广西等地。鲕状赤铁矿石主要以鲕状、肾状和豆状构造为主，鲕粒以赤铁矿（或者石英、黏土矿物）为核心，由石英、赤铁矿、绿泥石等矿物相互包裹逐层凝结成鲕状颗粒，形成胶体化学沉积作用的鲕状构造。我国钒钛磁铁矿资源已探明储量达 180 多亿 t，主要分布在四川攀枝花、河北承德、陕西汉中等地。仅四川攀西地区钒钛磁铁矿资源储量就高达 100 亿 t 以上，是我国最大的钒钛磁铁矿产地。钒钛磁铁矿是一种以铁、钒、钛为主，伴生多种有价元素（如铬、钴等）的多金属共生矿，其中钒、钛主要以类质同象形式赋存于磁铁矿中，具有很高的综合利用价值。但由于矿石自身结构复杂、嵌布紧密的特性，鲕状赤铁矿和钒钛磁铁矿一直没有得到有效的开发利用，成为国内外公认的最难选的铁矿石。针对鲕状赤铁矿和钒钛磁铁矿石的开发利用，国内外铁矿选矿科研人员基本达成了基于铁物相转化的选冶联合还原工艺的共识，具体包括磁化焙烧和深度还原。磁化焙烧是将弱磁性铁矿物与还原剂共同焙烧下转变为强磁性的磁铁矿或磁赤铁矿，并经后续分选获得优质铁精矿；深度还原属于彻底改变铁矿物的赋存状态，使之还原为金属铁相，从而实现金属铁相与渣相的分离。

目前，磁化焙烧方式主要有竖炉、回转窑和流化床，金属铁相生成方式有深度还

原、直接还原和熔融还原。国内许多研究单位针对还原技术及装备开展了大量研究，在实验室取得了良好指标，并初步实现工业应用。但由于还原过程物相精准转化、矿石还原过程的高效传热传质、非均质矿石颗粒运动状态控制、清洁低耗新型能源耦合应用等关键技术尚未取得突破性进展，特别是大型高效还原技术装备的结构优化与稳定运行成为其大规模工业化应用和推广的技术瓶颈。

2.5.2 挑战——选冶过程控制与强化

2.5.2.1 铁矿物物相转化的精准调控

复杂难选铁矿石还原过程中，组成矿物及矿石结构发生一系列变化，需要查明还原过程中矿物的物相转化过程、磁性转化及矿石微观结构的演化规律，得出还原条件对物相组成、磁性转化和微观结构演变的作用规律，最终揭示还原过程中各种矿物微观及宏观结构的演变机制。揭示还原过程中新生成铁矿物或金属铁相的形成、聚集和生长过程，明确金属铁颗粒生成、长大规律，实现铁矿物晶体结构和铁颗粒的粒度控制。

2.5.2.2 高效传热传质及运动状态控制

复杂难选铁矿石还原过程包含复杂的两相流动以及相变传热过程，为实现矿石还原过程的高效传热传质和气固两相高效流动从而实现强化铁矿物相变转化，需要揭示复杂还原系统中多物理化学场耦合的传热传质机理及非均质矿石颗粒运动状态控制，探明难选铁矿高温还原过程气固流动传热规律与现象，并提出矿石还原过程的高效传热传质和运动状态强化新方法。

2.5.2.3 清洁低耗新型能源的规模应用

难选铁矿还原过程多采用化石能源作为热源和还原剂，经济成本较高，同时会产生一定碳排放，严重制约了选冶联合还原技术的规模化工程应用。氢能被视为最具发展潜力的清洁能源，在未来全球能源结构变革中占有重要地位。通过研发形成关键技术，实现氢能等清洁能源在还原技术中的规模应用，可大幅度降低成本，突破化石能源的障碍，实现难选铁矿资源的高效绿色清洁生产和二氧化碳的超低排放。

2.5.2.4 相变强化过程的高效装备研发

在高效相变强化过程还原装备方面，研究相变强化还原装备中外场、温度、气氛等因素作用下粘连相生成和调控机制，防止还原装备内发生黏结堵塞。掌握新型高效还原装备设计优化等系列关键技术，实现各类型磁化焙烧炉、还原熔炼炉的研制及工业应用推广。

2.5.3 目标——实现难选铁矿资源的高效利用

（1）完成鲕状赤铁矿和钒钛磁铁矿铁矿矿物物相转化的精准控制、矿石焙烧过程的高效传热传质、非均质矿石颗粒运动状态控制、清洁低耗新型能源的规模应用等技术的试验研究，积累试验分析经验，建立科学的难选铁矿石中铁矿物相变转化强化技术评价体系，制定合理的技术规范。

（2）完成鲕状赤铁矿和钒钛磁铁矿新型高效工业化还原装备结构优化与稳定运行等系列关键技术，实现各类型磁化焙烧炉、还原熔炼炉的研制及工业应用推广。

2.6 低品位复杂铜铅锌资源特色关键技术

2.6.1 现状——铜铅分离难、氧化矿浮选基础理论研究不足

2.6.1.1 智能分拣预富集选矿新技术研究发展缓慢

近30年来，选矿科学工作者开展了大量智能分拣预富集选矿技术的研究。在自动化拣选中，物料颗粒呈单行、多行或者单层排队，进入检测区进行检测，检测系统将待检测的颗粒的光、磁、电等信号转变为电信号，电信号经过信息处理系统进行放大和处理后，将目的颗粒从物料中分离出来。根据工作原理的不同，研制出了不同的拣选设备，如光选机、X 辐射分选机、放射性分选机等，但与世界先进国家还存在很大差距。

2.6.1.2 铜铅矿物的高效与绿色分离工艺研发及工程化应用不足

铜铅锌共伴生复杂、结构多变，矿物间多以微细粒状致密嵌布、包裹，铜品位普遍较低，铜铅矿物又具有极为相近的自诱导和捕收诱导浮选特性，因而导致铜、铅矿物的分离难度大，铜、铅分离指标欠佳，以至于许多选矿厂只生产铅精矿和锌精矿，并未能对铜进行有效回收，伴生金、银、硫、铁等元素也没有得到较好综合回收，造成铜和伴生资源的严重浪费；或铜精矿和铅精矿中互含过高、精矿质量差，回收率低，致使冶炼成本升高和资源浪费。

2.6.1.3 氧化铜铅锌矿浮选基础理论研究不足

氧化铜铅锌矿资源利用普遍存在"利富抛贫"的现状，单一的硫化—黄药浮选工艺适用范围越来越窄。低品位、复杂难选氧化铜铅锌矿物浮选受矿物的表面电位、可溶性、各种无机组分的种类和浓度、捕收剂的性质、pH、离子浓度和温度等诸多因素交叉影响，其涉及的浮选基础理论研究的范围不仅包括了捕收剂、抑制剂的吸附机理，同时还包括静电作用、化学吸附、吸附的捕收剂之间的链—链作用和无机物对矿物表面的改性等。由于当前复杂低品位浮选基础理论研究不足，致使其特异性选矿工艺研究延伸范围不足。

2.6.2 挑战——共伴生金属利用与选冶联合技术研发

2.6.2.1 智能分拣预富集选矿新技术

智能分拣预富集技术作为一种高效低耗、成本低、环境清洁友好的选矿技术，可提高入选品位，降低后续处理工序的费用。根据国内各矿山环境、矿石性质，通过优化结构设计、智能系统与设备的匹配度等参数，制造出不同拣选粒度范围、不同拣选性能的智能分拣机，提高智能分拣机的性能及工作效率，降低设备成本及选矿成本，是今后的研究重点。

2.6.2.2 低品位复杂难选铅锌硫化矿选冶联合新工艺

针对氧化铜铅锌矿普遍存在高氧化、高结合、高泥、高铁等共性特点，有针对性地采取按难易程度进行分选措施，综合性解决该类资源高效利用的关键技术难题。对易浸难浮的氧化铜矿物采用"常温常压氨浸—萃取—电积"技术回收，对易浮难浸的硫化铜矿物，则采用浮选新技术加以回收，由此达到全流程回收效果的最佳。开展联合流程的研究，加强细粒或超细粒氧化铜铅锌矿的浮选理论和选冶联合研究，实现选矿—冶金技术方法的有机集成、扬长避短和优势互补，是未来努力的方向。

2.6.2.3 选矿废水低成本、高效净化处理循环利用新技术研究

强化废水的循环利用，将选矿废水进行分支回用，达到提高工业用水的重复利用率。开发廉价膜材料、高效化学需氧量降解工艺、重金属离子高效脱除技术、生物治理技术等新型选矿废水处理技术。开发和采用协同废水治理技术，加强各种方法间的联合使用，制订合理的流程组合，提高废水处理效率和循环利用率。

2.6.2.4 铜铅锌矿共伴生重金属污染源的协同治理及资源化

采用传统的矿物选别理念，将重金属污染源视为治理工艺的目的矿物，结合现代工艺矿物学分析手段，分析具体重金属元素的载体矿物及赋存状态，制定适宜的重金属元素分离工艺。然后针对分离出的重金属载体矿物，结合冶金、生物、化学、材料等清洁工艺对污染物进行协同治理，实现污染性重金属元素的资源化。

2.6.3 目标——绿色药剂、建立氧化矿高效浮选理论体系研发与应用

（1）研制开发出低成本、高效、精准化的智能拣选设备。随着科技水平的提高，高效智能的拣选设备和实时有效的监控系统将成为主流，智能精准化预先抛废技术与拣选技术将迎来一个新的研发与应用时期。

（2）开发并推广更加高效、低毒、易分解铜铅锌浮选药剂，降低选矿废水中残余成分的含量和处理难度，为选矿废水高效回用奠定基础，最终实现铜铅锌废水的资源化循环利用及零排放。

（3）强化低品位复杂难选铜铅锌氧化矿绿色高效清洁利用基础理论研究，通过密度泛函理论计算系统研究氧化矿物的真实表面晶格缺陷结构及其对表面水化、表面硫化和表面捕收吸附的影响，构建典型氧化铜铅锌矿物真实表面、水化、浮选药剂结构与浮选性能的模型，从而为氧化铜铅锌矿矿物加工新技术的开发提供理论支撑。

（4）加强选冶学科交叉技术的研究，利用新技术简化工艺流程和降低选矿处理成本，进一步研究新型浮选工艺流程及工业化实施方案。

2.7 高硫高铁铝土矿资源特色关键技术

2.7.1 现状——技术研发不足

我国高铁铝土矿开发利用的研发投入不足，至今未能得到有效的开发与利用。高硫铝土矿脱硫的研究起步较晚，在高硫铝土矿脱硫处理方面的研究较少。高硫铝土矿尚未得到有效的开发利用。在拜耳法氧化铝生产过程中，铝土矿中铁含量过高，会降低设备的单机生产能力、增加生产能耗，导致赤泥沉降困难并且影响到成品氧化铝的质量；另外，铝土矿原料中的硫元素不仅消耗碱性母液，而且会腐蚀钢制设备导致溶液中的铁浓度增加。因此，高铁/硫铝土矿的除铁、脱硫是实现高铁/硫铝土矿大规模开发利用的关键。

2.7.2 挑战——低成本、高效脱硫除铁技术的研发与应用

2.7.2.1 高铁铝土矿中铁铝高效分离及其综合利用

针对我国高铁型铝土矿石中的铝主要以微细粒嵌布或以类质同象形式存在于铁矿物中而无法实现单体解离的特点，应通过研发新型的绿色清洁选冶协同提取技术，改变矿石的结构构造及其矿物组成，增大铝矿物与铁矿物之间分离特性的差异，重点研究铁铝分离过程中的反应热力学和热分解动力学，铁、铝等有价组元在分离过程中的迁移规律及其强化机制，以获取合格铝土矿精矿和铁精矿，实现我国难处理高铁铝土矿石的清洁高效绿色开发利用。

2.7.2.2 高硫铝土矿高效清洁冶金脱硫新技术

高硫铝土矿中80%～90%的硫元素以黄铁矿（FeS_2）形式存在，黄铁矿可在铝酸钠溶液中分解，使得硫在溶出过程中会以SO_3^{2-}、SO_4^{2-}、SO_2^{2-}、$S_2O_3^{2-}$等离子形态存在，腐蚀溶出管道钢材；同时，增加了溶出液中的铁含量，造成氧化铝溶出率降低和影响产品品质。因此，需通过研发绿色高效冶金分离技术，改变矿石的结构构造及其化学组成，强化铝矿物与硫矿物之间的分离特性，重点研究铝硫分离过程中的矿物表面特

性、反应热力学及铝、硫等元素在分离过程中的迁移规律及其强化机制，实现我国高硫铝土矿石的清洁高效脱硫及其工业化应用。

2.7.3　目标——形成清洁利用理论体系，实现工业化利用

（1）针对我国高铁铝土矿，研发成功新型的绿色清洁选冶协同提取技术，查明选冶提取过程中矿石的化学组成、矿物组成、微观结构等矿物基因特性及变化规律，揭示高铁铝土矿选冶过程的热力学机制及物相转化规律，形成高铁铝土矿清洁利用的理论体系，并最终实现高铁铝土矿的高效综合利用。

（2）研发成功高硫铝土矿绿色高效冶金分离技术，揭示高硫铝土矿冶金分离过程中含硫物相演变规律及传质传热特性，建立相关过程反应动力学模型并确定限制性环节，重点阐明硫、铝等组分在分离过程中的迁移规律及其强化机制，实现我国难处理高硫铝土矿石的高效开发利用。

2.8　胶磷矿资源特色关键技术

2.8.1　现状——资源利用率低、选矿成本高

一方面，随着磷肥和磷精细化工产品的市场需求日益增长，作为磷化工行业的重要原料，我国磷矿现已面临着高品位和易选磷矿资源日益枯竭，大部分中低品位胶磷矿亟须高效利用的局面；另一方面，随着长江经济带和生态文明建设步伐的推进，国内磷矿采选企业重新整合，矿石年开采量得到合理限制，促使人们逐渐重视中低品位胶磷矿的开发与充分利用，以提高资源利用率、回收率和回采率。

胶磷矿中的磷矿物主要呈非晶质或隐晶质产出，嵌布粒度微细且矿物组成复杂，特别是硅质型或硅钙质型胶磷矿。在现有工艺中，胶磷矿中的硅质脉石矿物可通过阴离子正浮选工艺脱除，但药耗高、生产成本大，而阳离子反浮选脱硅工艺在胶磷矿中的应用效果欠佳。因此，在生产实践中，硅质型或硅钙质型胶磷矿往往与钙镁质磷矿进行配矿，采用单一反浮选工艺进行选别。然而，中低品位硅质型或硅钙质型胶磷矿的开发利用仍遇到极大的技术瓶颈，其高效分选仍未得到根本性解决。同时，胶磷矿中共伴生氟、稀土、碘、硅、镁等元素，在未来选矿实践中实现有价组分的综合回收是重要的发展趋势。因此，作为大宗基础紧缺矿产资源之一，中低品位胶磷矿开发利用的技术难题主要集中在以下几方面。

2.8.1.1　胶磷矿工艺矿物学缺乏微观定量研究

工艺矿物学的研究一直局限于为磷矿选矿流程提供宏观矿物学依据，一些共伴生

有价元素的赋存状态无法查明和定量评价，难以指导后续回收利用。随着量子理论的发展，矿物谱学和微束分析得到广泛应用，使工艺矿物学开始从定性走向定量。矿物解离分析仪（MLA）是目前先进的工艺矿物学参数自动定量分析测试系统，能快速、准确地测定矿物组成及含量、元素赋存状态、产品磨矿粒度分布等工艺矿物学数据。目前国内部分单位已引进 MLA，但在胶磷矿工艺矿物学研究方面较少，尤其对胶磷矿中共伴生元素的赋存状态和分布规律缺乏研究。

2.8.1.2　缺乏高效常温正浮选捕收剂

当胶磷矿中石英和硅酸盐脉石含量较高时，特别是铝硅酸盐矿物，如长石和云母，需要通过有效的分离方法进行脱除。阴离子正浮选工艺可获得较佳的分选效果，但所使用的脂肪酸类捕收剂普遍存在水溶性差、药耗高、矿浆需加温的缺点，生产成本较高；另外，倍半氧化物有很大一部分以铝硅酸盐形成赋存，精矿产品中含量超标时，严重影响后续湿法磷酸过程的顺利进行，而常规的脂肪酸类捕收剂很难达到较理想的分选指标。因此，亟须开发高效的胶磷矿常温正浮选药剂。

2.8.1.3　缺乏适用于胶磷矿浮选的阳离子捕收剂

硅质或硅钙质胶磷矿中的石英和硅酸盐可通过阳离子反浮选进行脱除，常用的阳离子捕收剂包括脂肪胺、醚胺和混合胺等。这类药剂具有用量低、耐低温的优点，但往往存在泡沫量多、黏度大、对矿泥敏感的问题。故阳离子捕收剂在粗粒嵌布的磷矿分选过程可获得较好的精矿指标，而国内绝大部分磷矿属于结晶程度较差的胶磷矿，使用阳离子捕收剂时分选效果较差，且磷回收率偏低。

2.8.2　挑战——耐低温、高效、绿色药剂的研发与应用

2.8.2.1　中低品位胶磷矿基因诊断

重点研究中低品位胶磷矿中倍半氧化物和共伴生元素赋存状态，以量子化学和量子力学为理论基础，以矿物谱学（电子顺磁共振谱、核磁共振谱、核四级共振谱和全部吸收光谱）和量子化学计算（密度泛函理论计算）为主要研究手段，从本质上研究胶磷矿中主要有用矿物和脉石矿物的电子结构和晶体化学特点、物理与化学性质、矿物共伴生组合的内在规律，使矿物学研究由原子结构水平提升到电子结构水平。基于现代测试技术，实现自动、定量研究胶磷矿工艺矿物学参数，建立数学模型预测选矿指标。采用 MLA、CT 和同步辐射等先进手段精细分析中低品位胶磷矿的矿物与化学组成、元素赋存状态，嵌布粒度特征、解离度等工艺矿物学特征，着重分析硅、镁、铁、铝等主要杂质元素和氟、碘、稀土等微量元素的赋存状态和分布规律，建立数字化 MLA 系统和数学模型，实现中低品位胶磷矿基因诊断，从而为制定合理的选矿流程和综合回收有价元素提供科学依据。

2.8.2.2 突破中低品位胶磷矿选择性分离关键技术，降低倍半氧化物含量

开展磷矿石浮选表面化学、浮选溶液化学和胶体化学研究，形成浮选胶体与界面化学研究学科新方向。采用捕收剂界面组装技术，强化浮选界面的选择性，实现氟磷灰石与白云石、石英、黏土、黄铁矿等脉石矿物的选择性分离，重点是降低浮选磷精矿中倍半氧化物含量，提高五氧化二磷回收率。研究磷矿石浮选体系中颗粒间相互作用力与界面调控；对浮选泡沫性能进行测定与评价，研究泡沫形成、稳定与破灭的力学调控。

2.8.2.3 研发与中低品位磷矿石相匹配的高效浮选药剂

通过药剂分子基团设计、分子预组装、药剂组合等手段和方式研发耐低温、分散性和专属性强的正浮选脂肪酸类捕收剂，降低捕收剂用量；耐泥、选择性高和泡沫可控的反浮选胺类捕收剂；石英和硅酸盐矿物的高效抑制剂。此外，微生物选矿药剂具有良好的分选效果，且对环境友好，该类型药剂的研发也将是胶磷矿绿色选矿的重要研究方向。

2.8.3 目标——开展工艺矿物学微观定量研究、突破选择性分离关键技术实现常温高效浮选

（1）提升胶磷矿工艺矿物学研究水平，实现中低品位胶磷矿工艺矿物学研究从宏观定性走向微观定量，重点对胶磷矿中倍半氧化物和共伴生元素的赋存状态进行定量分析和评价，从而为制定合适的选矿工艺流程以及共伴生有价元素的综合利用提供科学依据。

（2）研发与中低品位胶磷矿相匹配的高效正浮选脂肪酸类捕收剂和反浮选胺类捕收剂，实现胶磷矿常温浮选。

（3）建立胶磷矿浮选体系中药剂分子组装和界面作用理论，实现中低品位胶磷矿的高效利用。

2.9 大宗基础紧缺矿产资源技术路线图

大宗基础紧缺矿产资源开发利用技术路线图见图2-1。

需求及环境	铁矿、铜铅锌矿、铝土矿、磷矿等大宗矿产基础紧缺资源对外依存度高，对我国经济影响大。要确保大宗基础紧缺矿产资源不受制于人，必须提高国内资源供应保障能力，努力研发高效清洁、绿色环保的矿物加工新技术是国民经济发展的必要需求，也是保障国家资源安全的重要条件。简而言之，大宗基础紧缺矿产资源的全面节约与高效利用对矿物加工学科发展提出了更高的要求与挑战，也必将促进矿物加工学科更好的发展

续图

大宗基础紧缺资源节能降耗清洁生产技术	目标：研发成功高效节能磨矿新技术与装备，以及绿色无毒、耐低温、高效浮选药剂	目标：实现大宗矿产资源的清洁选矿以及废水高效处理与循环利用
	高效节能磨矿技术与装备的研发	
	高效、环保、耐低温、专功能浮选药剂的研发	
	新型、大型化、自动化选矿设备制造应用技术的研发	
	低成本、高效选矿废水处理与循环利用新技术的研发	
大宗基础紧缺矿产资源大规模、低成本利用与零排放技术	目标：尾矿建材化应用及有价组分回收利用	目标：大宗矿产资源的大规模、低成本利用与无尾生产
	尾矿废渣中有价组分回收利用新技术	
	尾渣建材化应用技术的研究与开发	
	共伴生多金属矿石大规模、低成本综合回收利用新技术与装备	
鲕状赤铁矿和钒钛磁铁矿资源特色关键技术	目标：建立铁矿物相变转化强化技术评价体系	目标：新型高效工业化还原装备结构优化与稳定运行
	铁矿物物相转化的精准调控	
	高效传热传质及运动状态控制	
	清洁低耗新型能源的规模应用	
	相变强化过程的高效装备研发	
低品位复杂铜铅锌资源特色关键技术	目标：成功研发氧化铜铅锌矿绿色浮选药剂	目标：建立氧化铜铅锌矿高效浮选理论体系
	智能分拣预富集选矿新技术	
	低品位复杂难选铅锌硫化矿选冶联合新工艺	
	选矿废水低成本、高效净化处理循环利用新技术研究	
	铜铅锌矿共伴生重金属污染源的协同治理及资源化	

2019 年	2035 年	2050 年

续图

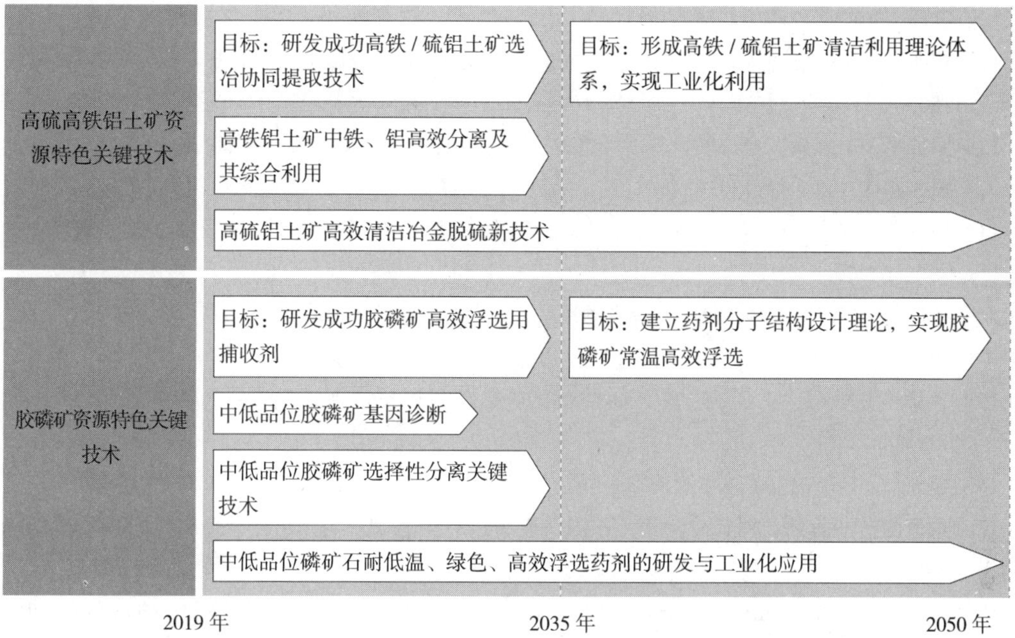

高硫高铁铝土矿资源特色关键技术	目标：研发成功高铁/硫铝土矿选冶协同提取技术	目标：形成高铁/硫铝土矿清洁利用理论体系，实现工业化利用
	高铁铝土矿中铁、铝高效分离及其综合利用	
	高硫铝土矿高效清洁冶金脱硫新技术	
胶磷矿资源特色关键技术	目标：研发成功胶磷矿高效浮选用捕收剂	目标：建立药剂分子结构设计理论，实现胶磷矿常温高效浮选
	中低品位胶磷矿基因诊断	
	中低品位胶磷矿选择性分离关键技术	
	中低品位磷矿石耐低温、绿色、高效浮选药剂的研发与工业化应用	

2019 年　　　　　　　　　　2035 年　　　　　　　　　　2050 年

图 2-1　大宗基础紧缺矿产资源开发利用技术路线图

参考文献

[1] 韩跃新, 孙永升, 李艳军, 等. 我国铁矿选矿技术最新进展 [J]. 金属矿山, 2015 (2): 1-11.

[2] 陈雯, 张立刚. 复杂难选铁矿石选矿技术现状及发展趋势 [J]. 有色金属 (选矿部分), 2013 (z1): 19-23.

[3] 李艳军, 余建文, 韩跃新, 等. 难选铁矿石流态化磁化焙烧研究新进展 [J]. 金属矿山, 2019 (2): 2-9.

[4] 余永富, 祁超英, 麦笑宇, 等. 铁矿石选矿技术进步对炼铁节能减排增效的显著影响 [J]. 矿冶工程, 2010, 30 (4): 27-32.

[5] 唐雪峰, 李文风, 陈雯, 等. 新型捕收剂 CY-12# 常温反浮选提铁研究与工业实践 [J]. 矿冶工程, 2015, 35 (5):30-34.

[6] 韩跃新, 高鹏, 李艳军, 等. 我国铁矿资源"劣质能用、优质优用"发展战略研究 [J]. 金属矿山, 2016 (12): 1-8.

[7] 刘小银, 余永富, 洪志刚, 等. 难选弱磁性铁矿石闪速 (流态化) 磁化焙烧成套技术开发与应用研究 [J]. 矿冶工程, 2017, 37 (2):40-45.

[8] 中华人民共和国自然资源部. 中国矿产资源报告 [R]. 2018.

[9] 孙传尧. 选矿工程师手册 (第4册) 下卷: 选矿工业实践 [M]. 北京: 冶金工业出版社, 2015.

［10］罗仙平，王金庆，翁存建，等．锡铁山深部铅锌矿石高效分选与综合回收新工艺［J］．稀有金属，2018，42（7）：756-764.

［11］刘明宝，印万忠，高莹．X射线辐射预选技术［J］．有色金属（选矿部分），2015（8）：177-180.

［12］罗仙平，王金庆，曹志明，等．浮选粒度及浓度对铅锌硫化矿浮选分离的影响［J］．稀有金属，2018，42（3）：307-314.

［13］杨卉芃，张亮，冯安生，等．全球铝土矿资源概况及供需分析［J］．矿产保护与利用，2016（6）：64-70.

［14］孙传尧．矿产资源高效加工与综合利用——第十一届选矿年评［M］．北京：冶金工业出版社，2016.

［15］张谦，文书明，王伊杰，等．高铁铝土矿铝铁分离技术现状［J］．金属矿山，2017（9）：138-143.

［16］姬天哲．高硫铝土矿选矿脱硫方法研究［J］．中国金属通报，2018（2）：208-210.

［17］甄逢生，沙惠雨，刘长淼，等．中国磷矿石选矿工艺研究现状［J］．金属矿山，2018（2）：7-13.

［18］Junjian Ye, Qin Zhang, Xianbo Li, et al. Effect of the morphology of adsorbed oleate on the wettability of a collophane surface［J］. Applied Surface Science, 2018（444）：87-96.

［19］尧章伟，方建军，张琳，等．我国胶磷矿浮选工艺及药剂研究进展［J］．矿产保护与利用，2017（4）：107-112.

［20］Ruan Yaoyang, He Dongsheng, Chi Ru'an. Review on beneficiation techniques and reagents used for phosphate ores［J］. Minerals, 2019, 9（4）：253.

［21］周波，徐伟，陈跃，等．阳离子捕收剂在磷矿反浮选脱硅中的研究进展［J］．矿产保护与利用，2016（3）：62-65.

［22］Xianbo Li, Qin Zhang, Bo Hou, et al. Flotation separation of quartz from collophane using an amine collector and its adsorption mechanism［J］. Powder Technology, 2017（318）：224-229.

3 战略稀有金属资源

3.1 战略稀有金属资源概述

战略稀有金属被誉为"高科技金属"，具有不可替代的优势，是现代科技的重要基石，是发展新兴产业的关键性核心原料，更是国家竞争力的关键性资源。稀有金属矿产资源具有举足轻重的支撑地位，美国、日本、欧盟等世界发达国家和地区已制定与其紧密相关的新兴产业国家战略。虽然我国起步较晚，但近年也出台了系列政策，大力支持新兴产业发展，为战略稀有金属资源开发提供了良好契机。

随着经济快速发展和新兴产业的带动，国内对稀有金属的需求量不断递增，保持了10~20年的高增长率。我国稀有金属品种齐全，但优势资源与短缺资源的储量极不均衡，优势资源整体呈现资源共伴生矿多、禀赋差、品位低的特点，加工难度大、综合利用率低、成本高、环境问题突出。因此，国家对优势资源的开发提出了新要求。为了降低短缺资源的对外依存度，对其开发需求尤为迫切，是缓解制约我国经济发展和国家安全的重要瓶颈问题。

目前，国内经济环境已发生重大变化，我国稀有金属资源的供应重心已由资源"量的保障"转为"质的支撑"。在未来，如何提高资源利用效率、发挥优势强项、缓解严重短缺局面、确保矿产资源开发利用与生态环境建设协调发展、构建战略稀有金属生态提取新体系，亟须开展稀有金属资源高效清洁开发、循环利用等研究，重点开展稀土、钨锂铍钽铌钒、贵金属及稀散金属等战略资源开发的基础理论研究、关键技术攻关等，突破稀有金属提取工艺复杂、回收率低、环境负荷重等技术瓶颈，提高稀有金属资源综合利用率，大幅降低能耗和"三废"排放量，形成稀有金属资源高效利用的核心技术、重大装备和清洁生产模型，并保证生态环境恢复至开发前的水平。

战略稀有金属资源矿物加工技术的未来发展趋势是朝着高效、节能、环保和健康安全方向发展。我国稀有金属资源多为共伴生矿，单一矿少，资源综合利用是一项十分重要的任务。其中，低品位、难选冶矿石占比大，矿石组成比较复杂，使资源综合利用任务更为艰巨。例如，内蒙古白云鄂博铁矿中稀土、铌和钽稀有金属共生；甘肃金川镍矿中铜、钴、铂族和稀散金属共生或伴生；四川攀枝花铁矿中钛、钒、钴、镍等共生；云南金宝山铂钯矿中铜、镍、金、银等共生或伴生；云南锡都龙锌矿中铜、锡、铟等共伴生；河南栾川钼矿中钨、铼、硒、碲等共伴生。

目前，我国稀有金属共伴生资源的利用效率不高，整体存在着一些不足。与国外先进水平相比，国内传统矿物加工生产工艺复杂、流程长、成本高；选冶过程的自动控制水平相对落后；大型高效低耗选冶加工装备的研究落后；缺少对尾矿、废渣等固体废弃物进行综合回收利用的先进装备。因此，未来一段时间内，亟须重点集中攻关解决这些技术瓶颈问题。

3.2 战略稀有金属资源现状与市场需求

3.2.1 品种与分类

稀有金属品种较多，包括稀土金属、铍、锂、铷、铯、钨、钛、锆、钽、镓、锗、铟、铂、钯、铱、锇等，是发展新一代信息技术、生物医药、高端装备制造、新能源、新材料、节能环保等新兴产业的关键性核心资源，具有不可替代性。目前，发达国家根据各自国家战略需求，对"高科技金属"种类的分类有所区别和侧重。

2008 年，美国地质调查局及美国国家研究委员会等机构，研究确定了 32 种关键的战略高技术矿产，包括稀土金属（17 种元素）、锂、铂族金属（6 种元素，特别是铂、钯、钌）、铌、钽、钒、钛、镓、铟、锰、铜。其中，战略稀有金属有 29 种。

2009 年 7 月，日本政府出台了《稀有金属保障战略》，考虑了不同矿种的勘查开发状况、技术研发进展、工业需求动向等，将锂、铍、硼、钛、钒、铬、锰、钴、镍、镓、锗、硒、铷、锶、锆、铌、钼、钯、铟、锑、碲、铯、钡、铪、钽、钨、铼、铂、铊、铋及稀土元素共 31 个矿种作为优先考虑的战略矿产。其中，战略稀有金属有 28 种。

2010 年 6 月 24 日，欧洲委员会发布了《欧盟关键矿产原材料》初步报告，将 35 种重要矿产确定为关键原材料，包括稀土金属（17 种元素）、铂族金属（6 种元素）、钨、锑、镓、锗、铍、钴、镁、铌、钽、铟、萤石、石墨。其中，战略稀有金属有 32 种。

联合国环境保护署（UNEP）出版的《未来持续技术用关键金属及其循环回收潜力》调研报告，将铟、锗、钽、铂族金属（6 种元素，特别是钌、铂、钯）、碲、钴、锂、镓、稀土金属（17 种元素）等归类为"绿色稀有金属"。它们是清洁技术创新的基础，是战略性新兴产业发展所需的重要矿产。

2012 年 7 月 4 日，我国工业和信息化部发布了《战略性新兴产业关键技术推进重点（第一批）》规划，指出培育发展战略性新兴产业各项任务的分解落实工作，将铷、硼、钴、铝、锌、锶、铅、镁、锂、镍、铁、镓、铟、锡、铂、钯、铬、银、铱、锆、钨、钼、铜、铌、钽、金、钌、铑、锗、碲、镉、磷、钛、萤石、钡、钒、铋、石墨、铀、钍、稀土金属等列为战略性新兴产业所需矿产。

2016 年 11 月 29 日，为保障我国国家经济安全、国防安全和战略新兴产业发展需求，国务院批复通过了《全国矿产资源规划（2016—2020 年）》，明确列出了 24 种矿产为战略性矿产，包括能源矿产：石油、天然气、页岩气、煤炭、煤层气、铀；金属矿产：铁、铬、铜、铝、金、镍、钨、锡、钼、锑、钴、锂、稀土、锆；非金属矿产：磷、钾盐、晶质石墨、萤石。若稀土金属以 17 种元素计，战略稀有金属有 26 种元素。

综上所述，目前国内外对战略性稀有金属的分类和界定存在一定的差异，与美国、日本、欧盟有关战略性矿产研究的成熟做法相比，我国出台的相关规划和纲要较晚，而且国内不同专家学者对最新分类仍存在不同见解。随着科技和新兴产业的快速发展，产业结构不断升级，我们对稀有金属的科学认识会更加深入。预测在不久的将来，我国会持续出台一批新政策、新规划，进一步丰富完善战略稀有金属的种类，使之更齐全、更科学、更系统。

3.2.2 资源与开发

3.2.2.1 中国稀有金属品种齐全，但优势资源与短缺资源储量极不均衡

中国是稀有金属矿种的优势国，品种全。优势稀有金属的资源量 / 储量丰富，占世界比重相当大，在国际市场上占据支配地位，主要包括：稀土、钨、钼、锑、锂、铍、钛、铋、钒、镓、锗、铟、铊、镉等（资源储量情况见表 3-1），其中储量占全球第一的有 12 种。中国短缺的稀有金属资源主要包括：铂族金属（特别是铂、钯、钌）、钴、铌、钽、锆、铪、碲、铷、铯、铼、硒、铊等（资源储量情况见表 3-2），其中储量分布高度集中的主要有铂族金属、铌、钽、锆、铪、铯等，储量分布相对分散的主要有碲、铷、铼、硒、铊等，上述短缺稀有金属资源（除锆外）储量非常少。

表 3-1　中国部分优势战略稀有金属储量及占世界比重

稀有金属	世界储量/万 t	中国储量/万 t	其他主要资源国	中国占世界比重/%（世界排名）
稀土	12000（REO）	1859（REO）	美国，俄罗斯，澳大利亚，印度	15.5（1）
钨	330	190	俄罗斯，美国，加拿大，玻利维亚	57.6（1）
钼	870	330	美国，智利，加拿大	37.9（1）
锑	210	79	泰国，俄罗斯，玻利维亚，塔吉克斯坦	37.6（1）
锂	1400	320	智利，阿根廷，澳大利亚	22.9（4）
铍	10	1.48	美国，莫桑比克	14.8（2）
钛	94000（TiO$_2$）	24000（TiO$_2$）	澳大利亚，印度，南非，马达加斯加	25.5（1）
铋	32	24	秘鲁，玻利维亚，墨西哥	75（1）
钒	1300	500	俄罗斯，南非，美国	38.5（1）
镓	副产品	NA	德国，哈萨克斯坦，乌克兰，匈牙利	估计世界第一
锗	副产品	NA	美国，俄罗斯	估计世界第一
铟	NA	NA	韩国（回收），日本（回收），加拿大	估计世界第一
钪	副产品	NA	哈萨克斯坦，俄罗斯，乌克兰	估计世界第一
镉	59	9	澳大利亚，俄罗斯，秘鲁，哈萨克斯坦	15.3（1）

资料来源：美国地质调查局、中国自然资源部、安泰科；截至 2018 年。

表 3-2　中国部分短缺战略稀有金属的世界储量及分布

稀有金属	世界储量/万 t	储量分布（比重）
铂族金属	7.1	南非（88.7%），俄罗斯（8.7%），美国（1.3%）
钴	660	刚果（51.1%），澳大利亚（22.7%），古巴（7.6%），赞比亚（4.1%），俄罗斯（3.8%）；中国钴储量 7.2 万 t，居世界第八位
铌	910	巴西（95%），加拿大
钽	11	巴西（59.1%），澳大利亚（36.4%），加拿大，刚果，卢旺达
锆	5595	澳大利亚（44.6%），南非（25%），乌克兰（7.1%），美国（6.1%）；中国锆储量 50 万 t，居世界第七位
铪	112	南非（42.4%），澳大利亚（34.8%），美国（10.3%），巴西，印度
碲	2.4	美国，秘鲁，加拿大
铷	8	加拿大，阿富汗，纳米比亚，秘鲁，俄罗斯，赞比亚
铯	21	基本上均位于加拿大
铼	0.25	智利（52%），美国（15.6%），俄罗斯（12.4%），哈萨克斯坦（7.6%），亚美尼亚，秘鲁，加拿大等
硒	8.8	智利（22.7%），俄罗斯（22.7%），美国（11.3%），秘鲁，加拿大
铊	0.038	加拿大，美国，欧洲

资料来源：美国地质调查局、中国自然资源部、安泰科；截至 2018 年。

3.2.2.2　中国稀有金属资源整体呈现禀赋差、品位低的特点

无论优势资源，还是短缺资源，我国稀有金属矿床大部分为多金属共生矿床，矿物种类多样，原矿品位远远低于国外同类矿床品位。例如，我国钨矿多以复杂难选的白钨和黑白钨共生矿为主，钨矿三氧化钨平均品位为 0.5% 以下，低于国外 0.7% 的水平；铍矿 BeO 平均品位低于 0.1%，而国外铍矿均高于 0.1%；锂矿 Li_2O 品位多为 0.8% ~ 1.4%，国外一般大于 1.4%；铌矿 Nb_2O_5 品位为 0.0083% ~ 0.0437%，而国外品位能达到 2% 以上，相当于我国的粗精矿品位；锆矿以原生硬岩锆矿为主，平均品位 1.843%，开采和选矿难度大，易采选的滨海砂矿储量小，品位为 0.533 ~ 2.241kg/m^3，远远低于国外矿床品位。

3.2.2.3　中国稀有金属矿物加工难度大、综合利用率不高、加工成本高

针对我国稀有金属矿产资源的特点，科研人员经过几十年的不懈努力和不断创新，其矿物加工技术已经达到国际领先水平，尤其是复杂低品位共伴生矿矿物加工技术。但是对于微细粒矿石，受其矿石品位低、嵌布粒度细、共伴生元素多等因素制约，目前还缺乏分选富集技术，金属回收率普遍偏低，加工成本高。例如，铌精矿品位仅为 2.80% ~ 34.62%、回收率约为 23% ~ 47%，钽铌选矿回收率低于 50%，原生钛回收率约 30% ~ 50%，锂铍回收率约 60% ~ 70%，造成资源的极大浪费。

3.2.2.4　中国稀土金属资源综合利用率低，生态环境破坏严重

20 世纪 90 年代，中国逐渐成为全球最大的稀土生产国和出口国，产量占全球产量的 83% 以上，稀土矿物加工技术已达到国际领先水平。例如，包钢选厂采用浮选—选择性团聚工艺处理白云鄂博混合稀土矿，可获得 REO 品位 35%、45%、60% 等几种稀土精矿，回收率为 22%；微山选厂采用浮选工艺处理碳酸盐类稀土矿，可获得 REO 45% ~ 60% 稀土精矿，回收率为 75% ~ 80%；四川牦牛坪稀土矿采用磁选—重选—浮选流程处理，获得大于 65%REO 的稀土精矿，回收率达 80%；风化型稀土矿 REO 含量为 0.088% ~ 0.2%，采用化学选矿原地浸出工艺处理，获得 REO > 90% 的稀土精矿，回收率为 60% ~ 65%。

然而，稀土资源开发中仍存在一些不足，采易弃难现象严重，资源回收率低，生态环境破坏严重。例如，白云鄂博稀土矿由于矿石性质复杂、伴生元素多、矿物嵌布粒度细，使得选矿工艺流程复杂、药剂消耗大、成本高，而且超过 60% 的稀土仍残留在尾矿中，采选利用率仅 10%；风化型稀土矿采用原地浸出工艺处理后，浸出液回收难度大，资源开采回收率不到 50%。某些矿山由于过度开采，造成山体滑坡、河道堵塞、突发性环境污染事件。风化型稀土矿禀赋差、分布散、丰度低，大规模化工业开采难度大；采用铵盐为浸矿剂，产生大量的氨氮、重金属等污染物，破坏植被，严重污染地表水、地下水和农田。

3.2.2.5　稀散金属绝大多伴生、微量且分散，资源利用率低

稀散金属作为重要的半导体材料，是新材料领域不可或缺的一员，广泛应用于冶金、石油化工、电子信息、新能源、航天等领域，是支撑我国占领科技、经济制高点的关键资源。

稀散金属迄今发现 298 种矿物，但由于其与某些元素的地球化学性质相近，导致前者以类质同象进入后者的晶格，故在自然界中极少发现单一的、具有工业开采价值的稀散金属独立矿床，大多伴生在其他矿物中，量微且分散，只能在生产有色、黑色主体金属或处理含稀散金属的煤、磷灰石、锰结核等有用矿物的副产物中综合回收。目前主要是从冶金，其次是化工、火力发电、电子及机械工业等行业生产、加工过程中的副产物、边角料和废品中综合回收与再生。至今，世界上还没有一个国家建立独立的稀散金属选矿体系，也很少见到在主金属矿选矿过程中有关稀散金属行为报道。

根据已有文献，锗是唯一作为主矿物被选别的稀散金属。纳米比亚楚梅布选厂从锗石矿中选锗，锗精矿产率仅为 1%，锗回收率仅为 25.8%，约 63% 的锗进入铜铅精矿和锌精矿，约 2.1% 的锗进入尾矿；国外其他选厂并未进行选锗作业，大多数锗进入尾矿中；我国铅锌矿选矿中，锗主要进入锌精矿，并可获得一定富集。铟在锌精矿中富集较好，高的可达 47 倍，其次富集于铜精矿，如在铅锌矿选矿过程中，铟约 20% 进入铅精矿，约 80% 进入锌精矿；在铜矿的选矿过程中，有 50%~60% 进入铜精矿，10%~20% 进入锌精矿，20%~30% 进入黄铁矿精矿。硒与碲大多富集在铜精矿中，在铜锌矿的选矿过程中，硒和碲主要进入铜锌精矿及黄铁矿尾矿中，但它们在黄铁矿中并未富集，仅在铜锌混合精矿中有一定富集，富集比为 13~23 倍；在铅锌矿选矿过程中，硒与碲主要富集在铅精矿中，其次是铜锌精矿，但富集比很低。铼在辉钼矿选矿中主要进入钼精矿中，并得到明显富集；在含铼铜矿的选矿过程中，有 60%~90% 的铼进入铜精矿或铜铅精矿；在钼矿分选过程中，约 40% 的铼进入钼精矿，约 11% 的铼进入中矿，其余 44% 进入尾矿，还有一部分水溶性铼损失在湿磨与浮选中。镓在钒钛磁铁矿选别过程中约 50% 进入铁精矿，镓还可在锌精矿中富集。铊几乎不富集在任何选矿产品中。

3.2.3　市场与需求

3.2.3.1　稀有金属是国家抢占科技硬实力和经济制高点的关键性原料

2008 年以来，全球正面临着新一轮产业及其结构的调整，战略性新兴产业应运而生。它以重大技术突破和重大发展建设需求为基础，是推动未来国民经济和社会发展的重要力量，也已成为当今世界国家抢占新一轮经济发展制高点的重大战略。而其

所需的关键原材料和器件，大部分依赖稀有金属矿产资源。因此，稀有金属矿产资源开发对战略性新兴产业的发展起着重大的支撑作用（表3-3）。

表 3-3 战略性新兴产业与相关战略稀有金属矿产一览表

产业分类	二级分类	具体内容	国家发展情况	相关金属矿产
节能环保	高效节能产业	节能新技术和装备、节能电器、高效照明、绿色建筑材料、节能交通工具	各国纷纷实施低碳经济发展计划	稀土、铂……
	先进环保产业	污染物处理、减振降噪及环境监测设备和产品		
	资源循环利用产业	共伴生资源、固体废物、机电产品再制造、废旧商品回收		
新一代信息技术	下一代信息网络产业	宽带、下一代互联网、数字电视网络建设、新型网络设备、云计算等信息产品	是中国最有可能领先世界的领域	稀土、镓、铟、锗、锂、钽……
	电子核心基础产业	高性能集成电路产品、液晶显示、等离子显示面板、有机发光二极管等新一代显示技术		
	高端软件和新兴信息服务产业	以网络化操作系统、海量数据处理软件等为代表的基础软件和云计算软件、工业软件、智能终端软件、信息完全软件等关键技术		
生物产业	生物医药产业	基因工程药物、创新疫苗	美、日、欧在新医药产业和生物育种产业最为发达，欧洲在基础研究方面处于领先地位；中国新医药产业初具规模	稀土、锆、钛、银……
	生物医学工程产业	高端诊疗产品、临床诊断、治疗产品		
	生物农业产业	动植物新品种、绿色农用产品		
	生物制造产业	酶工程、有机化工原材料、生物材料		
高端装备制造产业	航空装备产业	大型客机、新型支线飞机、新型通用飞机和直升机	中国与发达国家差距较大	钼、钨、钴、铼、钛、锗、镓……
	卫星及应用产业	卫星制造、地面设备制造		
	轨道交通装备产业	先进轨道交通装备及关键部件的研发制造		
	海洋工程装备产业	海洋深水勘探装备、钻井装备、生产装备		
	智能制造装备产业	新型传感器、智能仪器仪表、工业机器人		

续表

产业分类	二级分类	具体内容	国家发展情况	相关金属矿产
新能源产业	核电技术产业	核电装备制造及核燃料产业链、核电运行装机	中国在新能源产业领域的技术研究水平与国外接近，某些领域领先	稀土、铟、锗、镓、锆……
	风能产业	风电装备研发（发电机、齿轮箱、叶片及轴承）		
	太阳能产业	太阳能电池、器件、光伏电池		
	生物质能产业	纤维素乙醇、微藻生物柴油产业化		
新材料产业	新型功能材料产业	稀土永磁、发光、催化、储氢等高性能稀土功能材料，稀有金属及靶材、原子能级锆材、高端钨钼材料及制品、高纯硅材料、新型半导体材料、磁敏材料、高性能膜材料、高纯石墨、人工晶体、超硬材料及制品	中国在该领域与国外接近，美、日、欧洲将新材料技术视为关键性技术	稀土、钨、钼、钽、铌、铼、锆、铟、镉、铂族、锂、钴、镁、铝、钛、镍、锑、镓、硼……
	先进结构材料产业	高性能铝合金、镁合金、钛合金、工程塑料		
	高性能复合材料产业	树脂基复合材料和碳碳复合材料、新型陶瓷基、金属基复合材料		
新能源汽车产业		纯电动汽车和插电式混合动力汽车（高性能动力电池、电机、电控等关键零部件和材料）	美、德、法、日均扶持新能源汽车产业发展，中国进入加速发展新阶段	锂、钴、铂、镍……

　　作为新一轮经济增长的希望，战略性新兴产业的崛起将使相关的一切稀缺资源成为各国争夺的目标，特别是所需的稀有金属矿产资源。在稀有金属矿产资源世界分布不均衡的情况下，争夺将会更加激烈。美国、欧盟、日本等国家和地区都已抛出了新的旨在推动战略稀有金属等高技术矿产发展的重大战略规划。我国近年也正逐步加强对该资源的战略研究，在科学规划、严格管理的同时，出台了一系列措施，引导战略稀有金属朝着可持续、绿色环保和生态文明的方向发展，以达到保护并有效、科学地利用好稀有金属矿产资源，真正发挥"四两拨千斤"关键性作用的目的。"2011年矿产资源节约与综合利用'三稀矿产资源专项'资金""我国三稀资源战略调查研究"等国家专项先后立项，拉开了国家层面上对稀有、稀土和稀散资源调查、研究与深度利用的序幕，为该资源的开发提供了保障。

随着"中国制造2025""互联网+"、新材料产业"折子工程"和智能制造工程等国家战略的推进实施,我国将大力支持稀有金属产业不断地科技创新。同时,随着人民生活水平的提高,加快生态文明体制改革,建设美丽中国的需求也越来越高,"一带一路"倡议也给战略稀有金属产业带来发展的新机遇和新挑战。

3.2.3.2　短缺资源对外依存度极高是制约我国社会经济发展和国家安全的重要瓶颈

稀有金属因为新兴产业的发展变得越来越重要,其发展空间与市场需求息息相关(表3-4)。全球经济一体化进程的推进,战略性新兴产业对稀有金属的刚性需求急速增长,我国经济社会发展对其高位需求仍将持续一段时间。

中国目前对稀土、钨、锂、锆、钴等金属的消费量全球第一,但产量仍无法满足消费需求。近五年来,产量与消费量整体都呈现逐年递增态势,预测至2035年该增长趋势仍存在,增长与供不应求现象并存。锆、钴均属短缺资源,我国储量占全球比例仅为1%,而我国却是全球最大的锆、钴消费国,消费量分别占全球的75%和32%(表3-5)。巨大的供需缺口导致这两种资源的对外依存度极高,对相关新兴产业的健康发展十分不利(表3-6)。

2018年,优势资源中除稀土、钨出口贸易顺差之外,锂、铍、钽、铌、锆、铪、钛、铂和钯等金属的对外依存度很高。由于短缺资源的先天不足,在未勘探出新矿床的前提下,这些矿种的对外依存状况难以改变,将会严重制约我国社会经济发展,甚至是国家安全。

表3-4　部分战略稀有金属的应用可替代性及市场需求前景

品种	是否可回收	有无替代品	可替代性	需求前景
稀土	是	有替代品	但其性能均远不如稀土	增长较快
锂	是	可被替代	在一些领域可替代	增长较快
铍	是	可被替代	在一些领域可替代	增长
铌	是	有替代品	钼、钛、钽、钒等可在部分合金中替代铌,但成本高、性能差,在尖端工业等关键领域无法被替代	增长
钽	是	有替代品	锆、铝、铌、钛等元素在材料中可替代钽,但性质不及钽	增长
锆	是	有替代品	铬铁矿和橄榄石在铸造领域可对其替代;白云石和尖晶石在某些高温耐火材料领域亦可进行替代	快速增长
锶	否	有替代品	在一些领域,钡在用于陶瓷磁铁时可替代锶	稳步增长
铯	部分	有替代品	铷和铯有相似的物理性质,但在很多应用上铯优于铷	增长
钪	否	有替代品	某些特殊领域不可替代	增长较快

续表

品种	是否可回收	有无替代品	可替代性	需求前景
锗	是	有替代品	某些领域可替代	不断增长
镓	是	有替代品	硅锗材料对部分镓材料有替代性	增长
铟	是	不可替代	不可替代	较快增长
铼	部分	有替代品	铱、锡、锗、铟、硒、硅、钨和钒在某些领域可替代铼	增长
硒	可回收性差	有替代品	在冶金、颜料等领域可被碲替代	降低
碲	可回收性差	有替代品	可替代性差	增长较快

表 3-5　典型战略性新兴矿产资源的供求情况（2018 年）

矿产名称	产量				消费量			
	全球/万 t	第一（占比）	第二（占比）	第三（占比）	全球/万 t	第一（占比）	第二（占比）	第三（占比）
稀土	18.9	中国（63%）	美国（4%）	印度（3%）	12.2	中国（81%）	日本及东南亚（19%）	美国（9%）
钨	8.8	中国（82%）	俄罗斯（4%）	加拿大（3%）	6.4	中国（50%）	—	—
钛	21.5	南非（16%）	中国（14%）	澳大利亚（14%）	全球钛消费集中在中国、美国和欧洲国家			
镓	0.028	中国	德国	哈萨克斯坦	0.022	日本（60%）	中国（11%）	—
铟	0.077	中国（53%）	韩国（19%）	日本（9%）	0.111	日本（60%）	美国（8%）	中国（5.4%）
锂	27.68	中国（58%）	智利	澳大利亚	14.34	中国（51%）	韩国（16%）	日本（12%）
锗	0.016	中国（71%）	俄罗斯（3%）	其他（26%）	0.014	美国（32%）	中国（22%）	—
锆	67	澳大利亚（42%）	南非（25%）	中国	51	中国（75%）	欧洲（17%）	亚洲其他
钴	12	刚果（金）（47%）	加拿大（7%）	俄罗斯（6%）	8.4	中国（32%）	日本（20%）	美国（18%）

表 3-6　典型战略稀有金属全球及中国产量、消费量统计表（2014—2018 年）

矿产名称	年份	全球 /t		中国 /t		中国占比 /%	
		产量	消费量	产量	消费量	产量	消费量
稀土	2014	125725	134020	105000	116400	83.5	86.9
	2015	127990	134250	105000	115400	82.0	86.0
	2016	133460	139065	105000	120520	78.7	86.7
	2017	151780	143225	105000	118680	69.2	82.9
	2018	189000	150307	120000	122200	63.5	81.3
钨	2014	83552	68515	71033	38340	85.0	56.0
	2015	86798	76468	72916	35401	84.0	46.3
	2016	86433	82188	71925	40301	83.2	49.0
	2017	86995	89999	71675	45748	82.4	50.8
	2018	88000	94808	72000	48094	81.8	50.7
锂	2014	163862	163000	61862	65800	37.8	40.4
	2015	159381	162000	61381	78700	38.5	48.6
	2016	193756	188000	86240	92400	44.5	49.1
	2017	235400	237600	123400	124700	52.4	52.5
	2018	276800	278300	162160	143400	58.6	51.5
铍	2014	343	380	52	95	15.2	25.0
	2015	350	378	51	95	14.6	25.1
	2016	349	360	46	83	13.2	23.1
	2017	347	342	52	96	15.0	28.1
	2018	349	356	52	97	15.0	27.2
钽	2014	1200	950	55	489	4.6	51.5
	2015	1052	900	55	450	5.2	50.0
	2016	1070	870	65	428	6.1	49.2
	2017	1225	1000	75	509	6.1	50.9
	2018	1295	1200	90	550	6.9	45.8
铌	2014	55900	61000	35	8000	0.1	13.1
	2015	64300	66000	36	9900	0.1	15.0
	2016	63900	66500	38	10000	0.1	15.0
	2017	69100	67690	45	18500	0.1	27.3
	2018	68000	68000	45	20000	0.1	29.4

矿产名称	年份	全球/t		中国/t		中国占比/%	
		产量	消费量	产量	消费量	产量	消费量
锆	2014	640000	610000	15000	450000	2.3	73.8
	2015	690000	590000	16000	454000	2.3.	76.9
	2016	690000	620000	11000	474000	1.6	76.5
	2017	630000	650000	7000	478000	1.1	73.5
	2018	670000	680000	10000	510000	1.5	75.0
铪	2014	58	60	1	7	1.7	11.7
	2015	65	60	1	7	1.5	11.7
	2016	70	75	2	7	2.9	9.3
	2017	70	80	3	7	3.6	8.8
	2018	70	80	3	8	4.3	10.0
钛	2014	190825	170000	67825	62252	35.5	36.6
	2015	180735	160000	62035	42730	34.3	26.7
	2016	196585	195000	67077	68488	34.1	35.1
	2017	206626	200000	72922	74866	35.3	37.4
	2018	215000	210000	74953	78626	34.9	37.4
铂	2014	224	247	2	48	0.8	19.6
	2015	243	255	3	44	1.0	17.3
	2016	250	254	3	37	1.2	14.7
	2017	254	249	3	40	1.1	16.0
	2018	259	243	3	39	1.0	16.1
钯	2014	276	330	3	48	1.1	14.6
	2015	276	285	3	47	1.1	16.5
	2016	288	292	3	54	1.2	18.7
	2017	289	313	3	58	1.2	18.6
	2018	310	315	3	60	1.1	19.1

注：①除特别注明外，均为金属量。②储量数据来源：美国地质调查局、自然资源部、安泰科。③产需数据来源：国际协会、有色协会、安泰科。

3.2.3.3 亟须开发矿物加工新技术，实现稀有金属矿产高效利用，推动产业绿色发展

在我国，稀有金属矿产资源大部分品位低、富矿少，90% 以上以共伴生矿存在，与铁、铜、铝等大宗矿产不同，稀有金属矿的地质成因、矿物组成、工艺特性等更为复杂，对开发的技术和经济要求更为苛刻，难度更大。

数据显示，我国矿产资源总回收率和共伴生矿资源综合利用率平均仅分别为 30% 和 35% 左右，比国际先进水平低 20%，资源浪费十分严重，部分矿产因技术问题无法突破而成为呆矿；同时，资源开采形成了大量的废渣、废水和废气，未能有效回收利用及治理，对环境造成了污染。因此，稀有金属矿产资源矿物加工技术还有很大的改进空间。在保障高产量的同时，更为迫切需要高质量发展，提高资源开发效率，降低生产成本，重心由"量的保障"转为"质的支撑"。

稀有金属产业链的延伸驱动，极大推动着全球新兴产业的快速发展，促进经济增长转变，导致稀有金属需求整体上不断增加，产、销、价均迅速攀升，从而对稀有金属矿产开发利用技术的创新要求日益增加。

3.3　战略稀有金属矿物基因诊断关键技术

3.3.1　现状——传统与创新检测手段结合

矿物基因诊断是矿物加工技术研究的基础，需借助工艺矿物学研究手段，在创新选矿工艺、优化流程结构、提高生产指标等方面发挥着重要的作用。随着现代测试技术水平的提高，其他相关学科的不断渗透，尤其是基于扫描电镜的矿物自动分析仪、矿物谱学和微束分析方法的广泛应用，丰富了工艺矿物学研究的理论基础、方法与手段，提高了研究深度和工作效率。

大多稀有金属以共伴生或类质同象的方式分散在主金属矿物或某种载体矿物中，具有"贫、杂、散"的特点。"贫"表现为稀有性，工业品位低，如钽和铌通常以副矿物的形式存在于花岗岩中，元素含量 100 ~ 1000 ppm 即达到开采品位；"杂"表现为复杂性，往往一种元素不只形成一种矿物，而是形成多种矿物，如铌矿物中铌铁矿、烧绿石、铌铁金红石常见存在于同一铌矿石中；"散"表现为分散性，有的稀有金属不存在独立矿物，而是以类质同象或微细包裹体形式存在于某种载体矿物中，如锗、铟、镉与锌类质同象存在于闪锌矿晶格中等。

据此，稀有金属矿石具有类似的突出特点：①矿石有价组分的品位低，少数以百分计，通常千分到万分，甚至是十万分之几，如钽铌铁矿 Ta_2O_5 0.01% 就达到工业品位，由此大大增加了富集难度。②稀有金属矿石一般是含有多个有用矿物的

复合矿石，在处理过程中需将选矿工艺与化学—冶金工艺相结合，以保证金属的高回收率和多金属的综合回收。③通常一种稀有金属元素同时分布于多种矿物，如铌元素同时存在于铌铁矿、烧绿石、铌铁金红石等多种矿物中，稀土元素同时存在于氟碳铈矿、氟碳钙铈矿和独居石等多矿物中，导致目标元素分散，而各矿物可选性质差别性大，给流程带来复杂性。矿石本质难选与工艺流程复杂，导致了稀有金属工艺矿物学研究具有较高的难度，要求采取综合的研究方法和先进检测技术的支撑。

目前，工艺矿物学研究方法采用传统与创新结合的方式开展，在传统的筛分分级、多元素分析、物相分析的基础上，已综合采用 X 射线荧光光谱仪、显微镜等手段检测矿石的矿物组成、主要有用矿物的嵌布粒度、嵌布状态、有用矿物的单体解离度，并对原矿有价金属的赋存状态进行研究。近年来，基于扫描电镜和能谱仪的矿物自动分析仪的出现和应用发展（如 MLA、QEMSCAN 等），可对样品进行无缝隙全扫描，自动进行大量测量和统计，能够对含量低、粒度细的矿物进行高效的分析和处理，在稀贵金属矿工艺矿物学研究方面取得了显著的成果。

3.3.2 挑战——准确表征轻稀有金属、分散元素，实现三维图像

3.3.2.1 基于能谱法的矿物自动分析仪测量轻稀有金属元素准确性较差

工艺矿物学是以矿物成分、矿物嵌布关系与解离特征、元素的赋存状态等为研究基础的。矿物成分通常采用基于扫描电镜的矿物自动分析仪（如 MLA、QEMSCAN 等）测量，其采用通过能谱仪对不同颜色区域进行 X 射线扫描，通过元素特征 X 射线能谱图来确定其矿物成分，而能谱对于元素成分相似的硅酸盐、复杂稀土矿物等，鉴别非常困难；此外，能谱仪无法有效测定硼之前的轻元素，而对于含有锂、铍等元素的稀有金属矿石，矿物自动分析仪目前还无法准确有效的测量。

3.3.2.2 二维平面表征存在偏差，但三维图像表征难度大

无论是采用矿物自动分析仪，还是传统的偏光显微镜，矿物嵌布关系均是在二维平面进行表征，而二维平面表征的粒度、解离度结果与实际结果具有偏差。目前，尽管 X–CT 可以对样品进行三维立体测量矿物的三维形态、空间分布特征等，但由于常规矿石样品使用传统的 X–CT 测试方法受制于 X 射线衰减的原因，其样品测量区域较小、测量时间较长，而且分辨率只能达到微米级，无法与扫描电镜相比；此外 X–CT 测量结果主要是影像图，无法测量样品中元素和矿物成分，对于三维图像的化学成分表征存在较大的困难，面临重大挑战。

3.3.2.3 现有手段难以准确表征分散元素的赋存状态

元素的赋存状态是稀有金属矿工艺矿物学研究最核心的内容，传统方法是采用

单矿物分离测试每种矿物中目的元素的含量，从而计算出各元素在矿物中的分配平衡。除了对于具有独立矿物的三稀金属矿石外，对于具有分散性的三稀金属矿石而言，其元素的赋存状态常常以类质同象、胶体分散态或者微细包裹体形式存在。目前研究手段无法直接表征这类分散元素在载体矿物中以哪种分散形式存在，如磷块岩中的稀土元素，强蚀变带中铁锰氧化物的金银元素等。此外，分散元素载体矿物中空间分布情况，类质同象原子是否在矿物晶格中有序均匀地排布，目前研究手段还达不到这种层面。

3.3.3 目标——建立矿物基因数据库，强化工艺流程预测准确性

工艺矿物学是以研究矿石及其工艺过程产品的化学成分、矿物组成和矿物性状及变化的一门应用学科，其主要手段为现代仪器测试分析。随着现代仪器测试分析的提高及相关学科的不断交叉渗透，未来将以工艺矿物学参数测试与工艺流程预测两部分组成。

3.3.3.1 稀有金属矿石工艺矿物学参数测试及数据库

矿石的工艺矿物学性质应是决定矿物加工的最本质因素，包括矿石的矿物组成、嵌布特性、结晶与工艺粒度、矿物的晶体结构、主量元素与微量元素信息、化学键类型、晶格原子排布与缺陷信息等。矿石的结构构造、物质组成、矿物的共伴生和嵌布特征等将影响碎磨、重选、磁选、浮选等加工特性。

现代工艺矿物学参数测试是以矿物自动分析仪、电子、离子与激光微束分析方法、高精度三维X影像技术以及同步辐射等技术为基础的。采用矿物自动分析仪结合同步辐射微区X射线衍射测试技术可以对矿石的矿物精确含量以及晶体结构进行测试；SR-CT影像技术结合3DX射线能谱仪可以对矿石中矿物的形态、嵌布粒度与空间关系进行高效表征；TOF-SIMS技术可对矿物表面原子或分子层进行剥蚀分析，提供矿物中原子排布以及杂质原子信息等。利用现代工艺矿物学的多种研究手段，进行系统研究测试，并形成系统全面的矿石工艺矿物学参数数据库。

3.3.3.2 稀有金属矿物加工工艺流程预测及校准

工艺流程预测是工艺矿物学研究的最终目标。由于传统的技术研究开发模式一般流程为：工艺矿物学研究—小型试验—扩大连续试验—半工业（或工业试验）—推荐工艺流程方案—选矿厂设计—试车投产。这种传统模式存在很大的弊端，如开发周期长、成本高、效率低、重复试验工作造成的浪费等。工艺流程预测是完全基于工艺矿物学参数，采用计算机仿真模拟，可以通过矿石的矿物组成、结晶与工艺粒度、嵌布特征、主量元素与微量元素信息等参数，给出矿石的碎磨参数，以及模拟目标元素或矿物解离特征，最终预测矿石加工工艺的原则流程。

3.4 稀有金属资源精细化分离关键技术

3.4.1 现状——共伴生组分复杂，综合回收率低

随着优质资源的不断开发利用和逐渐消耗，战略性稀有金属资源大多以复杂共伴生形式赋存，且品位低、分离提取难度大、综合利用率低。因此，实现低品位难选共伴生稀有金属资源的高效清洁精细化利用，具有重要的战略意义。

我国钽铌资源品位低、共伴生组分复杂、嵌布粒度细。其选矿工艺多采用联合流程，一般采用重选法进行粗选，采用重选、磁选、浮选、电选和化学选矿等联合工艺进行精选，流程复杂，选矿回收率低。例如：钽铁矿、铌铁矿和褐钇铌矿采用等多重选—浮选/磁选—重选流程；澳大利亚格林布斯钽矿采用重选—磁选—电选流程；巴西阿拉克萨碳酸岩烧绿石矿石采用磁选—浮选—浸出流程；加拿大尼阿贝克碳酸岩烧绿石矿采用浮选—磁选—浸出—浮选流程；包头白云鄂博稀土矿采用浮选—磁选—重选流程回收铌。

我国钨矿中 80% 以上的地质品位小于 0.3%，且有用矿物因嵌布粒度细、选别率低，属典型的难选矿物。提高入冶钨精矿品位，则选矿回收率急剧降低；而降低入冶品位，采用现有主流的碱法工艺又难以处理，造成冶炼主金属回收率低、伴生金属几乎没有回收，成本高，选冶难以兼顾的矛盾非常突出。

钒是我国传统优势资源，但存在钒赋存状态的研究尚未完善、晶格崩解机理尚不明确、冶金过程物相转化机制研究不足等问题，成为制约新技术开发的瓶颈。在高效绿色提取技术研究方面，现有技术储备显著不足，难以应对越来越复杂的矿石类型和越来越高的环保要求。

3.4.2 挑战——选冶高效精细化分离新理论、新技术、新药剂

3.4.2.1 稀有金属资源选冶过程新理论及新技术原型

稀有金属元素、金属矿物乃至脉石元素、脉石矿物性质高度相似而共伴生或类质同象赋存，原有的基于强烈化学作用的传统技术体系，在处理复杂稀有金属矿物时往往事倍功半。由化学过程的"反应性—选择性原理"可知，须创新研究思路：一方面，通过矿相重构扩大稀有金属矿物之间、金属矿物与脉石矿物之间的性质差异，降低处理难度，获得高选冶效果；另一方面，开发选冶新体系以提高试剂作用能力，而获得高的反应选择性。

新技术原型的开发，取决于对事物本质规律的精微认识和这些规律的巧妙利用。为此需要全面深入了解：复杂体系下各元素、各矿物的分配、分散、集中、共生组

合和迁移演化规律；化学成分的液态混溶与不溶，结晶分离与分异作用等。但针对这些复杂的演化规律，从地球化学原理中，我们可能会寻找到全新选冶体系的灵感。例如，金川镍冶金造锍熔炼得到硅酸盐渣相和镍硫化物冰铜相，在本质上与地球化学发现的镁铁质岩浆中硅酸盐—硫化物液态不混溶原理是一致的。

3.4.2.2 稀有金属药剂分子设计新理论

稀有金属元素通常以元素对的形式在自然界中出现，如：钨钼、镁锂、钽铌、锆铪。由于受镧系收缩或对角线规格的影响，原子半径相近、电荷也相同或相近，化学性质极其相似。有时不同元素分离的化学反应甚至发生在相同的活性位点。白钨矿浮选时会涉及白钨矿、萤石和方解石的高效分离，但三种矿物表面的反应活性位点均为钙质点。这对元素分离提出了更高的精度要求。

生物地球化学发现，生物与各种有机质在成矿元素的选择性迁移与富集中，特别是沉积矿床、层控矿床等的成矿过程中曾起到重要作用。如藻类细胞中的各种配体对海水中金属离子的富集可以达到几十万倍，甚至对同位素都有生物分馏效应，这种生物配体的选择性对我们寻找选冶试剂的先导化合物有极其重要的启发意义。另外，药剂与组元的作用是一个复杂的微观过程，该过程很难定量化。

传统选冶试剂的寻找和筛选，主要是借助于溶度积、解离常数、水油度、量子化学参数等判据，由于稀有金属元素对键合性质高度相似，很难得到高精度的选冶试剂。然而，生物医学领域药剂和蛋白的相互作用研究已可以达到分子识别的精度。比如利用分子对接工具（molecular docking）可以精确模拟顺铂化合物在治疗癌症过程中铂金属离子与脱氧核糖核酸嘌呤分子的相互作用机制。稀有金属选冶过程实际上也是金属离子与分离提取试剂之间的作用过程，因此可以借鉴生物医学药剂设计理论对先导化合物进行筛选、类型衍化和优化设计，以提升复杂体系下选冶领域的分离精度。

3.4.2.3 钽铌锆铪钛等共伴生资源综合回收技术

钽铌矿原矿品位极低，$Ta_2O_5+Nb_2O_5$ 大多在 0.01% ~ 0.02%。目前预先抛尾技术主要采用手选、重介质、跳汰、光电选、辐射法等手段，存在效率低、资源浪费等问题，选矿技术指标低，一般钽铌回收率不超过 50%，缺少大处理量高效抛尾设备。

原生锆资源储量占总储量的 70%、矿物化学成分复杂、嵌布粒度细、物理性质变化大、矿物之间相互穿插交织和包含嵌布关系复杂、解离性差，采用重选、磁选难以富集和分离，细磨浮选虽存在可能，但浮选体系中捕收剂和金属离子在水溶液体系中的真实组分状态尚不清楚，难以实现定向调控。

原生钛及锂铍等存在浮选捕收剂用量大，种类多，分选效果欠缺等不足，特别是捕收剂（如膦酸类、羟肟酸类）在药剂生产过程产生各种废液，选厂使用过程废水污染环境等严重问题，选别指标差，原生钛回收率为 30% ~ 50%，锂铍回收率为

60%~70%。

铌、钽、锂、铍、钛矿的细泥处理技术，目前往往采用重—磁—浮的联合工艺，流程长、效率低，但 10~20 μm 细泥还未能回收或回收率太低。

3.4.2.4　钒资源高效绿色提取基础理论及关键技术

钒不单独成矿，国内典型的含钒资源包括钒钛磁铁矿和含钒页岩。对钒钛磁铁矿、钒页岩进行选矿预富集钒，是减少提钒处理量、降低生产成本的重要途径，含钒矿产资源的选矿技术尚处于初步阶段，亟待加强研究。对含钒矿物的晶格结构、钒的价态转化规律、晶格崩解机理的共性科学问题研究相对薄弱，尚未形成统一的认识。

对钒钛磁铁矿中炼钢钒渣，目前成熟的工艺为钠化焙烧—水浸工艺和钙化焙烧—酸浸工艺；其中，钠化焙烧提钒产生了大量的硫酸钠危废；钙化焙烧工艺酸耗量大，产生大量硫酸钙危废渣和废水。对钒页岩，目前成熟的工艺为硫酸浸出—萃取工艺，该工艺钒浸出率不高，产生大量含有机相废水和废渣。这些严重制约了钒产业的发展。因此，一方面需要研究改进现有工艺流程及装备，提高生产操作控制水平，提高钒的回收率和生产过程环保水平，另一方面需要开发新技术、新工艺，应对越来越复杂的含钒资源和更高的环保要求。

3.4.2.5　胶态钨回收基础理论与技术

胶态钨矿是钨资源储量中重要的组成部分，我国粤北和云南等地蕴藏了丰富的胶态钨资源，初步估计资源储量超过 5000 万 t。这类资源的显著特点是钨矿物不以独立矿物存在，而是与铁矿物呈胶态共沉积形成连生体，或者呈极微细颗粒嵌布于铁矿物中，单体解离困难。长期以来，对于该类资源的矿石性质、钨的赋存状态、钨铁分离行为等机理方面缺乏系统、全面的认识和研究，导致含胶态钨铁矿资源的开发利用工艺技术研究也未能取得突破，使得胶态钨矿资源的综合利用成为世界性的选冶难题。

3.4.3　目标——选冶体系中元素的转化及分配规律、微观行为精细调控

3.4.3.1　基于元素地球化学特性的选冶体系中元素的转化及分配规律

以戈尔德施密特的地球化学元素分类为出发点，归纳总结稀有金属的元素地球化学特性，在理论计算、过程模拟和热力学研究的基础上，结合表面 FTIR、XRD、XPS、EDS、ICP、电化学分析和原子吸收分光光度分析等分析检测手段，研究稀有金属元素的迁移扩散行为差异及其相互作用机制；以溶液化学为基础，结合现代仪器分析和化学分析，以稀有金属矿物为研究对象，研究脉石的转化行为与稀有金属离子的反应行为之间的作用关系，采用多途径耦合强化的方法，研究外场作用以及非常规介质中矿石中稀有金属元素的迁移规律，通过调控体系组成、温度、压力、离子浓度、氧化—还原气氛来模拟地球化学环境，应用 XRD、XRF、FTIR、热分析以及化学滴定

分析等现代分析检测手段，通过在线分析或定时取样的方式，研究稀有金属元素在扩散迁移过程中的相转变、相平衡和化学平衡过程。

3.4.3.2 基于分子识别的稀有金属元素选冶过程中微观行为精细调控

遍历已知的选冶药剂，设计智能算法，构建足量新药剂分子，对计算数据进行多参数统计回归分析，从而构建药剂分子数据库及其 QSAR 模型有效性分析评估。利用高精度 AFM、STM 观测受体表面结构和使用 SFG、XAFS 分析表面特征，进行真实受体（矿物/目标离子）表界面的表征与建模，在考虑药剂—受体界面环境的多尺度模拟计算时对药剂以及小的受体团簇使用 B3LYP 泛函进行计算优化，对周期性受体使用 PBE 进行模拟计算；近程作用使用高精度量子化学计算模型，远程溶剂使用分子力场计算模型。基于空间互补性和立体选择性的药剂—受体对接特征的研究，采用遗传算法的搜索策略，遍历所有的药剂—受体构型；在利用考虑空间互补性和立体选择性的打分函数评估药剂—受体的对接构型。最后对重元素内层电子使用考虑相对论效应的赝势，外层价电子使用高精度基组；活性部位使用明确溶剂，近活性部分使用力场模型，在远处使用点电荷量子化学/分子力学计算模拟；以此考虑相对论效应与溶剂化效应的药剂—受体作用机理。

3.4.3.3 钽铌锆铪钛等共伴生资源综合回收技术

研发高效预先抛尾新装备，提高抛尾效率、处理能力、资源利用率，降低成本、节能降耗等；研发高效高浓度选矿装备，实现节水、增大处理量、节能高效目的；研究金属离子与捕收剂的配位组装，改善传统捕收剂的捕收能力和选择性，建立矿物表面特性与金属—有机配合物结构的匹配关系，实现金属—有机配合物结构的定向调控，形成适合于浮选体系的配位调控分子组装理论；研发铌、钽、锂、铍、钛等共伴生矿的短流程联合工艺。

3.4.3.4 钒资源高效绿色提取基础理论及技术

基于矿物学、地质学、量子化学等理论，查明主要含钒矿物中钒原子占位及其对矿物结构的影响；研究含钒矿物的晶体特征及其晶格崩解机理，冶金过程含钒矿物与脉石矿物的多元多相耦合反应，查明钒的物相转变规律；开发基于重选、磁选、浮选的含钒矿物选矿预富集联合工艺，提高钒预富集效果。

研发新型焙烧添加剂、助浸剂，开发氧压浸出、微波焙烧、硫酸化焙烧等特种焙烧—浸出技术，形成难溶钒高效转价焙烧浸出技术，进行浸出装置的仿真模拟和设计，实现产业化。研究萃取和离子交换净化富集体系的新材料和新药剂，开发高效绿色净化富集技术，形成提钒尾液、尾渣有机组分深度回收和杂质元素去除技术，实现减量化、无害化、资源化利用。完成富钒液短流程直接制备氧化钒、氮化钒以及钒电池电解液的工艺研究，制定富钒液直接制备含钒材料评价标准。

3.4.3.5 胶态钨回收机理及方法研究

查明胶态钨铁矿中钨、铁的赋存状态、嵌布关系和选矿特征，开发胶态钨铁矿高效预富集工艺，开展胶态钨铁矿冶金分离提取过程反应历程、矿物组分结构变化规律、分解迁移规律研究，揭示钨、铁的分离行为和微观机制，建立胶态钨铁矿分离提取的物理化学基础，形成含胶态钨铁矿分离提取钨和铁的新方法。

3.5 稀土资源绿色高效利用关键技术

3.5.1 现状——技术先进但发展较缓慢、综合利用率较低、生态破坏严重

目前，全球稀土资源储量分布相对集中，已发现的稀土资源主要分布在中国、美国、俄罗斯和澳大利亚等少数几个国家。中国是稀土储量最多的国家，全球稀土开采主要在中国，产量约占全球 95%。

全球稀土矿资源分为矿物型稀土矿和风化型稀土矿。其中，正在开发的矿物型稀土矿有内蒙古白云鄂博混合稀土矿和四川牦牛坪稀土矿等。

内蒙古白云鄂博铁、铌、稀土矿，由于有用矿物之间关系密切，嵌布粒度细，目前回收稀土的主要方法是浮选，可生产出 REO 50% 混合稀土精矿；包钢选矿厂处理氧化铁矿石采用弱磁选—强磁选—浮选工艺可获得 REO 50% 混合稀土精矿及 REO 30% 稀土次精矿，浮选作业回收率 70%~75%；对于处理含磁铁矿较多的矿石，采用弱磁选—浮选工艺可获得 REO 50% 混合稀土精矿及 REO 34%~40% 稀土次精矿。白云鄂博矿中稀土资源综合利用率仅为 10% 左右。

四川牦牛坪稀土矿，由于原岩风化严重，选别难度大。为了提高技术指标，国内许多研究单位开展了试验研究，有代表性的工艺流程有：单一重选（原矿分级后通过刻槽矿泥摇床的分选，可得到 REO 为 30%、50%、60% 的三种稀土精矿）；重选—磁选联合（稀土总精矿 51.51%，稀土回收率 52%）；重选—浮选联合（半工业试验获得 REO 50%~60% 的稀土精矿，稀土回收率为 60%）；牦牛坪稀土矿主要的选矿厂目前采用重选—磁选—浮选联合流程进行生产，REO 回收率仅为 50% 左右，与美国同类矿物选矿相比低了 15 个百分点以上。

美国芒廷帕斯稀土矿是以氟碳铈矿为工业矿物，属于美国钼公司，20 世纪 80 年代是主要的稀土矿产品供应商，90 年代后，中国稀土矿业快速发展，迫使芒廷帕斯矿停产闭矿。2009 年，稀土矿产品暴涨，刺激了钼公司，融资 10 亿美元，重新对美国芒廷帕斯稀土矿技术改造准备生产，直到 2016 年上半年投产，半年后又不得不停产关闭，其产品无法与中国竞争。这再次表明中国的稀土矿的分选技术水平处于世界领先。

风化型稀土矿则主要分布在我国南方的江西、福建、广东和广西等八省（自治区），主要采用原地浸出工艺，资源开采回收率不到50%。风化型稀土矿分布散、丰度低，规模化工业性开采难度大，采用铵盐为浸矿剂，产生大量的氨氮、重金属等污染物，破坏植被，严重污染地表水、地下水和农田。

我国稀土矿实行配额制，有效地解决了稀土矿的过度开采问题，很好地保护了稀土资源，特别是风化型稀土矿的中重稀土资源。2018年，稀土开采总配额为12.1万t，其中风化型稀土的开采配额为2.506万t。2018年全球稀土的需求量为13万t，我国稀土消费占到世界的60%左右，约7万t。发达国家对我国的中重稀土资源极为关注，为了世界高科技的发展，我国每年都有约5万t的稀土输出，以满足全世界的需求。

3.5.2　挑战——绿色高效综合回收新技术

我国稀土选矿技术近年来发展缓慢，矿物型稀土矿存在着生产成本高、精矿质量低、回收率低、稀土资源及共伴生的有用组分综合利用水平低等诸多问题；风化型稀土开采、选冶、分离过程生产技术、产业装备落后，智能化程度低，造成能耗高、资源利用率低、生态环境破坏严重等问题。因此，需要重点解决一些关键性技术问题，以实现整个技术及工艺的突破和创新。

3.5.2.1　矿物型稀土矿

矿石中的稀土主要以氟碳铈矿和独居石的形式存在，且相互聚集紧密，分离难度大。白云鄂博混合稀土矿是与铁矿和铌矿共生，目前仅有10%稀土得到回收，绝大部稀土仍留在尾矿中，是极为难选的稀土矿。生产中，稀土精矿仅作为选铁的副产物，若直接作为主产品，如此低的回收率和精矿品位，很难产生经济效益。此外铌矿物至今没有得到利用，综合回收率低。因此要开发新的分选工艺和新的药剂制度，提高分选的回收率和精矿品位，以及提高有价组分综合回收率。

其他矿物型稀土矿分选的瓶颈主要在于解决矿石中的重晶石和萤石回收的问题，提高综合回收率。海滨砂矿回收独居石，要综合磁选、电选、重选和浮选技术，优化组合工艺，起到节能降耗作用，实现高回收率和高精矿品位的分选富集回收稀土，提高矿物加工的经济效益。

3.5.2.2　风化型稀土矿

风化型稀土矿主要采用原地浸出工艺回收稀土。尽管不需要挖山开矿，不会造成矿体植被的破坏，有利于矿区的生态恢复，然而整个稀土的浸取过程是属于"黑箱"操作，无法控制浸取液或浸出液的分布和流向，往往出现沟流和矿体浸取盲区，影响浸出液的回收和稀土回收率。

（1）风化型稀土矿因含有大量的黏土矿物，颗粒细小，严重阻碍浸取液渗流，浸取液渗流速率缓慢，出液困难浸取时间长，影响稀土的浸出效率。

（2）矿体内部形成矿体节理的沟流，不仅产生浸取盲区，而且使大量浸出液渗漏，严重影响稀土的浸出和浸出液的高效回收。

（3）原地浸取过程，矿体内部的黏土矿物吸水膨胀，当黏结力小于剪切力时，矿体容易滑坡形成次生地质灾害，不仅毁坏山谷的农田，还容易造成采矿安全事故。

（4）采用铵盐浸矿剂，采矿期和闭矿后的浸矿场地含有大量的铵盐浸矿剂，长期污染浸矿场地区域的地下或地表水系，使得浸矿区域水系氨氮严重超标，造成水体富营养化，影响矿区人民的生产和生活用水，甚至影响身体健康。

（5）从浸出液中回收稀土，萃取法与沉淀法相比可减少流程，值得推广，但必须有效解决萃取过程乳化和大通量大相比的萃取工艺和设备的问题，萃取设备的稳定性和造价成本仍制约着它在小型稀土矿山的推广应用。

3.5.3 目标——稀土智慧绿色矿山基础研究与应用

3.5.3.1 矿物型稀土矿的环保技术

研究高效环保选矿药剂和高效清洁工艺技术，提高稀土回收率。研究尾矿资源综合利用新技术新工艺，提高资源综合利用率，从而减少尾矿排放。开发大型重选和浮选设备，提高分选效率，最大限度地实现节能减排。

1）高效环保药剂研究

利用计算机模拟设计、研发新的药剂分子。注重开发出新型的羟肟酸类高效选矿药剂，提高药剂的选择性。注重药剂复配、混合用药和预处理技术的研究。开发绿色环保药剂，实现稀土矿分选的清洁回收。

2）开发清洁高效选冶联合工艺

稀土共伴生矿成分复杂，矿物种类繁多，共伴生矿多，低品位矿多，要根据矿石特征，开发选冶联合工艺，在提高回收率和品位基础上，完善焙烧—盐酸浸出—碱分解—盐酸溶解的酸浸碱溶法清洁提取稀土新工艺，从源头上减少和控制污染物产生，实现清洁生产。

3）开发伴生钡氟钼矿物综合回收技术

结合回收稀土矿物的主干流程，通过选择及确定重晶石和萤石的选择性浮选药剂，研究合理的选别工艺流程，以实现两者的高效分离与回收，获得重晶石和萤石精矿；通过高效组合活化剂的研发和应用，深度活化难浮游的彩钼铅矿，实现钼矿物的综合回收；最终最大限度地提高伴生矿物的回收率，提高该稀土矿的综合回收率。

4）开发大型节能选矿设备，实现节能降耗

研究和应用先进高效节能选矿新型设备，开发大型的跳汰机，螺旋溜槽，高效破碎高压辊磨，半自磨，高效磨矿机等，实现节能降耗。

5）稀土矿选矿废水净化处理及循环利用新工艺研究

采用组合絮凝沉降技术去除废水中微细固体颗粒；采用金属离子吸附剂去除重金属离子；采用液膜分离技术去除选矿残余药剂，处理后的生产废水循环利用，达到生产废水零排放的目标。

3.5.3.2 风化型稀土矿

1）高效绿色开发技术

研究风化型稀土矿普遍推广的原地浸出工艺，进一步探索稀土在风化壳矿体中的迁移富集规律，提高浸出液回收率和稀土回收率。

开展高山深涧厚风化型稀土矿注液和收液工艺研究，筛选抑制黏土矿物膨胀的防膨剂，强化浸取过程的渗流作用，筛选浸出液除杂的高效除杂剂和优化除杂工艺，研发萃取富集回收稀土新工艺，以及浸矿场地生态和水系恢复新技术。

2）应用基础理论与技术

研发深部复杂矿体绿色高效开采理论及技术，低压区难采矿安全开采及灾变控制理论及技术，开发难处理稀土矿高效回收技术及装备、伴生资源综合利用技术。

通过 CFD 模拟以化学反应场、流体力场及颗粒场有效仿真模拟离子型稀土矿原地浸矿过程，优化原地浸矿工艺参数，最大限度回收提取稀土资源；通过 MS 分子模拟有效地模拟离子型稀土矿与浸矿剂的作用过程和机理，研发高效的离子型稀土矿提取剂，实现采选冶一体化，缩短稀土提取与分离工艺周期，获得更纯更优质的单一稀土资源，实现对稀土元素的靶向提取，需求量小的稀土元素继续存储在稀土矿床中。

3）智慧稀土矿山基础研究与应用

构建由数字化设计、智能开采、安全监测监控、地理信息、矿井通信、共享数据管理等子系统，通过云计算集中管理平台，将各子系统有机地结合在一起，研发出适用于稀土矿山智能开发的智慧矿山系统。

3.6 稀散金属清洁提取关键技术

3.6.1 现状——提取难度大、利用率低

稀散金属几乎不以独立矿物形式存在，共伴生稀散金属清洁提取研究主要以湿法冶炼为主（占 80%），在生产寄主金属流程中，稀散元素多以溶液、烟气、副产渣等形式得到初级富集，再以焙烧、浸出、萃取、中和沉淀等方式二次富集。同时，由于锗、镓、铟、硒、碲、铼及铊化学性质各不相同，其寄主矿物也不尽相同。如锗具

有亲硫、亲氧、亲铁、亲石的特性，使其广泛伴生于铜、锌、铅、砷、银、铁等矿物及含锗褐煤中，绝大部分锗从锌冶炼副产品及煤中提取；镓主要伴生于铝土矿（占90%）、铅锌矿、铁矿和煤矿中；铟主要伴生于闪锌矿、锡石、黑钨矿及角闪石等矿物中，大部分铟从锌冶炼副产物中提取；硒、碲主要伴生于黄铜矿、黄铁矿等矿物中，从铜电解精炼及阳极泥等副产物中富集提取；铼则主要伴生于辉钼矿、斑铜矿等矿物中，从钼冶炼、铜冶炼副产物中富集提取。

以铅锌矿中伴生稀散金属为例，采用焙烧—浸出—黄钾铁矾法和氧压浸出—针铁矿法两大流程，前者从黄钾铁矾渣中提取稀散元素，工艺复杂、损耗大、资源利用率低；后者从浸液中采用萃取或置换提取稀散元素。置换渣中稀散金属与硅酸盐等呈固溶体形式，常规酸解稀散金属浸出率低、浸出过程所形成的硅胶引起液固分离困难、浸出液中硅凝胶易引起萃取剂乳化，造成有机相的损失加大和分离效果的降低，金属回收率低。

3.6.2 挑战——高倍率经济富集、清洁高效提取

低品位共伴生稀散金属资源的富集与提取技术及二次稀散金属的高效回收利用技术还不成熟，需要攻克如下关键共性技术难题。

3.6.2.1 高主、高杂溶液中微量稀散元素的高效分离富集技术

稀散金属的寄主金属主要采用湿法工艺提取，稀散金属在溶液中含量极低，传统的沉淀、萃取工艺试剂消耗量大、提取成本高，亟须开发专效吸附材料。

3.6.2.2 低品位含锗褐煤中锗的高倍率经济富集技术

褐煤中锗平均含量在 150 g/t，在燃烧过程中以灰飞形式进入烟尘中，因燃烧工艺及装备不同，飞灰中锗含量在 0.40% ~ 1.20% 不等，采用传统氯化蒸馏技术存在试剂消耗量大、废酸回用难等问题。

3.6.2.3 稀散金属二次资源回收利用中的稀散金属物料的剥离溶解技术与极稀溶液中的富集技术

突破上述共性提取分离技术，将大大提升我国稀散金属资源的利用技术水平，促进这一类战略资源的开发利用，促进稀散金属资源优势转化为高新技术产业和国防建设优势。

3.6.3 目标——定向分离、高效富集、清洁提取一体化，制备高纯材料

3.6.3.1 低品位共伴生矿产资源冶炼过程稀散金属定向分离与高效富集技术

针对提取过程中稀散金属被束缚包裹难以浸出的问题，开展稀散金属浸出动力学研究，揭示分离提取反应历程，形成矿相解离机制；研究酸性体系温度场、氧位等对

稀散金属浸出率影响规律，开发废料中贱金属和稀散金属选择性协同浸出技术；开发稀散金属分步置换的定向富集工艺；建立稀散金属分离纯化技术体系，实现稀散金属的优先提取及定向迁移。

3.6.3.2　专效吸萃材料研制及其在高酸高杂低稀散金属含量体系中应用

针对伴生稀散金属及其二次资源的湿法浸出液中稀散金属含量低、体系高酸高杂特性，开发不同元素的专效吸附材料，直接经济吸萃分离溶液中低含量稀散金属，显著提高稀散元素与杂质元素的分离系数。

3.7　稀贵金属全值化利用关键技术

3.7.1　现状——品位低、难处理、综合回收率低

稀贵金属主要包括金、银和铂族金属等，其中铂族金属又包括钌、铑、钯、锇、铱、铂6种金属元素，其兼有商业、工业和金融多重属性。随着现代工业的发展和科技进步，贵金属逐渐成为战略性新兴产业不可或缺的关键性原料。

我国铂族金属属于紧缺矿产资源。目前，已查明资源储量合计仅324.13 t，不足世界总储量0.5%，主要分布在甘肃、云南、四川、黑龙江、河北、新疆等地，现已开发利用的查明资源储量约占总量的48%。我国金银也属于短缺资源，在全国范围内分布不均衡，主要在山东、河南、江西、云南和内蒙古等。

至今，我国唯一的矿产铂族金属生产基地是金川伴生铂族金属硫化铜镍矿。该矿石中铂族金属品位低，但其矿床规模及经济价值大，综合利用组分多。这类共生矿以浮选研究为主，新药剂和旋流—静态微泡浮选柱研究也取得了一定进展；近年来，尼尔森离心机应用也获得成功。云南弥渡金宝山和河北红石砬暂被列为可利用的矿区。前者是我国品位最高、规模最大的原生铂钯矿，通过系列新药剂的研发，创新开发"粗磨—混浮—粗尾矿再磨—磁选—浮选"工艺，选别指标大幅提高，已完成工业试验；后者是热液蚀变透辉岩型铂矿，特点在于矿石中基本不含硫化矿，铂钯品位低，铂高钯低，嵌布粒度极细，伴生低品位磷和铁，开发"优先浮铂钯—浮磷—磁选"新工艺，实现了铂钯、磷灰石和磁铁矿的高效综合回收。

目前，我国已建立了比较完善的黄金工业科研体系。多年来，我国黄金生产主要以易采选矿石为对象。但我国已探明储量中约1/3为难处理矿石，难处理金矿资源的开发利用是我国黄金生产的一大障碍。国内多家科研机构先后研究热压氧化、焙烧氧化及生物氧化的预处理工艺，获得了可供工程化应用的成果；但低硫化物、含砷含碳、微细粒包裹、浮选难以富集的金矿石仍然是难选冶技术亟待攻关的重点。

3.7.2　挑战——极低品位稀贵金属高效综合回收新技术、特效浮选药剂开发

3.7.2.1　极低品位铂族金属矿高效综合回收技术

原生铂矿床铂族金属品位低是影响矿石经济性开发的首要因素，亟须开展高效预先抛尾预富集技术，以降低生产成本；同时，铂钯矿物嵌布粒度极细（粒度以 $-30\ \mu m$ 为主，部分达 $2\sim4\ \mu m$），铂钯矿物种类多，独立矿物与载体矿物之间物化性质差异大，工艺特性迥异，亟须研究适宜的铂族金属矿物综合回收选别工艺流程，提高极低品位铂族金属的经济性。

3.7.2.2　独立铂钯矿物与载体矿物特效浮选药剂

原生铂矿石中铂钯矿物种类多，性质差别大，部分载体矿物易氧化，脉石矿物蛇纹石、滑石、绿泥石等极易泥化，大大增加了选矿的难度。因此，有必要研究铂族金属矿物的活化剂、捕收剂、抗氧化剂和抑制剂等。

3.7.2.3　难处理共伴生金矿资源综合利用技术

如何精准探知难处理共伴生金矿资源中金的赋存状态和矿物组成是其难处理的根源，其工艺矿物学特性主要有高砷高硫含碳类、微细粒和显微形态包裹类、金与砷及硫嵌布关系密切类等3种类型。若采用常规氰化法，金回收率低；若采用浮选法富集，金可以获得较高的回收率指标，但精矿中砷、碳、锑等有害元素含量高，使下一步提金工艺难以进行。

3.7.3　目标——铂族金属选冶高效综合回收、金银非氰提取新药剂与新工艺

3.7.3.1　高效低成本预选富集技术

原生铂矿床中矿物种类繁多、矿石结构构造及连生嵌布关系复杂，开展铂、钯、金、银、铜、镍矿物赋存状态的研究。根据矿石性质特点，研究重选、磁选或光选预先富集抛废的可能性与可行性，抛废富集工艺参数研究及优化，开发预选富集技术。

3.7.3.2　极低品位铂族金属高效全元素选冶综合回收技术

原生铂矿主矿金属（铂钯）品位低，单一选别（铂钯）金属经济效益不明显。为了使该类呆滞资源开发具有经济效益，亟须研究矿床中除铂钯以外的贵金属（金、银、铱、铑）的回收选别流程及矿床中伴生有价金属的选别流程，实现有价金属的综合回收。在选矿工艺中间环节中引入部分冶金技术，改变矿物物相，便于进一步地深度分选，将选矿的低成本和冶金的高效分离有机结合，保持低成本的前提下，以提高铂族金属矿物加工技术的分选效果。研究铂族金属矿物有效的活化剂、铂族金属载体矿物的高效捕收剂、蛇纹石、滑石和绿泥石等脉石矿物的有效抑制剂等。

3.7.3.3　难处理金银矿石选冶高效预处理技术

针对多种难处理金银矿石，在氰化提金之前进行高效预处理，将金矿中伴生的主体矿物分解，使被包裹的金解离暴露处理，同时，也将一些干扰氰化浸金的有害组分除去，并加以综合回收。通过添加某些化学物质或试剂，以抑制或消除有害组分对氰化浸金过程的干扰达到强化浸出的目的。

3.7.3.4　绿色非氰化浸出新药剂与新工艺

开展非氰药剂研制和无氰浸出提金新工艺研发，主要开展硫脲、硫代硫酸盐、多硫化合物、氯化物、溴试剂、碘试剂、Haber 药剂、生物有机溶金剂、类氰化合物、$CuCl_2$– 非水溶剂等研究，寻找新的高效或无毒的浸金溶剂，取代氰化物，彻底解决环境污染的问题，同时提高难处理金矿石的技术指标。

3.8　战略稀有金属矿物加工学科技术路线图

战略稀有金属矿产资源矿物加工学科技术路线图见图 3-1。

需求及环境	提高稀有金属资源利用效率，发挥优势强项，缓解严重短缺局面，确保矿产资源开发利用与生态环境建设协调发展，构建战略稀有金属生态提取新体系，朝着高效、节能、环保和健康安全方向发展
指导思想	战略保护性开发为前提，绿色高效综合利用为核心，示范工程和基地建设为主导
学科方向	由物理向化学延伸，由矿物分选到元素提取，选冶一体化
战略稀有金属矿物基因诊断关键技术	目标：准确表征轻稀有金属、分散元素，实现三维图像；建立矿物基因数据库，强化工艺流程预测准确性 1. 矿物自动分析仪结合同步辐射微区 X 射线衍射测试技术 2. 3DX 射线能谱仪结合 SR-CT 影像技术 3. TOF-SIMS 技术
稀有金属资源精细化分离关键技术	目标：选冶高效精细化分离新理论、新技术、新药剂 1. 稀有金属资源选冶过程新理论及新技术原型 2. 稀有金属药剂分子设计新理论 3. 钽铌锆铪钛等共伴生资源综合回收技术 4. 钒资源高效绿色提取基础理论及关键技术 5. 胶态钨回收基础理论与技术 目标：选冶体系中元素的转化及分配规律、微观行为精细调控 1. 基于元素地球化学特性的选冶体系中元素的转化及分配规律 2. 基于分子识别的稀有金属元素选冶过程中微观行为精细调控

2019 年　　　　　　　　2035 年　　　　　　　　2050 年

续图

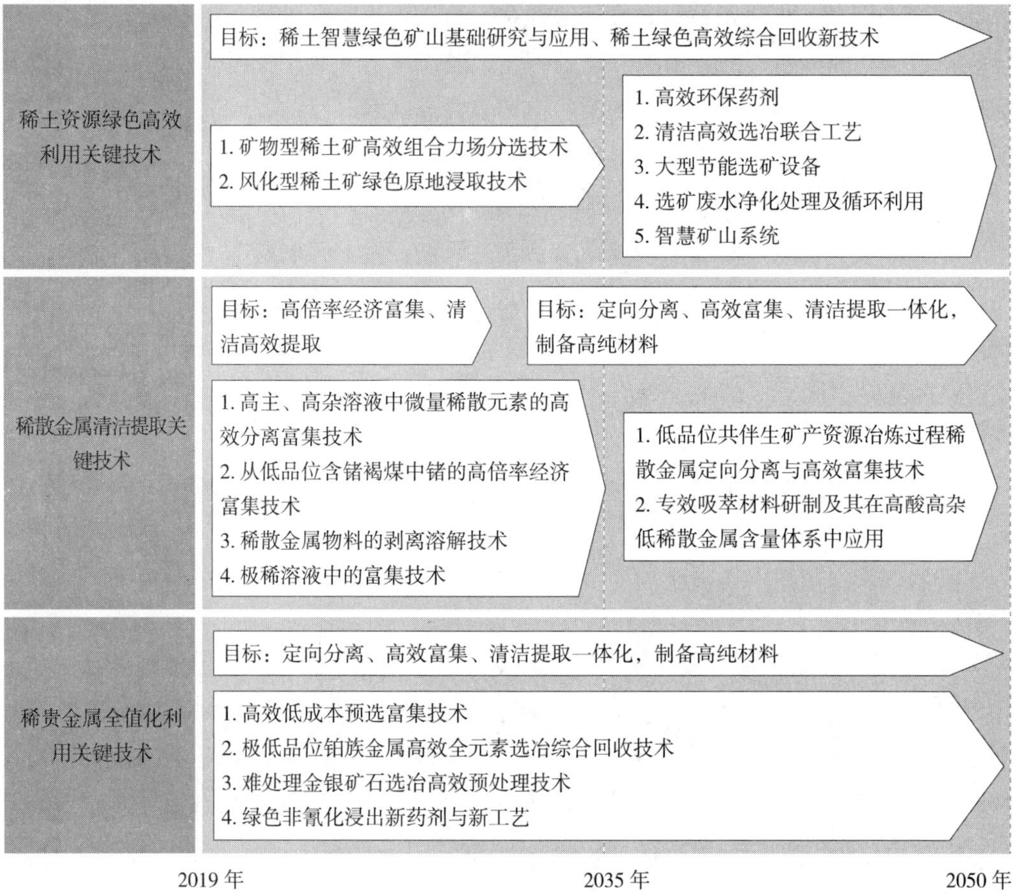

稀土资源绿色高效利用关键技术	**目标:稀土智慧绿色矿山基础研究与应用、稀土绿色高效综合回收新技术**	
	1. 矿物型稀土矿高效组合力场分选技术 2. 风化型稀土矿绿色原地浸取技术	1. 高效环保药剂 2. 清洁高效选冶联合工艺 3. 大型节能选矿设备 4. 选矿废水净化处理及循环利用 5. 智慧矿山系统
稀散金属清洁提取关键技术	**目标:高倍率经济富集、清洁高效提取**	**目标:定向分离、高效富集、清洁提取一体化,制备高纯材料**
	1. 高主、高杂溶液中微量稀散元素的高效分离富集技术 2. 从低品位含锗褐煤中锗的高倍率经济富集技术 3. 稀散金属物料的剥离溶解技术 4. 极稀溶液中的富集技术	1. 低品位共伴生矿产资源冶炼过程稀散金属定向分离与高效富集技术 2. 专效吸萃材料研制及其在高酸高杂低稀散金属含量体系中应用
稀贵金属全值化利用关键技术	**目标:定向分离、高效富集、清洁提取一体化,制备高纯材料**	
	1. 高效低成本预选富集技术 2. 极低品位铂族金属高效全元素选冶综合回收技术 3. 难处理金银矿石选冶高效预处理技术 4. 绿色非氰化浸出新药剂与新工艺	

2019 年　　　　　　　　　　　　2035 年　　　　　　　　　　　　2050 年

图 3-1　战略稀有金属矿产资源矿物加工学科技术路线图

参考文献

[1] 周世俭. 对我国稀有金属战略分析与对策建议 [J]. 中国金属通报, 2007 (38): 3-8.

[2] 张新安, 张迎新. 把"三稀"金属等高技术矿产的开发利用提高到战略高度 [J]. 国土资源情报, 2011 (6): 2-7.

[3] 张福良, 何贤杰, 杜轶伦, 等. 关于我国战略性新兴矿产几个重要问题的思考 [J]. 中国矿业, 2013 (10): 7-11.

[4] 赵旭. 国内外主要矿产资源战略储备的比较与借鉴 [J]. 山东工业技术, 2015 (9): 237.

[5] 张茉楠. 加快制定战略金属国家战略 [J]. 宏观经济管理, 2015 (9): 32-34.

[6] 周艳晶. 全球战略性新兴矿产资源形势分析 [J]. 中国矿业, 2015 (2): 1-4.

[7] 吕子虎, 卫敏, 吴东印, 等. 钽铌矿选矿技术研究现状 [J]. 矿产保护与利用, 2010 (5):

44-47.

［8］王登红，王瑞江，孙艳，等. 我国三稀（稀有稀土稀散）矿产资源调查研究成果综述［J］. 地球学报，2016，37（5）：569-580.

［9］张玲，林德松. 我国稀有金属资源现状分析［J］. 地质与勘探，2004，40（1）：26-30.

［10］王成行. 碱性岩型稀土矿的浮选理论与应用研究［D］. 昆明：昆明理工大学，2013.

［11］张一敏. 石煤提钒［M］. 北京：科学出版社，2014.

［12］王春生，王发明，王芹. 世界钒工业的发展走势分析及提取技术［J］. 科技经济市场，2013（6）：16-18.

［13］翟秀静，周亚光. 稀散金属［M］. 安徽：中国科学技术大学出版社，2009.

［14］杨卉芃，冯安生. 国外非能源矿产［M］. 北京：冶金工业出版社，2017.

［15］王瑞江，王登红，李建康，等. 稀有稀土稀散矿产资源及其开发利用.［M］. 北京：地质出版社，2015.

4 矿冶固废及城市矿产

4.1 矿冶固废及城市矿产固废概述

4.1.1 我国是世界固体废弃物排放量最大的国家，但固废资源综合利用率较低

工业固体废弃物是指在工业、交通等生产活动中产生的采矿废石、选矿尾矿、燃料废渣、化工生产及冶炼废渣等固体废物，又称工业废渣或工业垃圾。《2016 年全国环境统计年报》统计，全国一般工业固体废物产生量 32.7 亿 t，综合利用量 19.9 亿 t，贮存量 5.8 亿 t，处置量 7.3 亿 t，倾倒丢弃量 55.8 万 t，综合利用率为 60.3%；全国工业危险废物产生量 3976.1 万 t，综合利用量 2049.7 万 t，贮存量 810.3 万 t，处置量 1174.0 万 t，综合利用处置率为 79.9%。

金属矿采选、煤炭采选、金属冶炼及压延、电力 / 电热供应等所排放的固体废弃物是排放量最大的工业固废，约占我国全部工业固废排放量的 80%，尾矿、冶金渣、粉煤灰、煤矸石、化工石膏等每年的排放量约为 20 亿 t。由于我国金属矿产资源开发以低品位资源为主，尾矿量一般占原矿的 50% 以上，大部分有色金属矿山的尾矿量更占到原矿量的 90% 以上。目前我国每年新增各类尾矿达到 15 亿 t，综合利用率约为 20%，历史存量达 146 亿 t。煤炭在开采洗选与利用过程中产生大量煤系固废，主要是煤矸石及粉煤灰，目前已累计堆存约 70 亿 t。冶金渣是金属冶炼过程的副产物，可分为钢铁冶金渣和有色金属冶炼渣，其中水淬高炉矿渣、钢渣和赤泥长期位列冶金渣排放量的前三位。2018 年，我国产生的水淬高炉矿渣约 2.6 亿 t，钢渣约 1.2 亿 t，钢铁冶金渣产量已连续 8 年超过 4 亿 t；有色行业冶炼废渣产生量在 1.3 亿 t 以上，其中赤泥占比超过了 50%。

城市固体废弃物是指在生产、生活和其他活动过程中产生的丧失原有利用价值或者虽未丧失利用价值但被抛弃或者放弃的固体、半固体和置于容器中的气态物品、物质，以及法律、行政法规规定纳入废物管理的物品及物质，主要包括生活垃圾、建筑垃圾、废弃电器电子产品等，其中建筑垃圾和废弃电器电子产品是城市矿产的主要组成部分。

城市矿产是指工业化和城镇化过程中产生和蕴藏于废旧机电设备、电线电缆、通信工具、汽车、家电、电子产品、金属和塑料包装物以及废料中可循环利用的钢铁、有色金属、贵金属、塑料、橡胶等资源。随着我国城市化进程的快速发展，我国每年建筑垃圾的产量已经占城市垃圾总量的 30%～40%，2017 年我国建筑垃圾产量已经达到了 23.79 亿 t，较 2001 年的 2.97 亿 t 增长了近 7 倍之多。2017 年，我国旧建筑物拆除所产生的建筑垃圾占 58% 左右；新建筑施工产生的垃圾占建筑总垃圾量的 36% 左右；建筑装修所产生的建筑垃圾占 6% 左右。由此可知，建筑物的拆除阶段是建筑垃圾的关键控制点，是资源可持续利用研究的主要对象。据住建部公布的最新规划，到 2020 年我国将新建住宅 300 亿 m^2，由此产生的建筑垃圾至少达到 50 亿 t。从我国废弃电器电子产品的报废情况来看，2017 年废弃电器电子产品的报废数量和重量均实现大幅增长，分别达到了 5 亿台和 538.4 万 t，同比分别增长了 33% 和 32%；预计 2018 年全年电器电子产品的报废量还将保持较高增速。《中国废弃电器电子产品回收处理及综合利用行业白皮书 2017》的数据显示，手机的理论报废量最多，在 2017 年达到了 2.32 亿台，同比增长了 27.25%；吸油烟机的理论报废量增长最快，2017 年同比增加了 6.59 倍，传真机和电热水器的增长速度分别达到了 3.96 倍和 1.15 倍。

4.1.2 矿冶固体废弃物和城市固体废弃物是造成我国环境严重污染的主要污染源

在金属矿和煤炭开采过程中，黄铁矿、磁黄铁矿等金属硫化物普遍存在于开采产生的大量废矿石中，并常与重金属元素镉、铜、汞、钼、铅、锌、砷等共伴生。由于金属硫化物由地下的还原状态暴露于地表的氧化环境而处于非稳定状态，经过一系列复杂的化学反应，释放出大量的 H^+、Fe^{2+}、SO_4^{2-} 及重金属离子，这些离子经雨水淋浸，发生扩散、渗透、迁移，污染水体和土壤。在煤矿矸石山，煤矸石易发生自燃，特别是在高温季节，自燃产生大量的烟尘和硫化氢、二氧化硫、一氧化碳、二氧化碳等有害气体，严重污染了大气环境，附近的畜牧业、农业以及林业都受到不同程度的危害。矿山选矿产生尾矿颗粒细小，其中的硫化物等矿物风化速度加快，使尾矿堆渗滤液中的重金属等有害元素含量明显升高，并产生酸化，导致实质性的环境污染。另外，矿山尾矿，尤其是浮选尾矿，其中残留的选矿药剂有氯化物、氰化物、硫化物、松油、有机絮凝剂、表面活性剂等，受到阳光、雨水、空气的作用以及它们的相互作用，会产生有害气体、液体或酸性水，加剧了重金属的释放，严重污染地下水和土壤。

冶金渣，特别是有色冶金渣、钢渣等对环境污染也非常严重，部分废渣属于危险废物，其环境污染更为突出。冶炼废渣中重金属元素在长期的风化、淋洗和浸出作用下释放出来，对堆场及周边区域土壤造成潜在的污染和危害：一方面影响土壤理化性质、土壤微生物数量和群落结构，如减少微生物量、引起微生物群落中种的变化、降低微生物活性等，严重时抑制微生物的新陈代谢和生长繁殖，从而打破土壤生态系统的平衡；另一方面严重影响生长在废渣堆场附近土壤中的农作物的产量和农产品的质量，并通过食物链危害人体健康。许中坚等人研究了湖南某典型铅锌冶炼厂附近土壤中重金属（镉、汞、砷、铜、铅和锌）的复合污染特征，研究结果表明：镉污染为Ⅰ级水平，达到严重污染程度，铅和锌的污染处于中等程度，汞、砷和铜为轻度、中等污染。通过对污染频率的分析，发现镉的污染频率为95.8%；铅和锌污染频率都为91.7%；铜、汞、铬和砷的污染频率依次为87.5%、70.8%、62.5%和29.2%，镉、汞、砷、铜、铅和锌的含量存在两两之间的极显著或显著相关性。吴双桃等人调查了株洲某典型铅锌冶炼厂废渣堆放场附近土壤的污染情况，结果表明，由于大气沉降和雨水淋洗等作用，造成了该厂附近土壤遭受重金属镉、铅、锌的严重污染，尤其是镉含量是土壤背景值的208倍。冶炼废渣在陆地环境中的长期堆积和不合理处置，将直接引起周边土壤中重金属的累积，从而导致重金属在动植物体内的积累。据统计，全国每年因重金属污染而损失的粮食高达1200万t。我国约有污水灌溉区共140万hm^2，其中被重金属污染的土地面积约占污水灌溉区的64.8%，其严重污染面积占8.4%，中度污染面积占9.7%，中轻度污染面积占46.7%。

4.1.3　固废资源化已经成为缓解我国资源短缺矛盾的重要手段

2010年，我国回收利用1.49亿t废旧金属、废塑料、废旧电子电器等八类社会消费品废物，与直接利用原生矿产资源相比，相当于节能1.79亿t标准煤（占当年全国能源消耗的5%以上），减排二氧化硫393.1万t（占当年全国二氧化硫排放总量的17.9%）、废水102.5亿t和固废10亿t。当前，发达国家再生金属产量占金属总消费量的50%以上，而我国仅为25%左右，且再利用产品附加值低，处于国际资源大循环产业链条的低端，迫切需要通过技术创新大幅度提升废物综合利用率与资源产出水平，支撑循环经济较大规模发展战略目标的实现。尾矿大量排放造成资源浪费问题突出，除了有用元素的充分回收之外，尤其是尾矿中的非金属矿物存量巨大，一方面尾矿堆积如山、尾矿中大量有用金属和非金属矿物未能有效利用，另一方面建材等行业仍在大量开采性质类似的一次资源，造成了我国建筑材料原料的短缺，严重限制了我国建筑材料行业的发展。

4.1.4　提高固废资源综合利用率是生态文明建设的重要手段

党的十八大报告明确指出：建设生态文明，是关系人民福祉、关乎民族未来的长远大计；面对资源约束趋紧、环境污染严重、生态系统退化的严峻形势，必须树立尊重自然、顺应自然、保护自然的生态文明理念，把生态文明建设放在突出地位，融入经济建设、政治建设、文化建设、社会建设各方面和全过程，努力建设美丽中国，实现中华民族永续发展；要坚持节约资源和保护环境的基本国策，坚持节约优先、保护优先、自然恢复为主的方针，着力推进绿色发展、循环发展、低碳发展，形成节约资源和保护环境的空间格局、产业结构、生产方式及生活方式，从源头上扭转生态环境恶化趋势，为人民创造良好生产生活环境，为全球生态安全作出贡献。十九大报告中指出：人与自然是生命共同体，人类必须尊重自然、顺应自然、保护自然；要形成节约资源和保护环境的空间格局、产业结构、生产方式、生活方式，还自然以宁静、和谐、美丽；要推进绿色发展，加快建立绿色生产和消费的法律制度和政策导向，建立健全绿色低碳循环发展的经济体系；要着力解决突出环境问题，坚持全民共治、源头防治；要加强固体废弃物和垃圾处置。

源头减排及减少固废堆存可以有效保护我国环境。一方面，固体废弃物处理处置技术水平的落后严重制约了我国制造业的发展，超大的固体废弃物排放量已经造成了严重的环境污染；另一方面，固体废弃物处理处置技术水平的落后严重限制了我国政府管理水平的提高，许多行业固体废弃物减量化、资源化、无害化的技术难以适应我国环境保护的总体要求，无害化填埋又面临着长期环境风险，造成政府对固体废弃物的管理无从下手。

4.1.5　矿物加工技术是提高固废资源综合利用率的重要手段

首先，矿物加工技术是实现固废中的有价资源高效回收的主要手段，尾矿、冶金渣、粉煤灰、煤矸石、化工石膏、建筑垃圾、电子废弃物等中的有价金属组分、非金属组分、有机组分的高效分离必须采用矿物加工技术；其次，矿物加工技术与材料（主要是非金属材料）制备技术的深度融合是提高固废资源综合利用率的主要手段，矿冶固废及城市矿产固废中都含有非金属和金属，其非金属资源的主要利用方向是制备非金属材料，包括建筑材料、矿物材料、复合材料等，采用矿物加工技术合理回收其中的金属与非金属组分，并协同利用其金属及非金属组分制备性能优异、市场广阔的非金属材料化，才能充分提高矿冶固废及城市矿产固废的资源综合利用率。

4.1.6　提高固废资源化水平的关键是依靠科技进步与创新

"十一五"以来，我国固废循环利用技术创新取得了较大进展，在大宗固废资源化、废旧金属再生利用、城市垃圾资源化等核心技术与装备研发方面取得了一大批具有重要影响的成果，但我国固废资源化总体技术水平仍滞后于产业发展与资源供给的需求。我国固体废弃物资源化的技术和装备落后，特别是先进技术和装备主要依赖进口，加工利用水平技术不高，精深加工能力差。普遍存在废物资源化产品附加值低、消纳量有限、再生产品市场效益低的现象；存在把高品质、高性能的优质再生资源作为加工低端、低档次产品原料使用的现象，资源循环利用产品质量不高。

固废资源化利用技术必须是矿物加工技术、安全生产技术、环境保护技术、材料制备技术、信息自动化技术、机械制造技术等的多技术融合，是矿物加工、冶金、化学、环境、地质、材料等多学科交叉领域。固废不同于一次资源，不仅具有复杂的资源属性，还具有特殊的环境特性、安全特性、市场特性。进入21世纪，我国固废资源综合利用率的提高遇到较大瓶颈，不仅和我国固废排放量不断提高有关，也和我国固废资源化技术发展难以适应我国经济发展水平有关，提高我国固废资源综合利用率的关键是依靠科技进步与创新。

4.2 矿冶固废及城市矿产固废国内外现状与市场需求

4.2.1 危险废物处理处置及资源利用技术发展现状

金氰化渣、有色冶金渣、电子废弃物（含废旧电池）等是我国排放量最大的危险废物。

工业是危险废物产生的最大来源，产生危险废物的工业行业比较多，我国2016年发布的《危险废物名录》中将危险废物分成46大类，共计479种。进入21世纪，国内外除无害化填埋外，危险废物处理处置技术发展迅速，主要包括热处理技术、化学还原技术、化学处理技术、生物处理技术、物理化学技术等，汇总见表4-1。

表 4-1　危险废物处理处置技术汇总

序号	技术名称	适用范围	类型	技术成熟度
1	高温焚烧	能进行焚烧处理的所有危险废物	热处理	商业化
2	热解工艺	有热能回收价值的危险废物	热处理	商业化
3	水泥窑协同处置	对水泥产品质量影响较小的危险废物以及有关规定不能处置的危险废物	热处理	商业化
4	PACT等离子体技术	所有固态和液体危险废物	热处理	商业化
5	PCS等离子体技术	所有种类危险废物	热处理	商业化

序号	技术名称	适用范围	类型	技术成熟度
6	PEM 等离子体技术	所有固体和液体危险废物	热处理	商业化
7	高温熔融技术	所有种类危险废物	热处理	商业化
8	熔渣工艺	所有种类危险废物	热处理	示范
9	熔融金属	气体、液体或者粉末状废物	热处理	示范
10	熔盐氧化	适用于多种难处理有机废物	热处理	示范
11	原位热脱附和热破坏	多氯联苯、二噁英和呋喃污染的土壤或底泥	热处理	商业化
12	热脱附 / 氧化	高浓度氯苯污染物	热处理	研究
13	溶解电子技术	含持久性有机污染物和其他化学品的土壤	化学还原	示范
14	碱性催化分解	持久性有机污染物；部分多氯联苯废物；变压器金属表面的多氯联苯废物	化学还原	商业化
15	钠还原	受到多氯联苯污染的变压器油，浓度上线 10 mg/kg	化学还原	商业化
16	催化氢化	低浓度液态废物	化学还原	示范
17	气相化学还原	持久性有机污染废物；水溶液体和油性液体、土壤、沉积物、变压器和电容器废油等	化学还原	商业化
18	媒介化学氧化	氯代烃、硫及磷基有机物，有机放射性废物	化学处理	示范
19	媒介化学氧化	含低浓度氯丹、二噁英及其多氯联苯的液体、固体及沉淀物	化学处理	示范
20	超临界水氧化	持久性有机污染物、液态废物、各种油类、有机溶剂等	化学处理	商业化
21	电化学增强生物降解	低浓度有机污染废物；污染的土壤、沉积物等	生物处理	商业化
22	DARAMEND 生物修复	含低浓度毒杀芬及 DDT 的土壤或沉积物	生物处理	商业化
23	厌氧 / 好氧强化堆肥	受氯丹、DDT、狄氏剂和毒杀芬污染的低浓度土壤	生物处理	商业化
24	厌氧菌生物修复	含低浓度毒杀芬的土壤或沉积物	生物处理	商业化
25	植物修复	低浓度持久性有机污染物污染土壤、沉积物及地下水	生物处理	示范
26	Sonic 技术	高 / 低浓度多氯联苯污染土壤，不适合杀虫剂	物理化学	示范

国外发达国家在危险废物污染控制方面起步较早，处理处置技术比较先进、成熟；根据危险废物污染控制的 3C 原则：避免生产（clean）、综合利用（cycle）、妥善处理（control），注重对废物的源头治理使其减量化，注重废物的循环再利用，提高综合利用率；采取无害化处理处置技术，妥善处理危险废物，强化对危险废物的污染控制。国外的处理处置主要技术途径有：①采用减量化技术，推行无废、低废清洁生产。采用无毒原料、杜绝危险废物产生；改革生产工艺减少危险废物生产量。②采用资源化技术，大力开展综合利用和废物交换。对于生产过程排放的废物推行系统内回收利用和系统外废物交换、物质转化、再加工等措施，实现其综合利用。目前，欧共体成员国、美国、日本等许多发达国家都建立了废物交换组织，推行废物交换制度。③采用无害化处理处置技术强化对危险废物的污染控制。20 世纪 80 年代初期，国外就已经采用焚烧技术处理危险废物，大量焚烧设施应运而生。目前可用于危险废物处理的焚烧炉有回转窑焚烧炉、液体喷射焚烧炉、热解焚烧炉、流态化焚烧炉等。对大部分固液型、固体危险废物，焚烧处理和水泥窑共处理是主要的两种处理处置技术。不管采用何种焚烧设施，均要考虑产生二次污染和次生污染问题。据联合国世界卫生组织的调查报告，废物焚烧是产生二噁英/呋喃等有害物质的重要来源。随着环保排放标准的提高，控制焚烧炉尾气和底灰等的污染物排放量成为技术发展的重要方向。填埋技术也是一个应用时间较长的危险废物处置技术，但安全填埋技术会带来污染地下水的风险，且一旦地下水受到污染，对其治理或恢复会十分困难。危险废物焚烧和安全填埋是当前国际上应用最为广泛的处理处置技术，但是由于焚烧及填埋过程中存在的环境问题，新的处置技术正在快速发展，如热等离子技术、热脱附技术、熔融技术、超临界水氧化技术等。

我国危险废物的处理原则是减量化、资源化和无害化。①无害化处置是国内防治危险废物的主要措施。在危险废物处理处置方面，我国起步较早，目前使用较多的处置技术是焚烧和安全填埋，目的是实现无害化。国家《"十二五"危险废物污染防治规划》明确要求各省（自治区、直辖市）制定危险废物填埋设施选址规划、保障中长期填埋设施用地，鼓励跨区域合作，集中焚烧和填埋危险废物；鼓励大型石化等产业基地配套建设危险废物集中处置设施；鼓励使用水泥回转窑等工业窑炉协同处置危险废物等。②危险废物减量与资源化是危险废物防治发展要求。减量化与资源化是处置危险废物的两大原则。目前国家层面提出选择重点行业和有条件的城市开展危险废物减量化试点工作、落实生产者责任延伸制度、开展工业产品生态设计、减少有毒有害物质使用量；在重点危险废物产生行业和企业中，推行强制性清洁生产审核，包括：在铬盐行业推广铬铁碱溶氧化制铬酸盐，气动流化塔式连续液相氧化生产铬酸钠、钾盐亚熔盐液相氧化法及无钙焙烧等清洁生产工艺；鼓励电石法聚氯乙烯行业使用耗汞量低、使用寿命长的低汞触媒以及高效汞回收生产工艺等。

　　与先进发达国家相比，我国不仅在危险废物管理方面存在很大差距，在危险废物处理处置技术方面的差距也很大，主要表现在：①我国危险废物的精细化分类及处理处置技术还很落后，先进发达国家根据危险废物的物理化学性质、处理处置的技术特点，对危险废物的分类处理处置技术更有针对性和适用性。②我国危险废物资源化利用技术较为落后，特别是缺少针对矿冶危废、电子垃圾、城市污泥、废旧电池等排放量大、资源属性明显的危险废物，我国虽然进行了大量研究，但是还没有形成可以工业化的技术体系。③我国针对危险废物处理处置的技术标准及规范不系统，难以适应国家对危险废物严格管理的要求。

4.2.2　低值大宗工业固体废弃物资源利用技术现状

4.2.2.1　尾矿

　　我国矿山尾矿和废石累计堆存量达到约 600 亿 t，其中尾矿堆存 146 亿 t，铁矿、铜矿、金矿开采产生的尾矿约占 83%，并仍以每年 15 亿 t 的排放速度增长。全国尾矿利用率约为 20%，绝大多数尾矿仍以尾矿库堆存方式储存于地表，带来严重安全隐患和环境污染，同时造成二次资源浪费。为了克服传统矿产资源开发模式所引发的环境、安全和生态危害，充分利用不可再生的矿产资源，国内外在尾矿综合利用技术方面开展了大量的研究工作，形成一系列产业化技术，部分成果已在生产实践中得到成功应用，对于提高尾矿的综合利用率发挥了重要作用。综合国内外尾矿综合利用技术，主要包括：①有价组分的分离提取技术。有用组分的分离提取是尾矿综合利用的重要手段，主要包括尾矿中有价金属元素的回收和伴生有价非金属矿物的综合回收两大类。由于尾矿已经历了采矿、破碎、磨矿、分选等高能耗、高成本的加工过程，其有价组分的分离提取加工成本将大大降低。例如，尾矿中磁性铁含量达到 2% 左右即可经济回收，而原矿中磁性铁含量达到 10% 以上才具备回收价值。因此，全面推广尾矿中有价组分的分离提取技术，对于提高资源回收率、提高企业经济效益、减少尾矿排放具有重要意义。由于尾矿中的主要矿物成分是非金属矿物，因此大力开发尾矿中伴生非金属矿物的综合回收利用技术，对于尾矿减排和提高资源利用率具有重要价值。②材料化加工利用技术。是指以尾矿为原料，通过一定的加工技术将尾矿转化为具有特定应用性能的产品而得以利用的技术。从目前国内外尾矿产业化利用情况来看，不同性质尾矿的产业化利用途径多种多样，涉及新型建材及新材料领域；按照产品附加值的不同，又可进一步划分为低端、中端、高端产业化利用等。例如：利用尾矿生产附加值较低的建筑骨料、建筑砖、水泥等普通建材产品；利用尾矿生产附加值较高、产品辐射范围较广的干混砂浆、高性能透水砖、加气混凝土砌块、轻质隔墙板、建筑陶瓷、加气混凝土保温材料、泡沫玻璃、陶瓷保温材料、新型聚合物填料、高强结构材料、微晶玻璃新材料等产品。该类技术的研发和推广，对于延伸尾矿综合利用产业链、形成新型矿业接续产业具有重要作用。③大宗整体利用技术。是指尾矿不经分离加工或者简单分离后进行大规模整体利用，以取代传统的尾矿库堆存处理技术。该类技术主要包括：尾矿充填采空区和塌陷区技术、尾矿干式排放技术、尾矿复垦技术等。利用尾矿充填采空区和塌陷区是一项能够大量消耗和利用尾矿的安全环保技术，国内栖霞山铅锌银矿、五矿郑家坡铁矿、山东莱芜矿业等，采用以尾矿充填为主的技术，成功实现了无尾排放；五矿邯邢矿业西石门铁矿、山东金岭铁矿等，采用尾矿充填塌陷区技术，既大量消耗了尾矿，又使塌陷区得到综合治理。尾矿干式排放技术是将尾矿经过浓缩、过滤等工序，首先将尾矿制备成能够采用汽车、皮带等运输的半干式尾矿，然后再进行地表堆存的方法。相对于传统的尾矿浆湿法排放技术而言，尾矿干排不需要建设尾矿坝、占地面积小、尾矿堆积体稳定性较高，能够克服传统的尾矿湿法排放存在的安全隐患。尾矿复垦造地是采用尾矿干排与荒地复垦相结合的技术方案，通过尾矿干排，逐步将塌陷区、沟壑荒地复垦为可利用的林业用地、农业用地或工业用地。自20世纪90年代以来，国内各地土地管理部门和矿区建立了许多复垦示范区，取得了较好的效果，获得大量的宝贵经验。复垦方法已经从简单工程处理发展到基塘复垦、生态工程和生物复垦等多种形式、多种途径、多种方法相结合的复垦技术体系。该类技术能够大量消耗和利用尾矿，应结合矿山实际，大力做好推广应用。

4.2.2.2 煤基固废（煤矸石和粉煤灰）

1）煤矸石

煤矸石是煤炭的一种共伴生矿物，产生于煤炭的开采和洗选加工过程。其热值一般低于 6.3 MJ/kg，含有氧化铝、二氧化硅和氧化铁等无机组分，总含量达到煤矸石总量的 60%～95%，因难以利用而成为一种工业固体废弃物。煤矸石的综合利用很早以前就得到了欧美等发达国家的重视。英国煤管局在 1970 年成立了煤矸石管理处，波兰和匈牙利联合成立了海尔得克斯矸石利用公司，专门从事煤矸石处理和利用。其中，最普遍的利用方式是煤矸石发电、生产建筑材料和工程填料。法国煤矸石年产量约 850 万 t，煤矸石的堆积总量已超过 10 亿 t，在煤矸石综合利用方面积累了很多成功的经验，从 20 世纪 70 年代起至今，共利用煤矸石约 1 亿 t，主要用于制砖、生产水泥和铺路，此外，还通过煤矸石洗选回收其中的可燃物用于发电；德国、荷兰把煤矿自用电厂和选煤厂建在一起，以利用中煤、煤泥和煤矸石发电；英国将煤矸石用于公路、筑坝和其他土建工程的填充物；德国、美国、俄罗斯、日本等国利用煤矸石代替部分黏土生产水泥，取得了节煤、降低成本等效果。此外，许多国家近年来大力发展煤矸石高值利用技术，日本、波兰、英国将含碳量较高的煤矸石用于生产轻骨料，使建筑物质量减轻 20%，法国、比利时用含碳量低的煤矸石生产陶粒。

煤矸石的传统利用途径主要为回填煤矿采空区、铺路、土壤改良、做建筑材料和发电等。煤矸石复垦和回填煤矿采空区可大量地消耗煤矸石，是目前最好的处理方式之一，用煤矸石填埋造地、绿化复垦、发展生态农业、养殖业，大部分矿区已经达到30%～40% 的植被覆盖率。利用煤矸石铺路技术也在不断完善当中，法国道路公路技术研究部和道路桥梁实验中心研究表明：煤矸石可以作为很好的建筑充填材料，这样路基就具有良好的防透水性，法国北部所有载重车道路都是使用这种材料作路基。近些年来，以煤矸石作路基材料，广泛用于城市乡村道路、轻重型汽车道路、铁路路基、人行道、公园小路和运动场地等。近年来，在土壤改良方面，以煤矸石为载体生产有机复合肥和微生物有机肥料等的技术发展很快。以煤矸石和磷矿粉为原料基质，外加添加剂等，可制成煤矸石微生物肥料，煤矸石中的有机质含量越高越好，这种肥料可广泛应用于农业、林业、种植业等。钱兆淦等利用碳含量较高的煤矸石作为主要原料制成的有机—无机复混肥料，在陕西渭南地区进行大田试验，苹果施用煤矸石肥料比施用等养分含量的掺和化肥和市售苹果专用肥增产效果明显。由于煤矸石具有一定的可塑性和烧结性，在经过均化、破碎、净化和陈化等工艺加工处理后，可用于制砖。目前，煤矸石制砖已成为煤矸石利用最为普及的一个方面。我国煤矸石砖的生产厂家超过 1000 个，每年生产煤矸石砖约 130 亿块，种类包括烧结实心砖、空心砖、多孔砖、免烧砖、内燃砖、釉面砖、高档瓷砖等。利用煤矸石制空心砖，实现了制砖不用黏土，烧砖不用燃料，其社会环境、经济效益均超过了黏土实心砖。煤矸石的燃烧发电技术发展迅速，其常用燃料热值应在 12550 kJ/kg 以上，可采用循环流化床锅炉，产生的热量既可以发电，也可以用作采暖供热。将煤矸石用于沸腾炉中燃烧发电或者供暖，这种方法不但可以节省一部分能源消耗，而且燃烧后的灰渣还可以作为生产水泥等建筑材料的原料来使用，一举两得。在我国转变经济发展方式、调整产业结构的经济转型期，煤炭产业面临调整产业结构、延伸产业链等的新局面。煤矸石的充分利用，多元开发市场，与下游产品企业对接合作，不失为一条发展之路。煤矸石其化学组成主要为二氧化硅和氧化铝等，可以作为下游精细加工业的原料，以此来提高煤矸石的附加值。其终端产品的市场分布在陶瓷、耐火材料、橡胶工业、涂料、塑料、4A 分子筛、铝硅铁合金等十多个行业。

2）粉煤灰

粉煤灰是火力发电的必然产物。随着燃煤机组的不断增加，电厂规模的不断扩大，粉煤灰排放量急剧增加，通常每消耗 4t 煤就产生 1t 粉煤灰，其排放量每年超过亿吨，对粉煤灰的综合利用已迫在眉睫。早在 20 世纪 50 年代，粉煤灰已开始在建筑工程中用作混凝土、砂浆的掺和料，在建材工业中用来生产砖、在道路工程中作路面基层材料等，尤其在水电建设大坝工程中使用最多，但总的利用量较少。20 世纪 60 年代开始，粉煤灰利用重点转向墙体材料，研制生产粉煤灰密实砌块、墙板、粉煤灰烧结陶粒和粉煤灰黏土烧结砖等。20 世纪 70 年代，国家为建材工业中利用粉煤灰投资 5.7 亿元。但由于种种原因，1980 年，我国粉煤灰的利用率仅 14%。20 世纪 80 年代，随着我国改革开放政策的深入发展，国家把资源综合利用作为经济建设中的一项重大经济技术政策。粉煤灰的处置和利用在指导思想上不断发展深化，从"以储为主"改为"储用结合，积极利用"，再进一步明确为"以用为主"，使粉煤灰综合利用得到蓬勃的发展，综合利用率已摆脱多年徘徊在 20% 的局面，1995 年综合利用率已经达到 41.7%，现在已达到 58%，主要用于工业水泥、充填工程材料、高价值组分提取、制造化肥、土壤改良、造地等。由于国家长期以来十分重视粉煤灰综合利用，而且在坚持不懈地组织推动，因此全国粉煤灰综合利用技术不断提高和创新，各种项目不下百种，几乎包括了世界各国所有的利用技术。重点开发研究的课题包括：大掺量粉煤灰制品研究开发（掺量 ≥ 50%）、长距离（2 km 以上）粉煤灰输送系统、粉煤灰的分选工艺及设备研究与应用、分选后粗灰和超细灰的代砂和高强混凝土等方面的应用开发、粉煤灰的纯灰种植（储灰场种植）及在农业上的应用研究、粉煤灰做防火、工程材料的添加剂及提取氧化铝的研究、粉煤灰综合利用技术经济评价体系的研究等。从国际上看，作为排灰大国的俄罗斯，以湿排粉煤灰为主，最近才开始增加干排灰的设施，现每年干排灰为 1000 万 t，约占 10%，年利用量为 1500 万 t，利用率为 13%，主要用来制作水泥、墙体制品、混凝土、砂浆掺和料和道路填方材料；美国是粉煤灰资源开发利用比较先进的国家，他们重视国家立法的作用；英国发展了适用于钢筋混凝土的优质商品粉煤灰"普浊兰"；波兰的煤炭资源丰富，在粉煤灰的利用中，侧重于建材产品；法国的粉煤灰综合利用起步早，特别在水泥、混凝土方面的应用技术研究有较深的基础；澳大利亚非常重视粉煤灰混凝土工业质量控制体系，有专门经营优质粉煤灰产品的公司；日本粉煤灰的有效利用率占 30%，使粉煤灰在很多方面得到了应用。粉煤灰的综合利用是一项综合性强，边缘性广的科学技术，其技术的可持续性发展，依赖于其他学科最近进展的综合。目前，欧美发达国家粉煤灰的综合利用率达到 70% 以上，个别国家超过 90%。据统计，2017 年，我国粉煤灰综合利用量约 4.35 亿 t，综合利用率约为 75%，落后于西方发达国家。未来，我国粉煤灰的发展趋势着重于建材工业、建筑工程、筑坝以及造地、造田等农业领域。

4.2.2.3 冶金渣

针对不同冶金渣，国内外已经开发出了多种综合利用的方法，除水淬高炉矿渣以外，尚未找到其他大规模资源化利用的有效途径，尤其是钢渣、赤泥实现"零排放"是世界钢铁和铝冶炼行业的难题。

我国冶金渣资源化利用水平与发达国家的差距正在逐步缩小，但在综合利用产品档次和技术装备水平等方面，仍具有一定差距，主要体现在：资源化利用途径单一、开发利用手段粗放；深加工高端高值产品缺乏，创新能力不足；工艺装备落后，二次污染问题突出。国外对钢渣利用的研究开展得比较早，发达国家钢渣利用已基本达到排用平衡。日本钢渣大部分粉碎后磁选回收废钢，尾渣几乎全部被用于水泥、道路工程、混凝土骨料和土建材料等方面；德国钢渣用于替代土木工程、道路工程、水利工程和铁路工程技术的矿质材料，以及用作农肥以及配入烧结和高炉进行再利用；瑞典通过向熔融钢渣中加入碳、硅和铝质材料对钢渣进行成分重构后，用于水泥生产。从国外钢渣应用情况看，各国钢渣的资源化利用均着重放在建筑和建材行业，水泥、混凝土、路面和建材制品行业的利用是钢渣大规模消纳的必然途径。在钢铁冶金渣制备生态化海洋工程材料领域，针对普通水泥混凝土碱度过大，不适合用于建造人工鱼礁的问题，日本率先提出了钢渣改善海洋环境的全新工艺，利用钢渣修复海域环境。JFE 钢铁公司成功开发出钢渣基人工礁，将钢渣粉碎回收部分废钢铁后，通过喷吹二氧化碳与渣中氧化钙反应形成碳酸钙块状物且带孔，将其沉入近海的海底，用于改善海洋生态环境，该法现已在日本海岸的近海推广。美国的礁球基金会（Reefball Foundation）开发的钢渣基人工鱼礁也已在世界多个国家和地区得到应用。德国对于安定性好的钢渣采用控速冷却的方法提高粒度，以满足钢渣用于水利工程建设所需的粗粒径要求。钢铁工业较为发达的国家在钢渣利用方面研究投入较多，成果显著，基本实现了钢渣"零排放"，目前越来越重视钢渣制备海洋工程材料，以进一步实现钢渣的高值化利用。

有色金属冶金渣主要产出相为钙铁硅渣（氧化钙 – 氧化铁 – 二氧化硅三元系），部分有色金属冶金渣含有铅、镉、锌等重金属，如处置不当，可能造成生态灾难。国外对于赤泥的综合利用主要是掺入制备建筑材料、陶瓷制品、路基与路面材料、复合材料填充料，以及用赤泥修筑堤坝等。但由于赤泥含铁量和含碱量较高，以及成本、工艺等多方面原因，使得赤泥综合利用难以达到工业生产的要求，真正意义上的赤泥大规模利用技术还有待进一步探索与研究。

我国钢渣利用率不足 25%，超过 70% 的钢渣处于堆存和填埋状态，存在环境污染、资源浪费等问题，是导致钢铁冶金渣总体资源化利用程度不高的主要因素。国内钢渣资源综合利用的途径主要是回收废钢、磁选铁精粉、用作熔剂等，作为钢厂内部循环利用，但利用率有限；外部循环利用主要是生产钢渣微粉，用于生产水泥、混凝土掺和料、筑路材料等。此外，在绿色胶凝材料领域，清华大学、湖南大学、武汉科技大学、中国建筑材料科学研究总院等高校和科研机构针对碱—矿渣—钢渣等废渣基地聚物体系已进行了大量研究，在钢渣基复合材料地质聚合反应机理、产物组成和结构以及地聚物实际应用等方面取得了初步成果。现有研究表明，钢渣开发利用难度很大，"十三五"虽然比"十二五"有所提升，但资源综合利用率一直不高。目前宝武、鞍钢、马钢、太钢、本钢和宁波钢厂等少数大型钢铁企业投资兴建钢渣微粉生产线和加工建材铺路基础材料，应用比例在 30% ~ 40%。钢渣难以利用的主要阻力来源于行业壁垒、产品单一和粉磨设备三个方面，钢渣微粉和钢渣水泥在建材行业用途受阻，虽然两个产品的国家标准都已出台，但没得到建材行业的认可。生产加工钢渣微粉设备亟须国产化，降低使用成本，保障钢渣加工产品的多样化。

我国有色行业冶炼废渣综合利用率在 20% 左右，而其中产生量较大的赤泥，利用率仅 4% 左右。有色冶炼废渣在综合利用的同时要兼顾重金属离子的无害化处理。与国外利用途径类似，我国当前主要的利用途径包括制备微晶玻璃、保温纤维、硫铝酸盐水泥、墙材和路基材料等，利用率较低而且缺乏相关的应用技术规范。

4.2.3　城市固体废弃物资源利用技术发展现状

4.2.3.1　废弃电器电子产品

美国比较注重清洁生产工艺的开发，立足于在生产过程中减废，通过减少废物的产生量来减少有害废物的处理量。20 世纪 90 年代以后，美国开始重视资源回收技术的开发，但总体水平还落后于欧洲和日本。目前美国只有新泽西州有一个年处理电子废弃物约 20000 t 的资源化工厂。在欧洲，从 20 世纪 80 年代初开始，德国、瑞典、挪威、瑞士等国对电子废弃物的综合利用进行了深入研究，致力于手工拆解和金属富集工艺技术的开发，取得了很好的效果并获得了可观的经济效益。世界首家电子垃圾处理工厂于 2001 年 2 月在芬兰北部的电子城奥鲁市正式建成并投入生产，名为生态电子公司。该公司采用类似矿山冶炼的生产工艺，把废旧手机、个人电脑及家用电器进行粉碎和分类处理，然后对材料充分回收利用，并建有良好的环保处理系统，每年可处理 1500 ~ 2000 t 电器电子废弃物。20 世纪 90 年代，金属富集体的机械化工艺被进一步发展并在西欧实施。其具体工艺路线为：首先进行手工拆解，然后将电子废弃物进行破碎和筛分，经过一系列的设备分选，最终获得不同的金属富集体。工厂不对它们进行金属再提炼加工，而是将其送到不同的金属冶炼公司去进行深加工。其他欧洲国家所采用的技术和工艺与此类似。日本是世界上电子技术最为先进、电子产品应用范围最广的国家之一，1991 年 10 月，日本颁布实施了《关于促进再生资源利用的法律》，强力推行资源的再生循环利用。日本电子废弃物的处理工艺，因地方及专门处理业设施的不同而有所不同；若有大型粉碎设施，则直接进行一次性粉碎处理；若是小型粉碎设施，则要先除去电机、压缩机等，经切割后再进行粉碎处理；粉碎后，经电磁筛选、风力筛选等，将铁屑、铜屑和铝屑等选出，作为再生资源回收利用，其余的进行分类回收。新加坡则建有采用机械化综合处理利用工艺的电子废弃物工厂。工业发达国家对电子废弃物进行环境管理，受到政府的重视、政策的支持、法律法规的保障。

我国电子电器废弃物的处理水平远远落后于发达国家。到目前为止，还没有建立电子废弃物的回收体系，也没有针对性强的相关法律、法规。一方面，我国是发达国家走私出口电子电器废弃物的主要受害国（有资料显示，美国、日本、韩国每年报废的电脑、手机，有相当大的一部分出口到我国，给我国的环境造成巨大破坏）；另一方面，国内生产与消费过程中产生的电子废弃物也在以惊人的速度增加。我国东南沿海，特别是广东的贵屿、清远，浙江的台州，在市场力量驱动下，自发形成了庞大的电子电器废弃物再生利用的生产网络。然而，单凭市场利益驱动，现有生产网络存在严重的环境和社会问题，包括含有害物质的电子电器废弃物走私问题、处置过程中的环境污染问题、劳动者健康保护问题、假冒伪劣电子产品生产问题等。目前，废旧印刷电路板的回收利用研究主要集中在对已实现工业化的常规方法的改进完善和对处于实验室阶段的新技术的研究开发两方面。常规方法主要有机械物理法、热处理法及湿法冶金法；新技术主要有微波法、生物冶金法和超临界流体法等。

废旧线路板的回收处理，主要着眼于其中铜、锡及稀贵金属的回收，目前国内主要有以下3种工艺技术路线：①破碎—直接湿法浸出—净化—精炼工艺，针对IC卡、CPU主板等铜、贵金属含量较高的线路板，直接采用强酸（王水）浸出其中的铜及金、银，或采用氰化物浸出其中的金、银贵金属，浸出液净化后电解精炼，得到铜与金银贵金属。该法工艺简单，实施容易，早期人们普遍采用该法进行废旧线路板小规模回收，但是，该法劳动强度大，作业环境恶劣，环境污染问题严重。目前，在发达国家已经完全淘汰，不过我国则仍然普遍使用。②破碎—物理分选—冶炼综合回收工艺，与废弃电子产品一样，先剪切破碎，使各种不同组分颗粒解离，然后采用磁选、涡流电选、风力重选等工艺分选，产出磁性铁块、铝片、铜块（含贵金属）、含贵金属碎料等物料，然后再对铜块、含贵金属碎料进行火法/湿法冶炼，回收铜及贵金属。此工艺适应性强，尤其是对含贵金属含量较低的线路板，实现了贵金属的有效富集，并可将物理分选与冶炼处理分开实施，操作方便，目前在国内广泛应用。③剪切破碎—火法熔炼工艺，电子废物拆解/分选处理过程容易造成稀贵金属的损失，而且破碎粒度越细，物理分选作业越精细，损失在富铁、富铝组分中的贵金属比例越高，富铜组分冶炼回收的贵金属量越少。因此，对于废旧线路板手机、MP3/4播放机等稀贵金属含量高的消费电子产品来说，从保障较高的"稀贵金属"回收率出发，采取简单破碎/分选后，直接加入熔池熔炼炉处理，回收其中铜及其稀贵金属，经济效益更好，正是国外发达国家废旧线路板冶炼回收贵金属的普遍做法。目前，国内多个新上电子废物冶炼项目采取此技术路线。

针对二次物料（电子废物）的性质特点，建立先进的备料取样与分析检测系统，是开展电子废物冶炼业务的前提基础。国外已开展智能拆解相关研究，我国处于起步阶段。美国威斯康星大学开发了基于超临界流体的废电路板处理技术，日本 NEC 公司、德国 URT 公司开发了废线路板多级破碎和分选技术，德国开发了废线路板高温裂解技术，浙江工业大学研发了破碎和湿法浸出技术。上述方法均没有考虑高值器件的分离与利用，在废线路板器件拆解分离方面目前有热分离、焊锡溶解和机械分离等不同的方法，其中热分离法较为成熟，但是该方法存在着废气排放的问题。国内外废旧塑料再生利用技术主要包括化学解聚、能量回收、复合化等，但多以生产低端产品为主，改性再生是目前废旧塑料回收利用的研究热点，尚缺乏高值化利用核心技术，废塑料原位修复及增容是非常重要的发展方向。

4.2.3.2　建筑垃圾

美国、日本、欧盟等发达国家和地区已基本实现建筑垃圾减量化、无害化、资源化和产业化。发达国家将建筑垃圾资源化利用作为长期国家战略，通过法律保障、政府支持及先进技术开发与应用，实现建筑垃圾的高回收回用率。美国《超级基金法》、德国《废物处理法》、美国《建筑业可持续发展战略》以及新加坡《绿色宏图 2012 废物减量行动计划》等法律法规，明确责任主体及责任与义务，基本原则为"谁产生谁负责"，强调建筑垃圾分类堆放与处理，为后续处理减轻压力。建筑垃圾资源化政府扮演重要角色，发达国家给予诸多政策支持与鼓励。总体实现特许经营，源头上对建筑垃圾产生企业征税，实现减量化，同时通过税收减免，处置费补贴等方式支持建筑垃圾资源化利用企业的生产正常运转及技术研发。产品需求端，通过政府采购、绿色产品标识等，鼓励政府及建筑企业积极使用再生产品，拓宽再生产品渠道。在建筑垃圾资源化利用监管方面，资源化利用率较高的国家，基本从排放、资源化处理及再利用方面实现全程监管。其中新加坡将建筑垃圾处置情况纳入建筑工程验收体系，倒逼建筑企业推动建筑垃圾资源化利用，具有借鉴意义。建筑垃圾资源化利用一般分为低级利用、中级利用以及高级利用，目前发达国家资源化利用集中在低级及中级利用，如美国现场分拣利用、一般性回填等低级利用占比约 50%～60%；作为再生骨料用于建筑结构、道路稳定层及制备砖及砌块等约占比 40%。美国伊利诺伊州建筑材料回收委员会的威廉·特利（William Turley）在报告指出，美国再生骨料占全部骨料总量的 5%，再生骨料中约 68% 用于道路基层和基础、6% 用于拌制新混凝土、9% 用于拌制沥青混凝土，受制于技术、投入与产出限制，还原成水泥、沥青等高级利用占比很低。德国、芬兰等国家依托其矿山机械基础，形成了成熟的建筑垃圾处理工艺及成套装备。目前，世界上最大的建筑垃圾处理厂就位于德国，该厂每小时可生产 1200 t 建筑垃圾再生材料。与德国相比，日本建筑垃圾资源化利用细化程度更高，设备所属功能也更为先进和专业。建筑垃圾的分选程度决定再生产品的附加值，除了常规振动筛分、电磁分选及风选等方式外，还包括可燃物回转式分选设备、不燃物精细分选设备、比重差分选设备等其他先进设备。日本、美国、德国、荷兰、英国等发达国家在试验的基础上已经建立相应的规范、指南以规范再生材料在建筑结构中的应用，已经有了再生材料结构应用的成功范例。

目前我国还没有建立建筑垃圾的统计制度，相关数据主要来自各省市的上报材料。由于相关数据的缺乏，导致关于我国建筑垃圾产量的观点各不相同，但就我国建筑垃圾的产量应该在 10 亿 t 数量级已达成共识。根据中国建筑垃圾资源化产业技术创新战略联盟发布的《我国建筑垃圾资源化产业发展报告（2014 年度）》，我国建筑垃圾 2014 年度产生量超过 15 亿 t，甚至达到 24 亿 t。报告称这个数字还在随着城镇化步伐加快、建设规模的加大逐年递增。我国当前有 20 多家相对专业的企业进行建筑垃圾的再利用，主要生产建筑垃圾再生砖，但产量不高，质量尚不稳定，应用工程有限。目前，全国建筑垃圾资源综合利用率仅为 5% 左右，与先进国家的差距较大。我国资源化利用存在两方面的问题：一是建筑业中的设计、施工与拆除行为仍采用传统的粗放型生产方式，直接造成大量的建筑垃圾产生；二是对产生的建筑垃圾未实施分类回收和消纳管理，建筑垃圾被随意处置或简单填埋。

4.3 矿冶危废及废旧电池毒害组分源头减量及资源化全流程控制技术

4.3.1 现状——整体技术发展水平落后，资源化利用率低

我国在矿冶危险废物及废旧电池源头减量及资源化利用方面开展了大量研究工作，取得了较快发展。如在电解铝危废方面，我国持续进行了 20 年的技术开发，目前可以整体处理及商业化的技术已经初步形成，并且取得了较好效果；但是我国整体的技术发展水平还比较落后，如铝电解危险废物中的氟、碳素、钠、锂等都没有得到高效回收及利用，资源化利用率不足 20%；每年产生的大量氰化渣、污酸中和渣、硫化渣、砷渣、铍渣、铅锌冶炼过程中废水处理污泥、有色金属冶炼粉尘、废弃电路板、废催化剂、废锂离子动力电池等，资源化利用率依然很低；造成严重污染的有色金属冶炼烟尘、冶炼渣、污酸渣，由于重金属赋存状态复杂、金属品种多、分离难度大等，资源化利用率不足 30%。

4.3.2 挑战——重点行业源头减排及不同工艺间协同消纳技术亟待突破

近年来，在国家环保政策及资源综合利用政策推动下，我国矿冶危险废物及废旧电池的资源化技术发展迅速。但是，由于我国这些行业的危险废物排放种类多，新类型危险废物不断涌现，排放形式多样，外部经济环境多样，我国该类危险废物的资源化利用水平依然保持在较低水平。跨行业的废物交换技术不仅受到行业不同的限制，也受到废物交换再利用技术的限制；专有装备技术的开发滞后制约了特种危险废物资源化利用技术的开发；危险废物环境风险评估与分类管控技术还相对滞后，危险废物全过程智能化可追溯管控技术及其平台还没有完成建设；重点行业源头减排及不同工艺间协同消纳技术亟待突破。

4.3.3 目标——提高危险废物处理处置及资源化利用率

对主要矿冶危险废物及废旧电池产生行业的生产技术及材料进行优化，开发生产过程中中间危险废物的生产系统内的回收利用技术，实现危险废物的源头减量。开发基于危险废物资源化特性与环境风险控制的危险废物资源化利用技术，重点开发冶金窑炉协同处置及利用、等离子体高温物相转化资源综合利用技术、废旧电池及其废旧动力电池等有价资源低成本高效分离利用技术，跨行业、跨工艺危险废物协同处理处置及资源综合利用技术等。开发针对危险废物资源化利用的专有装备技术，包括自动化及智能化系统等，在实现危险废物资源化的同时，最大力度地减少危险废物对环境、人类的危害，并实现清洁化生产。

到 2025 年，我国矿冶及城市矿产的危险废物处理处置及资源化利用率达到 85%，其中资源化利用率达到 60%；到 2035 年，我国矿冶及城市矿产的危险废物处理处置及资源化利用率达到 95%，其中资源化利用率达到 80%。

4.4 矿冶固废及城市矿产固废有用组分高效富集、定向分离与清洁提取技术

4.4.1 现状——固体废弃物的资源属性和经济效益日益凸显

由于早期矿物加工技术和设备落后，更由于国家"绿水青山就是金山银山"发展理念的构建和大部分地区禁止"开山劈石、采挖河沙"政策的实行，固体废弃物的资源属性和经济效益日益凸显。同时，由于许多排废企业难以找到合适的尾矿库、排土场、废渣场等，或者新建排废设施的综合成本高昂，运营成本增加，大部分排废企业

正在综合考虑固废的资源价值、排废场的建设成本和运营成本、环保成本、安全成本等，以保障和提高排废企业的综合经济效益和环境效益、社会效益。

矿物加工技术是实现固体废弃物有价组分高效富集、定向分离的主要手段。尾矿中石榴子石的回收主要采用重选—磁选联合流程，长石、石英的回收逐步发展为无氟浮选—磁选联合流程，萤石的回收主要采用浮选流程，白钨的回收采用浮选流程；粉煤灰中碳的回收采用浮选、静电分离工艺技术；建筑垃圾采用筛分、磁选等工艺技术回收其中的金属铁、建筑砂、建筑石子等；钢渣、水淬高炉矿渣采用磁选工艺回收其中的金属铁；赤泥中铁的回收主要采用磁选、还原焙烧—磁选工艺技术等。

矿物加工技术是实现固体废弃物有价组分清洁提取的主要手段。化学选矿及生物选矿技术用于尾矿中金、铜等的清洁提取；粉煤灰中氧化铝的清洁提取主要采用碱法烧结和酸浸法，钼、锗、钒、钪、钛、锌、稀土主要采用酸浸法、萃取法等；杂质含量低而氧化铝含量高的煤矸石可用于制备硫酸铝、结晶氯化铝、4A 分子筛、氢氧化铝、白炭黑、炭黑等。

目前现有的废线路板资源化处理方式主要有两种：一是以回收资源为目的的材料完全再生的回收方式，该方法主要回收其中的金属与非金属资源；二是结合拆解元器件的回收方式，这种方法不仅要求回收其中的金属和非金属资源，而且回收其中的可用电子元器件。前者的主要优点是机械化程度高、效率高，可节约劳动力成本，但是其设备投资大，后期处理困难，资源化程度相对较低；而后者工艺复杂。目前，我国对于拆解元器件的回收方式还处于可行性研究阶段，其发展受技术和经济两方面因素的制约。技术上阻碍 PCB 自动拆解的主要障碍是印刷电路板尺寸型号繁多，相同类型的产品数量少，所以自动化拆解困难，同时废弃电路板的收集管理也是阻碍拆解的因素之一。目前废弃电路板资源化技术主要分为四大类：机械物理法、化学溶解法、生物浸出法和焚烧热解法。国内对废弃印刷电路板的处理方法主要是机械物理法，处理方式大致分为两种：一种是将元器件连同废弃 PCB 基板一同破碎，最后分选出有价值的金属，这种方式虽然可以从回收的有价金属中获得一定的经济效益，但是与回收完整元器件所换回的经济效益相比是相差甚远的；另一种是采用人工拆解的处理方式回收废弃 PCB 上的元器件，此方式虽然保持了元器件的完整性，使其可再次利用，但是拆解效率低，而且容易对人体造成伤害。

4.4.2 挑战——固体废弃物种类多样、组分复杂

由于固体废弃物种类多样、组分复杂、物化特性波动幅度大，国家资源开发结构的限制等，我国固体废弃物的富集、分离及清洁提取存在生产规模小、二次污染严重、资源回收率低、经济效益差等严重问题。目前国家政策及整个环境非常有利用资

源综合利用技术的发展，亟须建设以"减量化、资源化、无害化"为核心原则，围绕源头减量—智能分类—高效转化—清洁利用—精深加工—精准管控的技术链；根据国家建设"无废城市"及"大宗固体废弃物综合利用基地、工业资源综合利用基地"的需要，开发适合我国城市特点的固体废弃物资源综合利用技术，开发建设我国"无废社会"或者"无废工业"的技术路线及精准管理技术，有机固废、无机固废、危险废物等多源固废的资源综合回收及清洁提取技术等。

4.4.3　目标——提升我国矿冶固废、城市建筑固废中有价组分提取率

针对矿冶固废、城市建筑固废等，研究多产业固废的资源环境属性和生态环境影响效应，开发不同种类固废有价金属及非金属、有机资源的高效富集、定向分离与清洁提取技术；开发新型固废，如废旧电器、废旧电子产品、废旧电池、废旧服务器等的智能分类—高效转化—清洁利用—精深加工—精准管控的技术链；开发基于"无废城市"理念的城市多源固废综合管理系统、资源回收与废旧资源协同再利用技术，污染风险控制技术；建设城市固废资源循环经济产业园，开发多源城市固废的协同利用、协同处置技术，重点开发城市固废中金属、塑料的回收技术，水泥窑、冶金窑、厌氧处置等协同处置与资源综合利用技术；开发城市群、经济发展区域、"一带一路"重点产业群、特色产业区域固废资源回收及综合利用技术，污染综合控制技术等。

2025 年，我国矿冶固废、城市建筑固废中有价组分提取率将达到 70%，2035 年将达到 90%。

4.5　矿冶固废及城市矿产固废材料化加工关键技术

4.5.1　现状——技术尚未成熟，资源综合利用率较低

固体废弃物的材料化加工是其资源综合利用的主要途径。尾矿、冶金渣、化工副产石膏、煤基固废、建筑垃圾等主要用于制备建筑材料，如水泥、建筑陶瓷、建筑砖、建筑砂、混凝土砌块、无机保温材料、混凝土集料、混凝土骨料、路基工程材料等。建筑材料也是消纳固废的最主要领域，水淬高炉矿渣、粉煤灰是重要的水泥及混凝土原料，不但可以降低水泥及混凝土的生产成本，也可以改善水泥及混凝土的性能；利用建筑垃圾中的砂石和混凝土等生产建筑砖、混凝土砌块、水泥等的研究已经较为成熟，尾矿制备水泥熟料及作为水泥混合材的研究已经较为深入；尾矿经过分级处理后作为建筑砂技术已经在国内许多地方工业应用；利用尾矿中溶剂矿物含量高、粒度细、部分金属矿物具有助溶作用的特点，生产建筑陶瓷已经开始工业应用。需要说

明的是，近年来国内外开展了大量赤泥、尾矿、粉煤灰、煤矸石等作为路基材料的研究，并取得了较好的技术成果，有望大大提高相关固废的资源综合利用率。冶金渣原位性能调控制备水泥熟料、建筑陶瓷技术尚未成熟，冶金渣性能调控制备海洋工程建筑材料技术还需要深入研究。

建筑垃圾的材料化应用包括两个方面：①建筑垃圾资源化再生，包括建筑垃圾的分类与再生骨料处理等。②建筑垃圾资源化利用，包括制备再生混凝土及其制品、施工、再生无机料制备道路材料等。据 2015 年的不完全统计数据，我国的建筑垃圾普遍采取堆放和掩埋的方式处理，其综合利用率不足 5%，远远低于欧盟（90%）、日本（97%）和韩国（97%）等发达国家和地区。

国内外对电子电器废弃物的材料化应用主要是通过回收其中的塑料及塑料再利用来实现的，其塑料的材料化处理方法主要包括：①物理回收法。采用机械破碎的方法造成废旧线路板中各种材料的解离，然后通过静电、磁力、重力等分选方式将金属材料和塑料等材料分开，再将塑料作为复合材料的填料，用于制备复合材料。物理回收法因具有分选效果好、高效、成本低、易操作、环境友好、不产生二次污染等优势，开发应用前景广阔。②热解回收法。将废旧线路板在隔绝空气或者在少量氧气的条件下加热，使废旧线路板中塑料的化学键断裂，分解成有机小分子，回收得到热解气和热解油的方法。它是回收利用高分子复合材料的常用方法。这种方法可以减少废弃物的数量，所有的热解产物都能以多种形式得到利用；将废旧线路板中塑料的网状交联高分子基体分解或水解成低分子量的线性有机化合物，再将回收的有机化合物作为原料使用或重新合成新的树脂复合材料。目前废旧线路板中塑料的回收主要采用物理回收法，热解回收法的应用较少，溶液回收法还停留在实验研究阶段。

4.5.2 挑战——排放量巨大，材料化处理成本较高

固体废弃物的成分复杂、毒害组分含量高、物理化学性质差异较大，特别是其资源价值较低，材料化处理成本较高，排放量巨大，要提高我国固体废弃物的材料化利用率还面临诸多挑战。

大部分固体废弃物的环境属性，特别是各种固废危害组分迁移规模、毒害组分阻断机理、环境危害机理的研究不深入，还没有建设全生命周期环境风险评估体系，生态产品、绿色制造产品的技术体系与标准体系，缺少基于固废环境污染特性及污染防治技术的大数据库及基于"互联网+"的智能管控体系。

部分固体废弃物的资源属性不明确，特别是针对尾矿、钢渣、化工副产石膏、赤泥、粉煤灰、建筑垃圾等最难处理的几种大宗固废，技术开发的深度、广度不够，没有深入发掘难利用固废的资源属性，造成这些固废的材料化率长期处于较低水平。大

宗固废的建材化利用即存在行业壁垒问题，更为重要的是大宗固废的大规模建材化应用技术、固废的环境危害的防治技术还不成熟，生态建筑材料产品的质量标准体系还没有形成。基于材料化应用的固废资源属性评价研究还处于起始阶段，在复杂组分及结构下，固废中金属、非金属资源的全组分利用、高附加值利用的基础研究及产业化技术还不够深入，其资源的经济性评价受到市场、技术、环境、安全等方面的制约，形成固废的资源属性数据库有极大难度。

部分产废企业处于经济欠发达地区或者产废集中区，目前技术及发展情况下，固废的材料化应用难度更大，资源综合利用率更低。如我国中西部地区粉煤灰、煤矸石、尾矿的排放量巨大，建材化利用的市场小，清洁利用、高效转化、精深加工的难度更大。

部分固废材料化再利用的产品质量受到现有产品质量的制约，市场接受度不高，国家亟须制订绿色制造产品的质量标准，完善我国绿色制造的评价体系，强制推行部分产品的绿色制造许可制度，引导我国工业制造绿色发展，给予资源综合利用企业一定的政策支持。如利用尾矿生产的建筑陶瓷，通常由于坯体颜色较深，市场推广难度较大、价格较低；再生塑料制品通常因为产品性能较差、颜色不美观等受到市场排挤；建筑垃圾生产的建筑骨料质量往往低于天然一次骨料，从而在混凝土中利用率不高。

亟须开发固废材料化再利用产品性能提升技术，以扩大市场。如开发粉煤灰脱碳技术、脱碳粉煤灰筑路技术；再生塑料多枝化原位扩链技术、枝接技术、表面修复技术等，以始源性地全面提升废旧塑料的综合性能等。

亟须建设基于多元测评手段的固废资源化技术多维绩效评估方法和指标体系，建立覆盖不同技术类型的动态多维数据库，研究提出鼓励发展技术清单；开发适用不同工业固废和利用路线的快速测评技术及小型化模块设备，建立标准化测评平台；开发典型再生资源回收利用技术综合验证平台，研究工业化应用绩效模拟方法及技术路线优化策略；建立技术—政策协同推广评估模型，提出商业模式构建途径；开展固废资源化测评技术集成应用。

4.5.3　目标——提高我国矿冶及城市矿产的固体废弃物材料化再利用率

系统研究固废材料化过程中的基础科学问题，建设固废材料化再利用的环境污染控制体系。研究无机固废物相互转化的动力学与热力学基础，材料化过程中表面化学性质变化规律及材料结构重构规律；固废材料化过程中的有害组分的迁移转化规律。

在固废材料化再利用技术开发基础上，构建固体废弃物的资源属性数据库。重点开发无机多源固废跨行业大规模消纳的建材化利用技术；结合国家中长期发展规划，开发京津冀协同发展区、大湾区、沿长江经济带、沿渤海经济带、高寒高海拔生态脆弱区等区域内多源固废的协同利用技术；彻底解决有色、钢铁、化工等重污染固废的源头减排及固废全组分利用技术，构建重污染固废的生态产业链；基本完成固废资源属性数据库，构建固废资源化精准管理体系。

根据不同区域固废材料化利用特点，重点开发粉煤灰、煤矸石、尾矿、赤泥的材料化利用技术；重点开发固废材料化再利用的产品性能提升技术，如尾矿制备装配式建筑预制构件、尾矿制备高性能建筑陶瓷、冶金渣/尾矿等制备复合材料等；建设基于多元测评手段的固废资源化技术多维绩效评估方法和指标体系。

到 2025 年，我国矿冶及城市矿产的固体废弃物材料化再利用率达到 60%，2035 年达到 80%。

4.6　固体废弃物全过程精准管理与决策支撑技术

4.6.1　现状——固废管理不精准、决策不科学

中国现阶段还处于工业化和城镇化发展的上升期，在今后一段时间内，危险废物及一般固体废弃物的排放量还将维持较长时间的增加趋势。目前，我国各级政府对固体废弃物资源综合利用的监督基本到位，但是也存在危险废物处置处理及资源综合利用的精准管理不到位，甚至对有些危险废物管理缺失的现象，也存在对有些一般固废的资源综合环境危害监督不到位，有些固废资源综合利用企业二次污染严重等问题。这些问题直接导致了我国的固废管理得不精准、决策不够科学。

造成以上问题的主要原因是我国还没有完全掌握危险废物和一般固废的环境属性与资源属性，缺乏对固体废弃物的全流程管理的规章制度，没有将危险废物的产品质量和工艺技术流程等列入政府强制性质量技术监督检测体系，产品标准、技术标准不够完善，绿色产品的质量认证及环境认证体系不健全，政府的数据平台建设不完善，国家法律法规不完善和执行不彻底，违法成本低。

据研究估算，当前我国危险废物产生量约为 1 亿 t/ 年，而每年危险废物经营单位实际的利用处置量仅为 1500 万 t 左右，危险废物利用处置量仅占产生量的 15%，其余 85% 的危险废物去向未知。危险废物的透明处置基本流于形式，缺乏社会监督，也是造成危险废物处理率低的主要原因。

4.6.2　挑战——开发涵盖全部固体废弃物系统管理体系和工程

进入 21 世纪，由于我国一般固体废弃物及危险废物排放量长期保持巨大排放量等原因，我国固体废弃物资源综合利用事业的发展遇到较大瓶颈，同时由于我国新的发展战略，如"绿水青山就是金山银山""一带一路""无废城市""城镇化""美丽中国""美丽乡村"等的引导，我国资源综合利用将进入快速发展期。新形势下，我国

亟须系统地开发涵盖全部固体废弃物资源综合利用的技术标准、技术规范、环境标准、环境规范、管理规范、数据共享与管理体系、法律法规等；亟须在以上基础上，建立各级政府针对危险废物的系统监督管理与决策体系，各级政府针对一般固废的管理与决策体系，政府考核体系等。

4.6.3 目标——建立我国矿冶固废固体废弃物全过程精准管理与决策支撑体系

针对我国矿冶及废旧电池的特点，在全生命周期评价的基础上，分类别、分行业、分技术地建立危险废物资源化利用的技术标准、技术规范和产品标准。

健全矿冶固废资源化回收及材料化再利用的产品质量标准体系和质量监督体系、质量认证与环境认证体系，如科学修订水泥质量标准、混凝土质量标准、《建筑垃圾处理技术规范》、建筑陶瓷质量标准等；建设生态产品的管理规范和标准，强制性生产及应用生态产品的法律法规等。构建矿冶固废资源化回收及材料化再利用的全生命周期环境风险评估体系，绿色制造产品的技术体系与标准体系、基于固废环境污染特性及污染防治技术的数据库及基于"互联网 +"的智能管控体系。

到 2025 年，初步建立我国矿冶固体废物资源属性及环境属性的数据库，初步建立我国矿冶固体废弃物全过程精准管理与决策支撑体系；到 2035 年，基本建立我国矿冶固体废物资源属性及环境属性的数据库，基本建立我国矿冶固废固体废弃物全过程精准管理与决策支撑体系。

4.7 矿冶固废及城市矿产技术发展路线图

矿冶固废及城市矿产技术发展路线图见图 4-1。

需求及环境	我国矿冶固体废弃物排放量大、综合利用率较低，资源大量浪费，造成的环境污染严重，制约了我国生态文明建设的发展进程。矿物加工技术是实现固废资源化的重要手段，快速提高固废资源化的技术水平是我国当前乃至今后较长时间的重要课题	
矿冶危废及废旧电池毒害组分源头减量及全流程控制技术	目标：形成矿冶危废及废旧电池资源化利用的基础理论体系和数据库	目标：全面建设形成我国危险废物处理处置及资源化的技术体系
	系统研究矿冶危废及废旧电池资源化利用的基础科学问题	
	开发矿冶固废及废旧电池快速检测快速识别技术、源头减排及污染控制技术	
	开发难处理矿冶危废及废旧电池的区域内综合治理技术	
	开发难处理矿冶危废及废旧电池的全流程无害化、资源化利用技术	

2019 年   2035 年   2050 年

续图

矿冶固废及城市矿产固废有用组分高效富集、定向分离与清洁提取技术	目标：建设涵盖 90% 矿冶固废及城市矿产固废的有价组分高效富集、定向分离与清洁提取的技术体系	目标：建设涵盖主要经济带、产废区域、环境脆弱区的矿冶固废及城市矿产固废资源协同利用产业区
	研究主要矿冶固废及城市矿产固废的资源环境属性和生态环境影响效应	
	开发大宗固废中有价金属及非金属、有机资源的高效富集、定向分离技术，稀贵金属、高附加值组分的清洁提取技术	
	开发基于"无废城市"理念的城市多元固废资源回收与废旧资源协同再利用技术	
	开发城市群、经济发展区域、"一带一路"重点产业群、特色产业区域固废资源回收及综合利用技术	

矿冶固废及城市矿产固废材料化加工关键技术	目标：建设涵盖 90% 矿冶固废及城市矿产固废的固废材料化利用技术体系	目标：全面建成"无废城市"
	研究固废材料化过程中的基础科学问题	
	重点开发粉煤灰、煤矸石、尾矿、赤泥、冶金渣、副产石膏的材料化利用技术及产品性能提升技术	
	丰富矿固废材料化过程中的基础科学问题；彻底解决有色、钢铁、煤及煤化工等重污染固废的源头减排及固废全组分利用技术，构建重污染固废的生态产业链	
	结合国家中长期发展规划，开发京津冀协同发展区、大湾区、沿长江经济带、沿渤海经济带、高寒高海拔生态脆弱区等区域内多元固废的协同利用技术	

矿冶固体废弃物全过程精准管理与科学决策支撑技术	目标：建设我国矿冶固体废物资源属性及环境属性的数据库	目标：构建我国基于"互联网+"的矿冶固体废弃物全过程精准管理与科学决策支撑体系
	初步建立我国矿冶固体废物资源属性及环境属性的数据库	
	重点开发粉煤灰、煤矸石、尾矿、赤泥、冶金渣、副产石膏的材料化利用技术及产品性能提升技术；制订涵盖 50% 矿冶固废的资源综合利用技术标准、产品标准	
	基本建成我国矿冶固体废物资源属性及环境属性的数据库；制订涵盖 70% 矿冶固废资源综合利用技术标准、产品标准	
	建成覆盖我国全部矿冶固体废弃物资源属性及环境属性的数据库；制订涵盖 90% 矿冶固废资源综合利用技术标准、产品标准、生态产品设计／制造／认证体系	

2019 年	2035 年	2050 年

图 4-1 矿冶固废及城市矿产技术发展路线图

参考资料

［1］中华人民共和国生态环境部. 2016 年中国生态环境统计年报［R/OL］. https://www.mee.gov.cn/hjzl/sthjzk/sthjtjnb/202108/W020210827612079506430.pdf.

［2］中华人民共和国环境保护部. 中国环境统计年报 2009［M］. 北京：中国环境科学出版社，2010.

［3］国家发展改革委. 中国资源综合利用年度报告［R/OL］. https://www.ndrc.gov.cn/fzggw/jgsj/hzs/sjdt/201410/t20141015_1130457.html?code=&state=123.

［4］中华人民共和国环境保护部. 2018 年全国大、中城市固体废物污染环境防治年报［R/OL］. https://www.mee.gov.cn/hjzl/sthjzk/gtfwwrfz/201901/P020190102329655586300.pdf.

［5］中国家用电器研究院电器循环技术研究所. 中国废弃电器电子产品回收处理及综合利用行业白皮书 2017［R/OL］. https://www.sohu.com/a/231697994_100174501.

［6］李明立，原振雷，朱嘉伟. 矿山固体废物对环境的影响及综合利用探讨［J］. 矿产保护与利用，2005（4）：39.

［7］许中坚，吴灿辉，刘芬，等. 典型铅锌冶炼厂周边土壤重金属复合污染特征研究［J］. 湖南科技大学学报，2007，22（1）：111-114.

［8］吴双桃，吴晓芙，胡日利，等. 铅锌冶炼厂土壤污染及重金属富集植物的研究［J］. 生态环境，2004，13（2）：156-157，160.

［9］邓新辉. 铅锌冶炼废渣堆场土壤产黄青霉菌 F1 浸出修复研究［D］. 长沙：中南大学，2013.

［10］鲁宁. 硫铁矿冶炼废渣的 Pb 和 Cd 释放迁移规律［D］. 重庆：重庆大学，2016.

［11］罗锡文. 对加速我国农业机械化发展的思考［J］. 农业工程，2011，1（4）：1-8，56.

［12］刘刊，王波，权俊娇，等. 土壤重金属污染修复研究进展［J］. 北方园艺，2012（22）：189-194.

［13］蒋克彬等. 危险废物的管理与处理处置技术［M］. 北京：中国石化出版社，2016.

5 煤的清洁生产与利用

5.1 煤的清洁生产与利用概述

5.1.1 煤炭作为我国的主体能源，为国民经济和社会发展作出了巨大贡献

我国富煤、贫油、少气的能源特点，决定了在今后相当长的时间内，煤炭作为我国的主要一次能源的格局不会改变。《2050年世界与中国能源展望》中指出：中国一次能源消费总量在2030—2035年达到峰值。《中国可持续能源发展战略》报告数据表明，到2050年煤炭所占能源比例不会低于50%，煤炭仍然是我国长期依赖的基础能源，是我国能源安全供应及经济社会发展的重要保障。

经过几十年的原始创新、集成创新和引进消化、再创新，我国煤炭分选加工技术飞速进步，有力支撑了煤炭工业的发展。"十二五"期间，通过加快煤炭洗选关键性技术的研发，我国原煤洗选加工发展成效显著，产业规模和技术装备水平进入世界先进行列，煤炭分选加工技术总体上达到国际先进，局部技术达到国际领先水平，但在部分大型、特大型选煤装备研制方面还落后于国际先进水平。由于煤炭加工方式粗放、能效低、污染重、二次资源综合利用率低等问题仍未得到根本解决，未来我国煤炭工业的发展将进一步受到资源和环境的严重制约。《2019年国务院政府工作报告》强调：推进煤炭清洁化利用。《国家中长期科学和技术发展规划纲要（2006—2020）》明确提出：要大力发展煤炭清洁、高效、安全开发和利用技术，并力争达到国际先进水平。因此，加强创新煤炭分选加工技术，逐步提高煤炭资源利用水平；持续开发应用新技术新产品，全面提升煤炭产品的质量；实现煤炭的清洁高效利用与节能减排，保证我国经济发展新常态下煤炭工业的可持续发展，是未来我国煤炭分选加工技术发展的主要任务。

5.1.2 低品质煤与稀缺煤炭二次资源作为煤炭开发主体对矿物加工学科发展提出更高要求

煤炭领域矿物加工学科的发展是煤炭资源清洁高效利用的基础和重要保障。我国

优质煤炭资源日益减少，原煤灰分高，中高硫煤比例大，煤炭资源日趋贫化，低品质煤炭资源和煤炭二次资源正成为煤炭开发的主体，对煤炭领域矿物加工学科的发展提出了更高的要求。尤其涉及煤炭清洁高效利用的方面，尚面临诸多亟待解决的关键科学问题与共性技术难题。煤炭领域矿物加工学科面临的研究对象愈发复杂，分选加工难度加大，学科的内涵与外延不断变化，在优质煤炭资源匮乏和环境承载力逼近上限的双重压力下，我国煤炭领域矿物加工学科发展面临的机遇与挑战并存。目前，我国煤炭开发利用方式粗放，长期以来以燃用原煤为主的煤炭利用方式造成了严重的环境问题。根据我国以煤为主的能源资源禀赋条件，从保障国家能源安全的战略高度，清洁高效利用煤炭，是贯彻落实习近平总书记关于积极推动我国能源生产和消费革命切实可行的重要举措，对建设资源节约型和环境友好型社会将发挥重要的作用。

5.1.3 在煤炭去产能的大环境下，亟须构建环境友好、资源节约的煤炭清洁加工与利用模式

煤炭分选加工是洁净煤技术的源头和基础，利用机械加工方法或物理化学处理方法。去除原煤中有害杂质，改善煤炭产品的质量，回收煤系共伴生矿物，为不同用户提供质量合格的产品，实现煤炭清洁高效利用的重要手段。通过洗选加工，可排除占原煤 16%~20% 的矸石，脱除 60%~80% 无机硫；每入选 1 亿 t 原煤可节省运力 100 亿 t·km，减少二氧化硫排放量 100 万~150 万 t；燃用经分选加工后质量合格的煤炭产品，可节省燃料消耗 10%~15%。炼焦煤灰分每降低 1%，焦炭灰分可降低 1.33%，生铁产量可提高 3%；焦炭硫份降低 0.1%，生铁产量可提高 2%。选煤的副产品、伴生矿物产品和矸石，可作为综合利用和发展循环经济的原料。煤炭洗选提高了社会效益和环境效益，同步提高煤炭企业的经济效益。"十三五"发展目标指出，到 2020 年年底，我国原煤入选比例达到 80% 以上，入选总量达到 32 亿 t，入选能力达到 34 亿 t 以上，煤矸石综合利用率 75% 左右。随着我国优质煤炭资源的减少，低品质煤高效提质和稀缺煤炭二次资源开发成为我国煤炭分选加工研究的重点。"十二五"期间，以国家"973"计划项目"低品质煤大规模提质利用的基础研究"、国家科技支撑计划项目"煤炭高效分选及二次资源开发关键技术研究与示范"和国家自然科学基金创新研究群体项目"煤炭资源高效洁净加工理论与应用研究"为代表，凸显了国家对煤炭分选加工科技领域的支持。"十三五"期间，则重点围绕绿色选煤的发展理念，开展煤岩富集与矿物组分调控、煤炭高效分选、智能化选煤、煤炭干法分选、二次煤炭分选、矿区水循环利用、矿物固废零排放等方面开展研究工作，通过关键技术的研发，构建环境友好、资源节约的煤炭清洁加工与利用模式。

煤炭分选技术以设备发展为主线，形成了大规模发展的显著特色，在重介、脱

水、干法分选与微细粒分选技术与装备方面形成特色并引领矿物加工发展，也形成了基于"方法与过程动力学"的化工型矿物加工学科体系。目前，低品质煤炭开发已提上日程，给选煤技术发展带来了巨大的挑战与机遇。资源开发是技术开发的必然性发展，同时也展现广阔的发展空间。煤炭分选已从单纯分离分选提供高质量产品，发展到低品质与伴生资源的综合利用，选煤理念与内涵发生了变化。绿色选煤不仅是一个理念，也将发展成新的技术体系，它代表了选煤技术的未来发展。

5.2　我国煤炭分选技术发展现状

与国外发达国家相比，我国煤炭分选加工技术的发展总体概况为工艺领先、工程主导、装备跟进。经过几十年发展，我国煤炭分选加工技术取得了很大的进步，部分洗选装备已处于国际领先地位。各个国家的能源结构和煤炭资源禀赋特性不同，因此煤炭分选加工领域研究的侧重点有所差异。目前，我国大部分煤炭洗选技术已接近国际先进水平，但洗选比例低于发达国家。在低品质煤大规模提质方面，技术与工程领先；在煤炭废弃资源综合利用方面，紧跟国外，部分技术赶超国外。随着全球经济建设发展速度的减缓，加之环境污染控制面临的巨大挑战，煤炭清洁转化与高效利用必将长期是国内外煤炭工业的优先发展主题。近年来，世界主要产煤国原煤入选率平均在80%以上。美国原煤入选比例高达90%以上；德国、加拿大的原煤入选比例已达到95%；英国煤炭资源已近枯竭，但原煤入选比例高达100%，并且对一些进口商品煤进行再次洗选加工。根据块煤和沫煤的煤质、分选密度不同，选煤工艺采用分粒级分选的方式。国外仍以比较典型的选煤工艺为主导，比如块煤重介浅槽、粒煤重介旋流器、粗煤泥螺旋分选、煤泥浮选等分选工艺。部分新型的设备和相应工艺得到应用，比如干扰床（TBS）和RC用于粗煤泥分选，超细筛用于脱泥等，但都远未达到广泛普及的程度。大型化、机电一体化、自动化和智能化是世界主要产煤国选煤装备发展的主导方向。

目前，我国已形成柱式高效选煤工艺、大型选煤成套装备等一批代表性技术，重介质选煤、模块化选煤和设备大型化取得了快速发展。1500 mm大直径无压给料重介旋流器、大型振动筛、智能化大型跳汰机、大型卧式振动离心机、5 m以上大直径旋流—静态微泡浮选柱、1500 mm直径高梯度磁选机、大型喷射式浮选机、大型重介浅槽分选机、世界最大隔膜挤压的快开箱式自动压滤机、大型煤泥在线同步干燥设备等关键装备都处于世界先进水平。

5.2.1　大型振动筛分装备进入"并跑""领跑"阶段

通过大型振动筛梁系组合超静定结构、弹性筛分方法及弹性结构筛面等核心关键技术的先后攻克，开发了世界第一台超静定大型振动筛，并通过了中国煤炭工业协会出厂技术评议。该振动筛筛面面积达到 21.6 m² 以上，筛面振动强度 4.0～6.0 g，筛分效率高达 90%，使用寿命不低于 5 年，改变了我国大型振动筛完全依赖进口的局面，使我国大型振动筛由跟踪仿制跨越为自主研发，部分指标达到国际领先水平。在神华集团包头矿业有限责任公司建成了动力煤深度筛分与浅槽重介质分选联合工艺系统。"高性能大型振动筛关键技术及其应用"获 2014 年国家技术发明奖二等奖。

5.2.2 形成了"多流态梯级强化浮选"的中国柱分选技术

近年来，通过"十一五""十二五"国家科技支撑计划、"973"计划项目的持续支持，提出了基于流体动力学适配的浮选过程强化方法，开发了粗扫选一体化的"两段式选矿"回路工艺，形成了"多流态梯级强化浮选"的中国柱分选技术。以分选过程强化为特色的柱分选设备先后在山东新汶矿业集团、盘江矿业集团、山东枣庄矿业集团等企业推广应用；柱分选技术被应用于低阶动力煤煤泥浮选技术，开发了复配含氧有机物新型捕收剂；成功开发的氧化矿类、硫化矿类和磷铝矿类浮选柱形成系列产品，并在贫杂难选矿（有色矿、黑色矿、非金属矿）分选、高灰难选煤泥分选、粉煤灰脱碳、油水分离以及化工废水处理等领域得到推广应用。开发的 FCSMC-5000 mm 矿用旋流—静态微泡浮选柱及多流态梯级强化柱—机联合浮选工艺首次在黄金矿山得到应用。大型矿用旋流—静态微泡浮选柱（FCSMC-5500 mm）在云南迪庆有色金属有限责任公司铜钼矿混合浮选中得到应用。"多流态梯级强化浮选技术开发及应用"项目获 2013 年国家科技进步奖二等奖。

5.2.3 流态化干法选煤技术获得重要进展并实现工业应用

以"863"计划课题"新型高效浓相高密度流化床干法选煤技术"和国家自然科学基金创新研究群体项目"煤炭资源高效洁净加工理论与应用研究"为依托，形成了浓相高密度气固流态化分选理论，研制了新一代干法重介质流化床分选机，开发了模块化干法选煤工艺与关键技术，构建了模块式干法重介质流化床干法选煤系统（处理能力 60～500 t/h）。2013 年，在神华新疆能源公司建设了世界首座模块式干法重介质流化床选煤厂，成功实现干法分选生产超低灰精煤，该成果是世界选煤技术的重大突破。"新一代流态化干法分选关键技术及应用"获 2016 年教育部科学技术进步奖一等奖，"高效干法选煤成套技术与装备"获 2016 年中国煤炭工业科学技术奖一等奖。

5.2.4 矿物—硬度法难沉降煤泥水绿色澄清技术取得了较大进展

我国的煤泥水处理技术一直走在世界前列，特别是以"矿物—硬度法难沉降煤泥水绿色澄清技术"为代表的煤泥水处理技术取得了较大进展，提出了煤泥水"原生硬度"和"临界硬度"的概念，制定了煤泥水沉降性能的煤炭行业标准，应用成效显著，全面实现了煤泥水厂内循环和零排放，成功解决了我国数十家大中型选煤厂煤泥水难沉降问题。该技术已形成药剂、自动加药系统和水质在线检测在内的成套技术体系，药剂成本低，同时增加精煤产率、降低灰分。矿物基于水质硬度调控的煤泥水绿色澄清技术拓展至以煤粉吸附为核心的煤化工废水处理领域。

5.2.5 大型模块选煤关键技术及配套装备实现工业应用

针对我国动力煤煤质和应用特点，采用可实现产品质量实时调节的工艺系统技术，发明了重介质分选回收悬浮液的工艺系统，实现了精煤产率和资源回收率最大化的目标。同时，采用模块式选煤厂总体布局优化设计及模块结构优化配置技术，可简化选煤厂房结构，降低建设投资，缩短施工周期。研制了自主创新的主选装置及其配套设备，发明了高效、节能、多供介无压给料三产品重介质旋流器和防粗颗粒堵塞、高梯度矿浆的磁选机，形成了模块式动力煤选煤厂关键技术装备和设计工艺包。

5.2.6 难选煤高效分选工艺及装备获得重要进展并实现工业应用

采用"等基元灰分"分选原理设计选煤工艺系统集成，以一套介质系统实现对原煤的高效分选，达到精煤产率和资源回收率最大化的目标。成功研制结构新颖、低能耗无压给料三产品重介质旋流器，解决了大量中煤和矸石含量高的原煤有效分选问题，并研究开发高可靠性的配套装备，构成难选煤分选工艺系统，实现粗细粒级煤按"等基元灰分"分选，建设单系统、单机处理能力为 2.4 Mt/a 示范厂，精煤产率提高 1%～2%。

5.2.7 煤系资源综合利用、自动化洗选技术与智能化大型装备是煤炭产业升级与发展的迫切需求

《国家中长期科学和技术发展规划纲要（2006—2020》将"煤的清洁高效开发利用"和"开发高效自动化选冶新工艺和大型装备"作为优先部署的主题和重点任务。国家发展改革委和国家能源局联合制订的《煤炭工业发展"十三五"规划》明确提出，要进一步发展煤炭洗选加工技术，大中型煤矿应配套建设选煤厂或中心选煤厂，加快现有煤矿选煤设施升级改造，提高原煤入选比重；推进千万吨级先进洗选技术装备研发与应用，降低洗选过程中的能耗、介耗和污染物排放；大力发展高精度煤炭洗选加工，实现煤炭深度提质和分质分级；发展井下排矸技术，鼓励井下选煤厂示范工程建设；支持开展选煤厂专业化运营维护，提升选煤厂整体效率，降低运营成本。此外，《煤炭工业发展"十三五"规划》还明确提出，要大力发展矿区循环经济，以经济

效益、社会效益、生态效益协同提高为目标，促进煤炭与共伴生资源的综合开发与循环利用。支持煤炭企业按等容量置换原则建设洗矸煤泥综合利用电厂，发挥综合利用发电在废弃物消纳处置、矿区供热、供暖、供冷等方面作用。发展煤矸石和粉煤灰建材化，提高煤矸石新型建材的市场竞争力。推进矿井排水产业化利用，提高矿井水资源利用率和利用水平，探索与煤共伴生的铝、镓、锗等资源利用途经。

综上所述，经过几十年的发展和技术积累，虽然我国的煤炭生产技术和工艺取得了长足进步，但在清洁生产与利用方面仍然任重道远，亟须通过全产业链布局，在基础理论研究、关键技术攻关基础上，通过理论创新和技术突破，构建环境友好、资源节约的绿色选煤模式，并重点建设一批以煤炭分选加工为主的重大科技示范工程，提升我国煤炭分选加工技术的水平与国际地位。同时，依托重大示范工程带动自主创新，加快推进国产技术装备的应用，在煤炭清洁生产与利用领域进一步形成一批具有自主知识产权的核心技术和装备体系。

5.3　煤炭高效清洁分离关键技术

5.3.1　现状——以设备发展为主线的大型化时代特征

5.3.1.1　煤炭分选准备作业

破碎与筛分是煤炭分选准备作业的核心。矿物破碎学科主要面向矿物破碎解离过程中的理论、技术、设备与工程问题，探索能量输入与产品粒度分布与粒形特征的关系，阐述能量耗散形式、效率与检测计算，揭示破碎方式宏微观机理，查清破碎设备工作机制与指标优化的系统性科学、技术与工程问题。该作业涉及岩石、机械、矿物加工、材料、计算机等多学科交叉融合。

目前常用的筛分机械种类繁多，弛张筛作为新时代筛分理论与筛分机械的代表，采用柔性筛面。本筛面振动强度大，这使得弛张筛在细粒物料尤其是黏湿物料深度干法筛分时，呈现不堵孔、不粘连、筛分效率高的优点，是深度筛分黏湿物料的首选设备。目前该技术已在煤炭行业得到成功应用，正在向冶金、矿山、建筑、环保、轻工业等领域推广，应用物料种类也逐渐多元化和复杂化。

5.3.1.2　煤炭分选技术

煤炭重选和浮选技术研究在应用技术开发和推广方面取得显著成就。

1）重介质选煤技术异军突起

新建世界最大炼焦煤选煤厂（入选能力 3000 万 t/a）、世界最大动力煤选煤厂（入选能力 3500 万 t/a）及绝大多数选煤厂，都采用重介分选工艺作为主要分选工艺，近

70% 的入选煤采用重介分选工艺。耐磨管道和新型渣浆泵的广泛使用，显著提高了重选系统的完好率，减少了维修时间。在设备大型化和以钢结构厂房为特征的"系统模块化"背景下，"一厂一系统、一环节一设备"成为不少业者追求的目标。

传统跳汰选煤因成本低廉也得到一定发展，大型智能筛下空气室跳汰机、大型动筛跳汰机先后投入工业化生产。伴随主选设备的大型化和分选粒度下限的相应提高，介于主选和浮选粒度范围之间的"粗煤泥"分选得到选煤界的广泛重视。煤泥重介、螺旋溜槽、干扰床分选等细粒级重选技术受到行业的广泛关注，特别是干扰床分选技术得到快速推广。

2）煤炭浮选技术日益完善

随着机械化采煤方法的广泛应用，导致煤泥量增加，且煤炭使用过程中对高品质煤炭要求的不断增加，需要将煤与矸石进行充分破碎解离，导致煤炭的选别深度加大，使得煤炭的浮选向微细粒、极细粒煤泥的浮选方向发展。然而，现有技术难以高效分选小于 10 ~ 20 mm 的煤泥，造成微细煤泥的浮选回收率低，精煤产品质量难以得到保证。但是，近年来选煤领域在高灰细泥夹带机理方面的研究，为微细煤泥的分选提供了良好的技术支撑作用。

低阶煤泥浮选提质初步实现大规模工程实践，我国低阶煤资源丰富，强化低阶煤的分选净化是实现我国煤炭资源可持续发展的必经路径。国际上针对低阶煤泥的分选手段主要有强离心力场分离、浮选、油团聚等，其中强离心力场分离和油团聚的研究趋势逐渐削弱，浮选的研究力度逐渐加大。然而，由于低阶煤的表面疏水性差，常规浮选工艺或浮选药剂难以实现高回收率和精准分离，虽然学者们在实验室条件下采用一些复配药剂、特殊极性药剂等，能够在一定程度上提高低阶煤的浮选效果，但相比烟煤或无烟煤的浮选，回收效果仍然相差甚远。中国矿业大学和煤炭科学研究总院联合攻关，初步实现了低阶煤泥浮选提质的大规模工程实践。

高剪切技术成为煤泥浮选调浆技术的发展方向，高效的调浆是实现煤泥高效浮选的必备条件。高剪切调浆技术通过调节流场环境实现药剂的分散以及与煤泥表面的作用，不仅能够节省浮选药剂，还可以提高煤泥的可浮性，从而有利于煤泥的浮选回收，但浮选药剂与煤表面之间在不同的流场环境下的作用机制尚不明确。

3）干法分选技术前景广阔

我国 2/3 以上的煤炭分布在西部干旱缺水地区，难以采用湿法选煤技术。国内外学者曾先后开展风力跳汰、风力摇床、FGX 复合式分选机等块煤干法分选技术研究，取得了一系列成果并实现工业化应用，但由于风力分选的分选介质——空气密度与分离密度差异大，导致床层稳定性和分选效果偏低，因此适用煤种范围窄。流态化干法分选床介质密度与目标分选密度基本一致，具有处理粒度宽、分选精度高的优点，因此已成为世界选煤领域的研究热点。美国、加拿大、日本和印度等国家一直在开展流态化干法选煤研究，目前仍处于实验室研究阶段，其研究成果大多是对实验现象的描述，或运用传统的化工流态化原理对实验结果的解释。我国在流态化干法选煤技术领域处于国际领先水平，中国矿业大学提出了浓相高密度气固流态化干法分选理论，开发了模块式干法重介质流化床选煤工艺与关键技术，建设了世界上首座模块式干法重介质流化床选煤厂，为我国西部干旱缺水地区煤炭分选提供了高效方法。

4）光电拣选技术促进选煤智能化发展

随着光谱技术、传感器技术、计算机人工智能及大数据等技术的发展，光电分选已由早期的仅在可见光范围延伸到红外、紫外、X射线、太赫兹等不可见光范围；产能、检测精度以及剔除率也有明显提升。俄罗斯拉多什公司及德国施泰纳特公司采用X射线荧光光谱分析技术开发了光电分选机。荷兰德尔夫特理工大学提出采用双能X射线透射分析技术对物料流进行元素分析和自动分选的方法。挪威TOMRA公司采用双能X射线透射技术进行矿石的分选。近几十年来，德国、挪威、波兰、奥地利等国家的煤炭光电分选研究在国内山西晋煤集团、陕煤韩城矿业试用并取得良好效果。近年来，我国光电分选技术发展迅速。天津美腾科技有限公司、北京巨龙融智机电技术有限公司等分别研发了TDS智能干选机、GDRT干选机，分选精度高，成功应用于山东、山西、内蒙古等地的块煤干法分选。

5.3.1.3 煤炭产品脱水及煤泥水处理

煤炭产品脱水是当前选煤行业亟须解决的技术难题，而脱水设备的发展代表了技术的发展。

筛分脱水是粗颗粒物料以薄层通过筛面时发生的水分与颗粒脱离的过程，脱水筛也是选煤厂使用最广泛的脱水设备之一。振动筛具有工艺效果好、结构简单、操作维修方便等优点，近年来发展很快，主要用于块煤脱水及脱介，设备大型化和可靠性是未来振动筛的发展方向；叠层共振式高频细筛是近年来研制成功的一种高效粗煤泥脱水设备，振动参数可以采用变频调控，适用于入料粒度0~1 mm、入料浓度<35%的粗煤泥的脱水、脱泥，降低粗煤泥的灰分和水分。LLL1200×650B型粗煤泥离心脱水机是目前国内开发的规格和处理能力最大的粗煤泥离心脱水设备，其处理量大，脱水产物水分低，可靠性强，生产工艺指标先进，优于国外进口的同类设备。卧式振动卸料离心脱水设备发展迅速，目前卧式振动离心机筛篮最大直径可达1500 mm，单机处理能力最大可达400 t/h。国外开发的WZL1200卧式离心机入料粒度范围为0.5~50 mm，与目前国产卧式离心机入料粒度0.5~20 mm相比，扩大了入料粒度范围。研发的BSB1420的卧式沉降过滤式离心脱水机，用于处理中煤、矸石磁选尾矿一段浓缩底流，起到了回收>0.045 mm粒级、脱除细泥的功能，且回收效果良好，产品水分平均为 21.31%。

对于细粒煤泥的脱水，主要采用加压过滤和压滤的方式进行。加压过滤机是一种新型高效的细粒物料脱水设备。我国已相继开发 8 m²、12 m²、20 m²、30 m²、40 m²、60 m²、72 m²、96 m²、120 m²、144 m²、180 m² 等系列产品，并颁布了国家行业标准《JB/T10409—2004 圆盘加压过滤机》，设计制造的加压过滤机结构先进、合理，全自动化运行，至今已投入使用近 400 台。压滤机目前是我国选煤行业的浮选精煤和尾煤过滤脱水的主要设备，随着我国选矿业的发展，故障率高、运行成本高、单位能耗高的普通型压滤机、带式压滤机、圆盘真空过滤机逐渐被选煤行业淘汰，加压过滤机因能耗高、运行成本大，对细粒级煤泥、难过滤煤泥适应性差，成功开发的各种规格的大型化、系列化快开、快速隔膜压滤机，表现出广泛的适用性，是当前选煤厂细粒煤泥的主要脱水把关设备，为我国选煤行业践行节能减排事业提供了可靠的设备保障。

煤泥水处理已成为长期困扰很多选煤厂的技术难点，直接影响到选煤厂正常生产和产品质量，是选煤行业迫切需要解决的焦点问题。我国煤炭洗选 98% 以上以湿法分选为主，平均洗选 1 t 原煤需 3~5 t 水，洗选过程会产生大量煤泥水。随着采煤机械化水平的提高及原煤中高岭土、石英、蒙脱石等黏土矿物含量增大，在洗选过程中会产生大量的高泥化煤泥水，高泥化煤泥水因具有微细粒含量高、颗粒表面电负性大、表面水化以及胶体稳定性等特点而难以处理。为解决难沉降煤泥水沉降澄清难题，矿物—硬度法、疏水聚团沉降、外电场辅助沉降、微生物絮凝沉降、磁种絮凝沉降及微波辐照辅助沉降等新得到了发展，部分技术已成功应用实际生产并取得很好效果。煤泥水沉降澄清未来发展应以高效浓缩为指导，设备上不断优化结构性能，向着高处理量、高度自动化、类型趋于合理和系列规格逐渐完善方向发展，工艺上朝向高效、低成本、简洁、新颖的方向发展发展完善，实现煤泥水的有效澄清及洗水闭路循环。

5.3.2 挑战——低品质煤炭资源开发

5.3.2.1 煤炭分选准备作业

煤炭破碎相关的理论、技术、装备、工程发展处于发展不均衡状态。总体上看，破、磨设备单机处理能力等技术规格足够大、破碎系统工程规模大、工程应用经验积累多，这些方面我国已经处于国际领先水平；破、磨设备精细化发展所需设计理论、材料耐磨、基础实验研究等支撑技术与基础理论研究工作相对滞后，是制约我国破、磨设备进一步高水平发展的关键瓶颈。

5.3.2.2 煤炭分选技术

煤洁净化生产与利用技术的最重要分选环节涉及两个方向：一是以重介质分选与泡沫浮选为代表的湿法分选；二是以气固流化床为代表的干法分选。

湿法分选中，重介质分选与泡沫浮选相较于干法分选而言，因其起步时间较早，生产工艺与技术手段相对完善，所面临的技术瓶颈最为复杂。对重选而言，重选基础理论研究相对滞后，重介旋流器分选过程研究止步于纯流体或稀相流动分析；湿法跳汰过程研究进展缓慢；细颗粒干扰沉降与强化按密度分层（分选）研究取得一定进展，为干扰床分选机的研制和优化奠定了基础。

对浮选而言，主要的技术挑战在于：微细煤泥（尤其是小于 20 μm）难以与气泡发生高效矿化，制约了微细颗粒的浮选，并且微细颗粒在浮选过程中分离精度差，使得煤泥的深度解离与分选提纯受到限制；高灰细泥极易在煤和气泡表面发生罩盖行为，导致浮选分离精度不高，加之高灰细泥通过机械夹带等进入泡沫产品，共同造成浮选精煤灰分偏高；低阶煤表面亲水性强，常规浮选工艺或药剂难以保证低阶煤浮选回收率和产品质量维持在较高水平；调浆过程中，煤与煤、细泥、浮选药剂等作用机制较为复杂，流场环境对调浆效果的影响机制缺乏理论支撑，难以为煤泥的高效浮选提供前提保障；煤泥浮选药剂与煤表面的作用机理缺乏更为深入的理论研究，此外，绿色、环保、高效的煤泥浮选药剂亟待开发；浮选机和浮选柱内部三相流场特性不明确，制约了高效煤泥浮选装备的开发。

干法分选的主要技术瓶颈集中于两个方面：煤炭流态化提质系统包含的加重质、煤颗粒及气相湍流涡团是一个典型的多组分多尺度问题，存在颗粒与气泡的宏观定向流动与动态演化，同时伴随着气相与固相内部及表面性质的变化，导致流态化的稳定性以及放大边界效应变得复杂，已经超出传统的流态化理论研究范畴；随着煤炭颗粒粒度的减小，重力效应减弱，表面作用力和流体作用力增强，导致煤炭颗粒易聚团，对基于煤炭外观形貌、密度粒度、摩擦系数、光电性质等特征的分选过程产生极为不利的影响，目前其微观影响机理与跨尺度关联作用机制尚不清晰。

5.3.2.3　煤炭产品脱水及煤泥水处理技术

煤洁净化生产与利用技术末端的生产主要涉及产品脱水问题，即固液分离技术据统计资料表明，全国平均浮选精煤滤饼水分约为 23%，一些选煤厂达到 24% ~ 26%。含水量较高的浮选精煤占总精煤比例为 15% ~ 25%（各厂不等），浮选精煤的含水量在总精煤产品水分中所占的比例平均为 45%，最高达到 60%。因此，解决好细颗粒浮选精煤脱水难题是降低选煤产品水分的技术关键。

煤泥水处理存在的主要问题：沉降效率低，浓缩设备占地面积大；药剂消耗大，药剂添加粗放。选煤厂对无机盐凝聚剂种类的选择和用量的确定通常依据经验和简单试探性试验，无法根据煤泥水中不同种类矿物颗粒界面的差异性及不同阳离子在煤泥颗粒表面吸附特性进行精准选择，导致煤泥水处理成本高；大量药剂残留于煤泥水中被排出系统而不能重复使用，形成药剂耗量提高，而且残留的药剂流失到环境中污染环境；此外，有关颗粒团聚方面的界面间相互作用机理及其影响因素尚有待进一步完善和研究。

5.3.3 目标——环境友好的高效绿色选煤方法与技术

5.3.3.1 实现煤炭的精准超细粉碎和潮湿细粒煤的精确筛分

研究待破碎矿物内部缺陷失效机理分析、能量输入方式与破碎产品粒度分布、能量效率各方面关系；研究煤炭的超细粉碎解离，为实现煤炭超纯制备及煤中稀有元素资源化提取利用提供技术保障；研究高效筛分技术，实现潮湿细颗粒煤炭的精细筛分。

5.3.3.2 实现重介质高精度分选和生产过程高度可控

研究重介分选过程相关的浓相固—液两相流动力学特性，充分阐明重介分选机内密度场、速度场分布规律，对颗粒的差异性运动研究逐步由定性研究转向定量研究。

5.3.3.3 构建煤炭全粒级精准干法分选技术体系

构建系统的多相、多组分、多尺度的流态化分选理论体系；研究微粉煤摩擦电选、细粒煤高效干法分选技术，实现煤炭全粒级干法分选；开发井下煤炭原位干法分选技术。

5.3.3.4 构建基于界面调控和流体动力学强化的细粒煤高效浮选技术体系

研究微细煤粒和气泡表面的微观流体力学特性，查清微细煤粒与气泡的碰撞、黏附与脱附过程，探究煤粒—气泡间水化膜特性；提高微细煤泥浮选分离精度；研究低阶煤新型浮选工艺和药剂，减少低阶煤泥废弃，实现低阶煤泥清洁化和资源化；研究浮选过程中的三相流场特性，阐释气泡与气泡、气泡与煤粒、煤粒与煤粒的相互作用机制，为浮选设备大型化发展提供理论指导。

5.3.3.5 开发出具有普适性的多功能煤泥水处理药剂

开展煤泥水溶液化学环境下不同矿物颗粒界面性质的相关基础理论研究，从微观角度掌握煤泥颗粒界面的真实性质，将理论模拟计算与现代分析测试相结合，查清不同药剂与煤泥矿物颗粒表面吸附作用的差异性，为药剂的精准选择及用量确定提供理论依据；根据煤泥矿物颗粒界面差异性，从分子、原子层面揭示抑制剂对各种黏土矿物的抑制作用机理，筛选或设计特定靶向高效黏土矿物抑制剂，降低煤泥水系统中的细泥含量。

5.4 智能化煤炭分选技术

5.4.1 现状——智能选煤体系架构统一难、检测仪表精度差、两化融合碎片多

煤清洁化生产与利用技术的未来在于智能化。近年来，随着智能化，人工化技术的突破式发展，智能化与选煤技术的结合也逐渐被科研工作者所重视。但我国选煤厂

生产过程智能化水平较低，这主要表现在如下几个方面。

（1）选煤生产工艺和生产设备方面，仍停留在"集中启停"或"单机控制"的自动化阶段。选煤生产过程反应机理复杂，生产过程连续；原煤性质、设备运行状态、工艺参数和精中矸产品质量等参数检测难；设备控制指令和生产工艺参数选择仍需依靠知识型工作者完成，实时性差、反应滞后、其运行效果与工作者操作水平密切相关，难以达到最优效果；各子系统之间、特别是不同厂家提供的"单机控制"系统之间因为没有统一的接口标准，缺乏必要的集成，导致各子系统自愈功能缺失，安全运行存在隐患。

（2）生产调度和生产管理方面，仍需要大量的人工来完成后续的生产指标确定、生产操作、生产效果分析和预测工作。目前有些选煤厂已经通过手机微信平台、电子报表或管理软件实现生产数据的收集和报表自动生成功能，但缺乏全面、安全的数据融合和高效的数据分析推演功能，生产指标波动大、产品质量差、生产成本高和水电介等能耗大的问题时常发生。且调度系统与前面的设备控制系统各自独立，当两者出现矛盾时需要靠调度人员凭经验来协调，无法保证选煤厂生产运行在最优化状态。

（3）视频监控方面，仍只能"监"，不能"控"。目前仍需人工实时监视视频图像，无法及时对发生的异常事件和突发事件做出适当有效的反应；因各部门距离较远且各工业电视子系统自成一体，目前仅靠电话进行信息传递与沟通，造成一定程度上的信息反馈和传达滞后，存在一定的安全隐患。

（4）在生产经营决策方面，仍主要靠领导凭自身经验或知识进行决策，决策通常带有盲目性或非最优性。国内大部分选煤厂都是国有企业，特别是矿井型选煤厂经营决策权限小，有些管理者认为只要根据上级部门要求生产出质量合格的产品就行，显然与产品市场化和生产智能化的理念相违背。选煤厂智能化的目标是"减人提效"或精准备分离、精细管理和增量提效。高效化是其追求的核心，需要不断实现产品质量、产量、成本和能耗等生产指标的全过程安全高效优化控制，进而实现企业利润的最大化。现有的选煤厂内部信息系统自成体系，不与外部相连，甚至与集团公司内部的运销、煤质等管理系统都不能够自动、全面和有效的关联，导致不同领域不同层次的多源异构大数据缺失或不能快速处理，生产行为与市场变化完全脱钩或不能进行有效的实时计算和预测。

针对以上问题，以及据此提出的通过智能选煤基础理论与架构体系研究、选煤生产管理智能化、智能选煤全过程自动化、选煤生产虚拟化和柔性化四个层面解决和突破相关基础理论与关键技术又存在相当大的技术瓶颈。

5.4.2　挑战——智能协调的过程、准确可靠的检测、高效可行的架构

目前，选煤厂智能化仍处于初级阶段，关于中国选煤行业智能化的发展，将从分

选过程智能化、传感检测技术突破、系统性智能化升级、集团智能化、行业智能化五个方面进行探讨。

5.4.2.1 分选过程智能化

分选过程智能化是智能化选煤厂的核心环节。选煤厂通常包括原煤入厂、原煤准备、主洗生产、煤泥浮选、煤泥水处理、产品装车等环节，因此这些分选过程环节实现智能化是选煤智能化的前提。

5.4.2.2 传感、检测技术突破

智能化的发展有赖于传感、检测仪器仪表的准确性及可靠性。智能工厂建设大到整个工艺系统，小到生产设备，再小到每个传感单元，都需要突破技术壁垒。煤质采制化智能机器人、LIBS 全元素分析仪、矿浆灰分仪都属生产环节关键检测技术突破的范畴。

5.4.2.3 系统性智能化升级

选煤厂系统性、整体性、智能化升级，最终是要打造出一个精准感知、智慧决策、智能执行的精细化管理体系。体系涵盖智能经营管理、智能生产管理、智能资产管理功能板块。系统性智能化升级需要关注以下几个重点方向。

（1）平台化。系统性智能化建设一个核心的思想即是建立统一的平台，实现便捷的人机交互，打破各方系统形成独立的"烟囱"，连接各个信息孤岛，实现由数据层面到应用交互层面的全面平台化建设。

（2）定制化。尽管行业内主流的分选工艺万变不离其宗，但由于各个厂的个性化差异，"一招鲜，吃遍天"的智能化升级方式基本行不通，尤其是在精细自动化控制环节，需要进行定制化的需求分析及产品设计，这样最终的功能逻辑才能贴合用户的真实应用场景。

（3）无人化。无人工厂将是智能化选煤厂建设的终极目标之一，受技术条件的制约，目前在智能化初级阶段还无法实现选煤厂生产的无人化。但可以通过智能化升级，降低员工的劳动强度，实现少人以及局部生产环节的无人。例如：通过絮凝剂智能添加，打造无人浓缩车间；通过智能装车系统解决方案，实现无人装车等。

（4）持续迭代。互联网行业的蓬勃发展，除了便捷、效率的提升，更重要的是带来了互联网化的思维模式。智能化同传统自动化、信息化的显著区别是，系统将不断升级、迭代、进化。无论是交互的体验，还是控制逻辑的精细程度，都将逐步升级完善，机器学习算法模型也将随着数据量的增多进行自主学习，使系统调控的结果变得更加精准，适应性更强。在智能化的建设过程中，"瀑布式"的产品开发模式将被"迭代式"的升级模式所取代。

（5）云服务。2018年，工业和信息化部出台了《推动企业上云实施指南（2018—

2020 年)》，从国家的政策导向可以看出，政策内容已由"战略方向"演变为"实施落地"。随着公共云端生态的不断丰富，越来越多的服务可以低成本触及，可以便捷地享受到公共云端的储存服务、算力服务、安全服务以及远程运维服务等，这也极大促进了智能工厂的发展。远程故障诊断、远程运营维护作为新的运维模式，也将很好地保障系统的稳定性，并降低选煤厂智能化系统运营维护成本。

5.4.2.4 集团智能化

近年来，各大煤炭集团在智能化建设方面积极布局、规划。继智能化选煤厂、智慧矿山之后，煤炭集团的智能化势在必行。

集团层面智能化的特点是可以实现资源的统筹规划。在集团内部实现矿井、选煤厂、市场销售部门的数据共享和联动，建立产品结构优化模型，以经济效益最大化为目标进行生产组织。产品结构智能优化核心功能内容为：将选煤厂智能化平台向上下游延伸，上游纳入矿井数据信息，结合采区煤田地质情况、井下工作面布置以及开采接续计划，构建原煤煤质模型，为选煤厂生产提供煤质预测依据；下游打通产品市场信息，包括不同规格产品价格、市场需求量等；最后，综合选煤厂的生产条件（灵活性及生产方式等），建立产品结构优化模型，通过模拟运算分析，按经济效益最大化原则智能推荐最优生产方式，实现煤炭企业的"采—选—销"一体化。

集团统一平台和统一标准。统一平台即前面所述的实现由数据层面到应用交互层面的全面平台化建设。统一标准又分为统一标准的物资编码和标准的数据接口。其中，标准物资编码相当于统一的"语言"，无论是"外语"还是"方言"，大家都统一成"普通话"；标准数据接口是在"语言"统一的基础上再将对话的"频道"也进行统一，从而降低集团内部的"沟通"成本，同时便于系统的生长和扩展。

针对集团决策层、业务管理层、厂矿执行层在智能化建设过程中的角色建议。集团决策层的输出应为智能化整体规划，把握全局方向以及实施节奏；业务管理层则应当制定标准和规范，统一规则；而厂矿执行层则是审核并输出具体的方案设计，保障厂矿智能化落地方案的适用性及可行性。

5.4.2.5 行业智能化

随着国家"互联网+"战略的逐步推进，行业云的概念在各个行业遍地开花。各个行业云侧重点不同，有的提供行业资讯，有的整合行业下游供应链，有的聚焦于行业供需匹配。对煤炭行业来说，煤炭行业云具备的特征需要进行深入探讨。

首先，煤炭行业云应服务于广大的煤炭企业及上下游企业，能够对整个煤炭行业的升级转型和发展起到引领作用。在这个转型和发展的过程中，物联网、云计算、大数据以及人工智能等新兴技术必将起到决定性的作用，谁能够率先利用好这些数据，谁就会拔得头筹占据竞争优势。

其次，行业云的建设必定是一个业内企业共同参与的"共建"过程。工业界和IT界不同，IT产品只要满足用户的需求就能快速传播，边际成本很低。如果煤炭行业云能够为企业提供必需的服务，为企业的发展提供动力和有效路径，企业就会主动为煤炭行业云提供支持。

最后，煤炭行业云必定是行业知识和数据的汇聚地。人工智能近几年的发展已经清晰地表明，单纯的人工智能技术并不能直接应用，只有把人工智能技术和行业知识及数据结合起来，才能发挥最大的价值，挖掘出表象下隐藏的本质规律，进而为全行业发展指明方向。

5.4.3 目标——生产管理智能化、生产过程自动化、生产模式柔性化

（1）构建智能选煤基础理论与架构体系。包括：选煤大数据智能基础理论研究；选煤跨媒体感知计算基础理论研究；选煤人机混合智能基础理论研究；选煤自主协同与决策基础理论研究；适应性强的智能选煤架构体系研究。

（2）实现选煤生产管理智能化。包括：选煤生产信息的高效感知技术；基于智能小程序和云平台计算的选煤厂管理信息系统；设备管理智能化技术和选煤生产决策智能化技术；构建集计量计质数据精准化、阈值建议合理化为一体的选煤生产过程智能分析管理系统。

（3）实现智能选煤全过程的自动化。包括：解决超长距离（超过4 km）的产品胶带机运输控制，重点突破皮带运输等的智能巡检与维护；完善现有智能煤矸分选设备，重点研究煤矸分选机器人；主洗生产方面，重点研究重介质选煤的工艺参数智能确定、分选过程的智能控制和介质制备及添加的全过程智能化；煤泥浮选环节，重点研究基于机器学习的浮选智能化控制策略；煤泥水处理环节重点研究自动加药与浓缩效果的协调控制；产品外运过程主要研究装配煤过程智能化和无人定量精准装车；自动化，重点突破高精度的产品品质在线检测设备以及称重设备研发，实现完全意义上的无人装车销售。

（4）实现选煤生产的虚拟化和柔性化。包括：实现选煤生产主要分选环节的过程模拟与优化，重点突破重介旋流器分选过程速度场、压力场、密度场和粒度等数值模拟；建立虚拟选煤厂三维模型，采集现实选煤厂的数据，做到"虚实"结合，重点突破选煤生产虚拟对象智能行为建模技术，实现选煤生产过程的虚拟现实、增强现实等技术与人工智能的有机结合和高效互动；实现虚拟化选煤生产流程数字化仿真，并根据市场需要研究并建立混煤煤质指标的智能分析预测机制，并给出各分选环节的主要分选指标建议；建立多生产工艺系统相互配合、生产成本灵活可控的、以满足用户高质量产品需求和企业效益最大化的选煤厂柔性化生产模式。

5.5 煤炭有害元素脱除与煤系资源综合利用

5.5.1 现状——组分多元化,脱除与提取难度大

5.5.1.1 煤炭有害元素脱除技术

煤的组成较为复杂,有害元素包括主体构成元素硫,及砷、汞、铍、氟等伴生的微量有毒元素。我国含硫量在 2% 以上的高硫煤约占煤炭资源总量的 15%,高硫煤的产量逐年增加,煤中硫分的脱除一直是清洁煤领域的研究热点。无机矿物硫的脱除技术相对成熟,但嵌布在煤分子结构中的有机硫脱除技术面临诸多挑战。煤中微量有害元素多具有毒性、环境持续性和生物累积性。随着煤炭消耗量的增加,这些元素在煤炭利用过程中释放到环境中,对环境和人体造成损害也会越来越严重,但由于微量元素含量低,在煤中的赋存形式复杂,利用传统的物理分选工艺,难以有效脱除煤中微量有害元素。

(1)煤中硫分嵌布和赋存形式多样,无法通过单一的分选或分离方法有效脱除。煤炭的脱硫方法包括燃前脱硫和燃后脱硫,洁净煤领域更多关注燃前脱硫技术。煤炭燃前脱硫方法主要有物理法、化学法和生物脱硫法。目前,能够工业化应用的只有物理脱硫和化学法中的浮选脱硫技术。

煤炭中的硫以无机硫和有机硫两种形式存在。煤炭中的无机硫通过浮选法等物理方法能够有效脱除;有机硫因其在煤炭中分布均匀且结合较为紧密,难以通过物理法将其分离。化学法去除有机硫存在能耗高、反应过程剧烈、不易控制等缺点。煤炭生物脱硫技术具有能耗小、成本低、环境友好等优势,被认为是最具发展潜力和优势的脱硫方法,受到世界各国的高度关注,但因稳定的高效脱硫菌株不易获得、脱硫反应不易控制等问题,煤炭生物脱硫技术的工业化应用还有较长的路要走。生物脱硫开发空间较大,具有很好的应用前景。

目前,基于环境保护与资源的可持续发展,中国高硫煤尤其是稀缺煤种的提质利用需求迫切。有机硫的高效脱除是目前煤炭脱硫的主要发展趋势,包括煤中有机硫赋存的基础认知、微波能量与煤中含硫结构作用机制、基于微波作用的绿色低成本脱硫助剂开发与应用、高效微生物脱硫菌种筛选与培育等方面的研究。

(2)煤中有害微量元素的研究侧重于洗选过程中元素的迁移转化规律,有害元素的深度脱除和污染防治技术的发展和应用尚不充分。

洗选作为煤炭燃烧前的除杂预处理过程,其对于脱除主要赋存于无机矿物中的微量元素,减少燃煤微量元素的排放具有重要意义。为了揭示微量元素迁移转化机制,科研工作者通过一系列直接、间接方法研究了微量元素的化学及物理赋存状态;通过

工业现场样品分析结合实验室试验，系统性地研究了煤中微量元素与灰分、硫分、常量元素以及主要矿物的迁移相关性，基本定性掌握了赋存状态对微量元素迁移转化的影响、不同洗选工艺下微量元素的向固相及洗选介质中迁移转化的规律，但仍存在直接表征技术少、定量模型准确性差等问题。

在深度脱除方面，基于微量元素赋存状态及迁移转化规律，科研工作者结合物理、化学分选方法，探索开发出包括重选—浮选联合工艺、浮选—化学浸出联合工艺等深度脱除方法，同时提出控制煤泥燃烧、控制煤泥干燥方式等在内的污染防治措施，可显著降低精煤中有害微量元素含量，为煤炭清洁利用提供了技术保障。但以上研究多为基础性的探索，仍存在成本高、工艺复杂等问题。

5.5.1.2 煤炭共伴生矿物资源综合利用

煤系共伴生矿产资源，是指在煤系地层中与煤炭共生或伴生的其他矿产和元素。我国煤系地层分布广、厚度大，煤系共伴生矿物资源丰富，种类繁多，包括非金属矿产、金属矿产和稀散元素矿产等，有些矿产甚至是我国重要的优势矿种。相对而言，煤系共伴生的高岭岩（土）、膨润土、耐火黏土、硅藻土、石墨等非金属矿产资源储量大、品位高、开发利用潜力巨大。

与煤系共伴生的高岭岩（土）矿床规模大、品位高。规模大都为数千万吨至数十亿吨以上的超大型矿床，且高岭石含量较高。如内蒙古准格尔煤田，高岭岩矿石储量达 57 亿 t 之多；我国华北石炭二叠纪煤系中高岭岩（土）的高岭石含量大多在 90%以上；全国煤系高岭岩（土）资源总量达到 400 亿 t，探明储量达到 28 亿 t，开发利用前景广阔、经济价值巨大。此外，煤系耐火黏土的保有储量达到 20 亿 t 以上，赋存于煤系地层中的膨润土探明储量约 8 亿 t，煤系硅藻土的探明储量约为 1.9 亿 t，煤变质石墨矿已探明地质储量 5000 万 t 以上。可见，充分发挥煤系共伴生矿产资源优势，加快其开发、加工及综合利用水平势在必行，意义重大。

与丰富的独立矿物资源相比，煤系共伴生资源的开发利用程度并不高、技术装备水平较为落后。由于煤系共伴生的赋存特点，炭质等杂质含量较高、赋存状态较为复杂，其分离提纯工艺技术相对也较为复杂。从已有的煤系伴生资源开发利用生产实践来看，多以中低档产品加工为主，而且生产规模也远低于国内外非煤系资源的生产规模。因此，加快煤系伴生矿物资源的开发利用，尤其是从深加工技术的研发入手、实现煤系共伴生资源的高附加值利用，不仅能够缓解我国矿产资源不足的矛盾、带动相关产业的发展，而且也是煤炭企业调整产业和产品结构的有效方式。

我国煤系共伴生资源加工利用始于 20 世纪 80 年代，国内的超细粉碎技术、设备制造、煅烧窑炉和工艺刚开始起步，规模化生产以引进国外技术和设备为主；到 20世纪 90 年代中期，国内开始仿制非金属矿物加工技术与装备，并在工程上得到应用和不断完善；进入 21 世纪以来，国内研究机构及相关企业开始进入自主开发和研制阶段。总体来看，我国煤系伴生非金属矿物资源开发历史较短、技术和装备较为落后，工艺技术及装备的研发和应用潜力巨大。

5.5.1.3　粉煤灰资源组分分离技术

粉煤灰已成为我国产量最大的工业固体废弃物之一，这种大规模的排放对环境治理形成了极大挑战。粉煤灰组分复杂，以活性二氧化硅、氧化铝为主要化学成分，含少量氧化钙和镓、锗、锂、钒、镍等稀散金属，是一种潜在的矿产资源。我国粉煤灰的利用率只有 40%～60%；欧美一些国家粉煤灰资源利用率较高，如荷兰粉煤灰的利用率为 100%、法国为 75%、德国为 65%、美国为 60%。近年来，随着循环经济的推行发展、国家鼓励政策的陆续出台，特别是粉煤灰综合利用技术的新发展，综合利用效率有所改善，但因旧灰堆存量大，利用率仍较低。如何开展综合利用是未来研究的重要方向，特别是如何实现粉煤灰高附加值利用仍将是研究热点。

目前，在粉煤灰资源组分分离技术方面，主要侧重于粉煤灰中未燃碳脱除和粉煤灰中有用元素提取等方面的研究，以满足在建材、农业、环保、化工等低、中、高端方面的应用需求。

粉煤灰中未燃碳脱除方面，高效脱碳技术的开发是促进我国粉煤灰大规模开发利用的关键。针对粉煤灰浮选脱碳过程中未燃碳难浮、泡沫稳定性差的技术难点，科技工作者系统研究了以高效调浆、药剂强化、微泡发生和细泥循环为核心的过程强化技术，形成了包括技术、设备与工艺在内的粉煤灰高效脱碳及资源化开发利用的成套技术，并成功应用于粉煤灰高效脱碳中，有效提高了我国粉煤灰资源的综合利用水平，为粉煤灰的资源化开发利用开辟了一条新的技术途径。

粉煤灰中有用元素提取方面，绿色高效低成本提取技术的开发是促进粉煤灰大规模高附加值开发利用的关键。基于粉煤灰中矿物组成的物理化学赋存特征研究，科技工作者系统研究了粉煤灰中有用元素提取富集的相关工艺及关键技术，为促进粉煤灰资源高附加值开发利用提供了技术支撑。如日趋成熟并已初步实现工业化生产的粉煤灰提取氧化铝技术，也为提高粉煤灰中镓、锗、锂、钒、镍等稀散金属和能源金属元素的利用能力提供技术支撑，但仍面临提取工艺复杂、流程长、能耗及运行成本高等问题。

未来，逐步实现粉煤灰的精细化及高质化利用将是粉煤灰综合利用的趋势，这对于我国资源保护、经济发展、环境保护等方面具有重要的现实意义。

5.5.2　挑战——有害元素绿色高效脱除、有价组分规模化提取

5.5.2.1　煤炭有害元素脱除技术

采取可持续发展的战略，开发廉价的、操作简便的煤中有害元素脱除技术，具有

深远的经济和环保意义。从目前国内外发展状况看，有害元素脱除技术面临如下挑战：

1）微波辐射与化学助剂协同脱硫技术

煤炭微波脱硫技术的关键是微波辐照过程中合理的能量匹配关系，其目标是既可以促使有机硫的断键脱除，又可以对炼焦煤黏结特性产生最小的影响。如果为了提高脱硫率而采用微波过度辐照，则可能使煤的黏结性下降，对炼焦焦炭质量产生不利的影响，因此在煤的微波脱硫技术应用中，必须对微波脱硫过程的微波功率、辐照方式以及煤料的停留时间和产物导出方式进行精确控制，探寻最佳匹配工艺条件。

近十年来，国家通过"973"计划、"十二五"科技支撑计划等项目的布局和实施，微波脱硫与化学助剂联合呈现对有机硫较好的脱除效果，但其内在机理和工业化过程仍面临挑战。基于微波辐射与化学助剂协同脱硫技术，需要在以下几个方面开展进一步的研究：煤中有机硫禀赋特征及化学环境的基础认知；含硫组分耦合条件下介电性质的精准测试与表征；可调宽频微波反应设备的研制；微波能量在煤中的传输机制；微波能量与化学作用的匹配与强化。

2）微生物脱硫技术

生物技术在煤炭清洁领域的应用是重要的发展方向，但微生物脱硫仍处于初始研究阶段，距离大规模的应用尚存在很多技术待突破。

要想推动生物技术在煤炭清洁化中的应用，首要问题是高效稳定菌株的选育。从自然界中筛选高效菌株是常见的方法，但存在工作量大、结果不理想等问题。随着生物技术的发展，利用诱变技术、基因工程、代谢组学等手段对目的菌株进行改造，使菌株具备稳定高效的能力，将是未来煤炭清洁化菌株优化的重要方向。归纳起来，微生物脱硫技术面临的挑战如下：①脱硫作用的稳定性。现有脱硫微生物的繁殖速度慢，脱硫效率不高，制约了煤炭微生物脱硫技术的工业放大和推广。②微生物脱除有机硫菌种单一，虽然已经找到一些能脱除噻吩（DBT）硫的菌种，但因煤中有机硫存在形式复杂、结构差异较大等问题，有待于选育出适应性广、能脱除多种形式有机硫的菌种以提高脱硫效率。③酸性浸出废液的处理技术尚待于开发，以解决环境保护及资源回收问题。④黄钾铁矾的生成严重影响脱硫效率，需要开发更加有效的方法阻止其生成，或使其分离、脱除。

3）有害微量元素脱除及污染防治技术

常规洗选对煤中微量有害元素的脱除效果主要取决于元素与无机矿物的亲和性以及无机矿物在煤中的赋存状态。研究证实煤中大部分有害微量元素的赋存主要与呈细分散状分布的无机矿物相关，赋存状态决定了微量有害元素在煤炭洗选过程中的迁移行为，但有害微量元素在煤中赋存方式的多样性，造成了它们在洗选过程中迁移和富集的复杂性。目前常规洗选能够分选出赋存在容易与有机质分离的大颗粒矿物中的微量元素，而被有机质组分紧密包裹的矿物颗粒则难以分离，甚至有些微量有害元素在精煤中还会得到进一步富集。由此可知，煤中有害元素的脱除受到煤种、洗选方法和其赋存状态等多种因素的影响。

为研究煤洁净过程中有害元素和矿物的分配规律，通过有害元素赋存矿物灰度识别、颗粒提取等显微图像技术，结合成分信息谱线峰型匹配，实现煤炭洗选过程中有害元素赋存矿物的自动识别，在自动识别的基础上，进行基于物性特点的化学选择性溶解研究，实现有害微量元素的量化表征，从而定量研究煤中有害微量元素与灰分、硫分、常量元素以及赋存矿物在迁移转化过程中的相关性，建立微量元素在洗选过程中的迁移转化模型，为煤中有害微量元素脱除过程的构建和洗选工艺的改善提供理论依据。

在有害微量元素的深度脱除方面，目前已开发出包括重选—浮选联合工艺、浮选—化学浸出联合工艺等深度脱除方法，进一步研究微量有害元素的选择性浸出药剂，以及有害微量元素在浸出液中的固化封存等技术，对实现微量有害元素的深度脱除具有重要意义。

5.5.2.2 煤炭共伴生矿物资源综合利用

煤系共伴生资源的高效开发利用，首先应深入研究矿物特性，摸清矿物材料成分、结构、性能关系，为深加工产品研发提供理论基础；在此基础上进行精细深加工技术及设备研究，研发深加工高附加值产品和低能耗高效加工技术装备；加强矿物新材料的开发研制，包括新型填料涂料、环境矿物材料、纳米矿物材料、矿物复合材料等。

煤炭共伴生矿物资源综合利用领域存在的技术瓶颈和需要解决的关键技术主要包括以下几个方面。

（1）矿物精细提纯技术。重点解决炭质杂质及有机杂质组分的分离技术、矿物微细粒提纯技术，为煤系共伴生资源的高附加值利用奠定基础。

（2）超细粉碎及精细分级技术研究。该技术关键在于低能耗高效设备的研发和应用，目标是开发分级粒度细、精度高、处理能力大、单位产品能耗低的精细分级设备，以及开发粉碎粒度小、粉碎比和处理能力大、单位产品能耗、适用范围宽的超细粉碎方法和设备。

（3）低成本煅烧工艺及装备的研发。煅烧工艺和设备已成为我国煤系共伴生矿产资源开发利用的技术瓶颈，大力开发先进的煤系共伴生资源煅烧技术和大型化设备已成为必然趋势，并将形成一个有巨大市场前景的产业。

矿物材料加工技术，随着信息、新材料、新能源、航空航天、环境材料等产业的崛起，使功能性矿物新材料的加工与合成技术成为矿物材料研发的主流方向。

5.5.2.3 粉煤灰资源组分分离技术

粉煤灰的大宗综合利用方向主要有两个方面，一是作为大宗建筑材料使用，二是提取粉煤灰中的有价组分。

建材用粉煤灰的高效脱碳提质技术：在粉煤灰中未燃碳脱除方面，现有技术需要进一步优化，针对粉煤灰中未燃碳可浮性差和浮选体系稳定性差问题，亟须进一步开发更高效的混合分离过程强化技术和绿色环保高效的未燃碳浮选捕收剂和高稳定性起泡剂。

粉煤灰中有价元素高效提取技术：现有技术还存在诸多不足，需进一步改进和优化，如粉煤灰中各元素提取方法相对独立、各元素提取技术尚待完善，又如提取过程产生的有害气体处理、降低或消除二次污染、提高稀有金属元素回收率、简化工艺、降低成本、提升产品品位等问题，急需针对粉煤灰中矿物组成的物理化学赋存特征，开发绿色高效低成本的有用元素提取技术。

5.5.3　目标——建立典型煤种有害元素脱除和煤系共伴生资源精细加工的工业示范工程

（1）构建基于微波辐射、助剂溶解和生物降解等多元手段的有机硫脱除技术和工艺。具体包括从热效应和非热效应两个角度维度解析煤中含硫化学键对微波辐射的响应机理；建立工业规模的微波脱硫（或微波＋化学助剂脱硫）的示范装置，形成物理分选与微波联合的高硫煤全硫脱除示范系统；在生物降解脱硫方面，开展高效脱硫菌株的选育及基因工程改良技术研发，深度揭示煤炭生物脱硫界面作用及机理，研发高效生物反应器，进而开发工业规模的生物脱硫工艺技术。

（2）建立微量元素在洗选过程中的迁移转化模型，针对典型种类及特定赋存的微量元素开发高效脱除技术和工艺。具体包括重点研究煤中微量元素的直接检测和表征技术，定量研究煤中微量元素与灰分、硫分、常量元素以及主要矿物在迁移转化过程中的相关性；针对不同洗选工艺、针对典型选厂，研究煤中微量元素的选择性浸出剂，以及浸出液中微量元素固化封存等技术。

（3）典型煤系共伴生矿物资源的精细深加工技术和工程示范。重点开发高岭土、膨润土、石墨等煤系共伴生矿物资源；重点发展造纸涂料级高岭土、煅烧超细高岭土及纳米级高纯高岭土等深加工产品与生产技术；重点突破煤炭共伴生矿物资源超细粉碎、精细提纯、低成本煅烧工艺及装备等；建立煤系共伴生矿产资源开发利用大型示范工程，选择具有标志性和广泛推广前景的先进适用技术，重点以煤系高岭土超细、煅烧、增白、改性技术装备研发为突破口，带动其他煤系共伴生非金属矿物资源的高效开发利用。

（4）开发粉煤灰资源组分分离技术，实现粉煤灰固废资源的多元化综合利用。在大宗建材利用方面，开发高效的混合分离过程强化技术和绿色环保高效的未燃碳浮选药剂，包括混合调质表面改性技术、复合流场湍流矿化反应技术、多场梯级分离及强化回收技术等方面的研究；完善高铝粉煤灰（含铝40%～60%）提取氧化铝工艺，加强酸法氧化铝电解的适应性技术开发，改良碱石灰烧结法、氧化镁焙烧提铝方法，并针对碱法工艺进一步加大基础研究力度，为工业化夯实基础；开发绿色高效低成本的粉煤灰有价元素提取技术，重点研究粉煤灰多元体系多金属元素高效提取技术，具体包括硅、铝等常量元素提取技术，镓、锗、硒等稀散金属元素提取技术，锂、钒、镍等能源金属元素提取技术等方面的研究。

5.6 煤炭高值化利用加工理论与技术

5.6.1 现状——高值化利用率低、产业化难度大

煤炭高值化利用加工是煤炭清洁生产与利用的重要组成部分。煤炭高值化利用加工涉及低品质煤提质技术、动力煤煤泥资源化利用技术，水煤浆技术和煤基材料化技术。

5.6.1.1 低品质煤提质技术

低品质煤提质是指利用物理化学方法脱除煤中矿物、硫和水等杂质，而脱水提质技术对低品质煤合理高效利用有着非常重要的意义。低品质煤是指高含灰、高含硫、高含水的煤炭或煤炭产品，无论何煤种，都由于高含杂而难以利用，且利用过程中会产生较严重的污染，需采取相应的措施对其进行改性提质，使之成为可有效利用的燃料或高品质原料。

1）低品质煤脱水提质技术

脱水技术可分为蒸发脱水和非蒸发脱水。在蒸发脱水过程中，低品质煤中的水分以气态方式脱除，需要消耗气化潜热。而非蒸发脱水技术由于水分以液态形式脱除，能量不会以潜热的形式耗散，可以有效降低脱水能耗，因而有更广阔的应用前景。非蒸发脱水技术主要有溶剂萃取脱水技术、水热脱水技术和热压脱水技术。溶剂萃取脱水技术的研究还处于实验室阶段，热压脱水技术已经进行了中试研究。澳大利亚褐煤洁净技术发电联合研究所在1t/h规模上进行了热压脱水中试，研究表明热压脱水技术比水热脱水技术更节省成本，同时具加高效，是一种具有大规模应用潜力的非蒸发脱水技术。此外，在热压脱水过程中低品质煤可以形成型煤产品，有助于防止水分复吸、自燃，利于存储、运输，具有其他技术无可比拟的优势，但其工业化应用时所需脱水时间会大幅增加，限制其应用。因此，对热压脱水技术进行改进具有重要意义。

2）改性低品质煤利用技术

煤基多联产是清洁高效的煤炭转化利用技术，将该技术应用于改性低品质煤，是

解决我国能源系统面临主要问题的重要途径，也是我国可持续发展能源转化系统的重要方向。多联产是将多种煤炭热转化工艺经过优化整合为一个系统，耦合化工和动力等多个产业，联合生产多种高附加值产品和原材料，同时将污染物和气体排放降到最低。根据工艺技术路线的不同，目前多联产系统可以分为以下几类：以热解为基础的煤基多联产、以部分气化为基础的煤基多联产、以完全气化为基础的煤基多联产。

（1）以热解为基础的煤基多联产技术。原煤通过热解产生煤气、焦油和半焦产品，煤气可以用作燃气及化工产品的原料气；焦油进一步转化为多种稠环芳香烃类化合物和杂环化合物；残余的富碳半焦热值很高，可作为燃料送入锅炉燃烧产生蒸汽，用来发电和供热，继而实现在一个系统中以煤为原料，同时联产热、电、气及焦油等多种产品。根据热解反应装置、热载体性质的不同，目前该技术可以分为以流化床热解为核心、以移动床热解和以焦热载体热解为核心的多联产技术。

（2）以部分气化为基础的煤基多联产技术。目前以部分气化为核心的多联产技术主要有将气化燃烧工艺与联合循环发电相结合的先进燃煤发电技术。原煤在气化炉内进行部分气化产生煤气和半焦，与热解的惰性环境不同，部分气化的气化剂可以是空气也可以是纯氧，使得所产生的煤气热值和品质不同。如以空气为气化剂生成的煤气中氮气含量比较高、造成热值偏低，可以用到燃气 / 蒸汽联合循环发电装置中。而以纯氧为气化剂生成的煤气热值较高，可以直接作为民用燃气、工业燃气及燃气 / 蒸汽联合循环发电的燃料气，也可以用作化工原料气生产各种醇醚燃料及其他化工产品。气化不完全的残余半焦化学品位较低，则送入锅炉进行燃烧，产生的蒸汽用于发电和供热。

（3）以完全气化为基础的煤基多联产技术。煤在气化炉内发生完全气化，全部转化为合成气，产生的合成气可以用于燃气 / 蒸汽联合循环发电，用作燃料气以及合成液体燃料等化工产品的原料气。以完全气化为基础的多联产技术是目前国内外研究的热点与重点之一，美国能源部提出"展望 21 能源系统"，一方面用煤气化所得的合成气制氢供燃料电池汽车用，另一方面则通过高温固体氧化物燃料电池和燃气轮机组成的联合循环来发电，能源利用效率可达 50%～60%。

5.6.1.2 动力煤煤泥资源化利用技术

煤泥是煤炭开采和分选加工过程中产生的副产品，约占原煤量的 15%～18%。2018 年我国预计动力煤煤泥约 3.2 亿 t。动力煤煤泥因其高水、高灰的特性，呈黏稠状，难以运输且不易装卸，还会增加无效运输量，其中较低的热值不利用燃烧，这些都严重影响了动力煤煤泥的工业利用价值。同时，堆积的动力煤煤泥占用了大量的土地，浪费了资源，而且对环境造成了严重的危害。国内外学者围绕动力煤煤泥资源化利用问题开展了大量研究工作并取得了卓有成效的进展。

（1）煤泥燃烧技术。为解决煤泥处理与利用问题，国内外研究人员做了大量的研究，已开发出多种煤泥利用形式，燃烧利用被认为最有效的资源化利用方式。目前煤泥燃烧利用的主要方式有煤泥直接燃烧（发电）、制煤泥水煤浆、制型煤循环流化床燃烧等。其中，制型煤循环流化床燃烧是煤泥燃烧利用的主要方式。利用煤泥燃烧发电在解决煤泥污染问题的同时，又能节约能源，变废为宝，可获得巨大的社会效益和丰厚的经济效益。随着煤泥燃烧发电技术的进一步发展，75 t/h、220～260 t/h（50 MW）、410～480 t/h（100～150 MW）煤泥循环流化床锅炉得到普遍工业化应用。

（2）煤泥干燥技术。目前，煤泥干燥技术包括：①干燥热压成型煤技术。在400～600℃的温度下，对煤进行加热和干燥，同时添加一定量的黏结剂，通过高压挤压，将煤制成符合一定工业要求的有统一形状的型煤。②热水直接干燥制高浓度水煤浆技术。在加温加压的条件下对动力煤用热水直接干燥并同时脱除煤中的多余羧基，干燥后的煤可直接制得浓度60%左右的水煤浆。③热力脱水技术。利用热能从煤中除去水分的操作称为热力干燥，热力干燥有两种方式：一种是高温烟气直接干燥，另一种是用高压过热蒸汽直接干燥。

（3）煤泥制浆技术。煤泥水煤浆是利用煤泥作为主要原料，不经浮选直接制浆，减少了浓缩、浮选以及真空过滤等环节。由于煤泥粒度细，不需破碎，可直接磨矿，简化了生产环节，降低了生产成本。煤泥制浆是一种新的制浆工艺，是国家鼓励发展的资源综合利用项目。煤泥水煤浆制合成气技术的成功研发将为煤泥水煤浆的应用创造更加广阔的空间，例如由煤泥水煤浆制合成气，然后再利用合成气生产煤基液体燃料，从而实现煤泥的高附加值利用。

此外，煤泥还可用于民用型煤生产以及水泥、石灰等建材的制造，也可与生物质结合制作生物质型煤。近年来，还出现了其他新的利用形式，如将煤炭洗选与城市污水处理结合起来，利用煤炭的吸附能力净化污水、污水混合煤泥制浆；同时，实现污水洗煤、煤泥制浆、洁净燃烧的流程，综合效益明显。

5.6.1.3　水煤浆技术

水煤浆是一种洁净的浆体燃料，具有热效率高、污染少的特点，可以代油燃烧，目前已实现商业化。

1）水煤浆制备技术已达到国际先进水平，实现规模化生产

20世纪80年代初开始研发以来，历经30多年的科技攻关与生产实践，我国水煤浆制备技术已达国际先进水平。全国燃料水煤浆的设计产能已突破5000万 t/a，生产和使用量已达3000万 t/a，气化水煤浆年耗浆量1亿 t以上。

2）制浆理论日趋完善，制浆用煤和水煤浆品种更加丰富

水煤浆制备理论研究和制备工艺已达到国际先进水平，可以针对不同原料煤进行制浆。制浆原料煤既可以是低阶煤、烟煤，也可以配入其他原料，如造纸黑液、工业废水（污水）及城市污泥、废弃物等制浆，拓宽了制浆原料种类，降低制浆生产成本。水煤浆品种呈多样性，可生产普通高浓度水煤浆、超细煤浆、精细水煤浆、环保水煤浆、生物质煤浆、多元料浆、褐煤煤浆、煤泥煤浆、气化用煤浆及速溶煤粉等。

3）新型高效水煤浆添加剂研究取得进展

水煤浆添加剂更加适应煤种和制浆工艺要求。目前已研发出了多个系列、多种性价比高的添加剂。

4）水煤浆燃烧技术趋向完善和多样化

水煤浆的燃烧方式由单一的喷雾—悬浮燃烧发展成为流化—悬浮燃烧、多重配风旋风燃烧、催化燃烧及水煤浆低温、低氧、低灰熔点、低挥发分煤浆燃烧等多种方式。在燃烧装置方面，水煤浆的雾化喷嘴和煤浆的燃烧器都呈现多样化，不仅类型多、适用范围广，而且在结构设计、材质选择、雾化质量和配风量的合理性方面都有很大的改善和提高。燃烧技术的提高，使得各类煤浆作为清洁燃料在我国多个行业的多种改造炉窑和专用锅炉上得到长期应用，节能和环境效益显著。

5）气化用高浓度水煤浆成套制备技术取得突破

近些年来，以湿法煤浆进料的德士古水煤浆气化、多喷嘴对置式水煤浆气化、多原料浆气化及分级气化等工艺在我国发展很快，目前商业化运行的工艺有数十台（套），年用水煤浆量达到 1 亿 t。国家水煤浆工程技术研究中心研发出"分级研磨、超细浆返磨、优化粒度级配"的制浆工艺及关键成套设备，可将低阶煤（含褐煤）气化水煤浆的制浆浓度提高 3%～5%，填补了国内气化水煤浆提浓技术领域的市场空白。

5.6.1.4　煤基材料化技术

从煤出发获取合成化学品、煤基重质碳组分加工芳香高聚物和碳化生产碳材料的现代煤化工发展进入黄金时代。

煤基合成化学品。以煤（煤层气、焦炉气）为原料制得合成气（一氧化碳、氢气），合成气可合成甲醇、甲醛，并由此进一步合成的一系列有机化工产品。煤基合成化学品包括醇类化学品、醛类化学品、胺类化学品、有机酸类化学品、酯类化学品、醚类化学品、甲醇卤化化学品和烯烃化学品。随着大型煤气化技术、大型合成化学品技术的相继开发成功，煤基合成化学品，特别是在液体燃料、大宗化学品等领域，在国民经济发展中起到重要的作用。甲醇低压羰基化生产乙酸实现工业化，二甲

醚、甲醇制烯烃（MTO）、甲醇制丙烯（MTP）等生产技术逐渐走向成熟，煤的间接液化、煤—油（低品质油、煤焦油、环烷基重油、原油等）共炼实现工业化试生产。

煤基重质碳组分开发利用取得阶段性成果。煤的有机质富含缩合芳环和杂原子，通过超临界热溶和催化加氢裂解等环节，在相对温和的条件下，获取高附加值的化学品和功能炭材料的技术路线逐步走向工业化。利用煤分子的芳香结构和煤粒多孔性，煤制聚合物复合材料（如煤基可控寿命包装袋）等研发取得阶段性成果。

煤基碳材料包括以煤为主要原料生产的活性炭、增碳剂、炭块、电极炭、C/C复合材料，以及富勒烯、碳纳米管、碳分子筛、碳纤维、碳合金等新型炭材料。煤基材料最早可追溯到 20 世纪 30 年代，德国弗德茨·菲舍尔（Franz Fischer）将褐煤与含酚 20% 的苯，应用反应性共混技术共同压制的板材。随着足球烯和纳米碳管的发现，煤基炭材料进入新时代。

以煤沥青或优质无烟煤为原料，采用针状焦或碳纤维路线，生产高功率电极或高性能 C/C 复合材料逐步走向工业化。煤基增碳剂、煤炭石墨化电极、矿热炉煤基自焙电极进入工业化应用并呈现了良好的性能。煤基超电电极、煤基纳米碳管、煤基碳分子筛研究取得一定进展。

5.6.2 挑战——绿色高效提质、多产业集成创新

虽然煤炭高值化利用加工技术取得了巨大的进步和发展，但仍然存在诸多技术瓶颈和挑战，煤炭高值化利用加工技术所面临的挑战如下。

低品质煤提质技术面临的挑战包括：①优化利用方式，提高能源利用率。当前我国对低品质煤的利用，仍以单一生产过程的利用为主，即使在单个生产工艺中效率高，其能源总体利用效率也不高。煤炭燃烧利用方式是把煤中所含成分均作为燃料利用，高效利用煤炭的能源价值，而忽略了煤炭的资源价值；煤气化与煤液化等煤炭化工利用方式，有效开发了煤炭的资源价值，但受到反应条件限制，只能利用煤中较容易利用的部分，剩余的富碳成分则作为残渣废弃，浪费了大量的高热值能源，导致后期污染处理难度加大，且为了追求高的煤炭转化率，通常需要复杂的工艺和苛刻的运行条件，从而导致转化工艺技术复杂，设备庞大，投资及生产成本高。②完善多联产耦合技术。多联产所涉及的各个基础单元技术都已经存在，且大都已有相当成熟的工艺，但仅仅将现有各个单元技术的简单组合并不能真正意义上实现多联产。到目前为止，尚未有真正工业成熟的多联产系统出现。煤基多联产技术不是多种煤转化技术的简单叠加，而是以煤资源的合理利用为前提，将各相关技术进行有机整合，从而实现煤炭资源的分级分质、梯级高效利用、降低污染物排放和提高经济效益，而在这方面未来的工作任重而道远。

动力煤煤泥资源化利用技术面临的挑战包括：①煤泥脱灰、脱水和降硫等提质技术有待提高。②受煤泥产量、输送技术及流化床技术的制约，目前大比例煤泥掺烧发电工艺受到限制。③煤泥燃烧过程的污染控制问题需要进一步研究。④煤泥干燥设备和工艺还需完善，干燥过程的能耗、安全性和污染物控制亟待解决。⑤煤泥高浓度制浆工艺及其高效添加剂还需进一步研究。

水煤浆技术面临的挑战包括：①缺乏水煤浆厂大型化配套的高效、低耗设备，洁净高效水煤浆生产工艺还需加强研究。②制浆用煤选择范围窄，缺乏低阶煤制备高浓度水煤浆相配套的添加剂和工艺。③低热值物料制水煤浆以及环保型水煤浆的制备工艺还需完善。④长距离、大范围管道输送水煤浆尚存在问题，亟须解决。⑤高效、经济、适应性宽的水煤浆添加剂还存需进一步研究。

5.6.3 目标——构建分选—化工—材料联合的煤炭高值利用模式

（1）开发改性低品质煤利用核心工艺及关键设备，建立适合我国低品质煤的多联产资源化利用系统和工艺路线。通过研究低品质煤改性提质前后的微观理化特性，探究改性低品质煤工艺性质变化，实现煤炭资源的分级分质、梯级高效利用。

（2）通过开发低热值动力煤泥的高效分选技术及装备，研究并开发高效大型循环流化床锅炉大比例掺烧煤泥技术和燃烧污染控制技术。在煤炭资源丰富的矿区建设大容量、高参数、低排放的循环流化床发电机组，减少低热值煤运距，实现低热值煤的就地转化。在高效发电技术方面，以煤泥泵送技术实现煤泥直接入炉燃烧，以新型风水联合冷渣器实现对锅炉底渣热量的高品位回收，以烟气高效回热系统实现减少排烟热损失，同时应用新型低床压技术实现机组的高效运行。

（3）通过水煤浆制备理论与工艺研究和高效水煤浆添加剂开发，形成高效节能的水煤浆制备工艺及关键设备。燃料水煤浆需要建设大型、集中型、环保型水煤浆生产厂，同时也需开发长距离管道输送水煤浆的技术及其设备；气化水煤浆需要进一步拓宽制浆煤种，开发高效节能制浆新工艺和设备，使气化煤浆的浓度得到提高，制浆成本进一步降低；技术应用方面应偏重开发气化水煤浆市场，使清洁燃料、原料水煤浆技术得到持续稳定的发展。

（4）完善煤基材料制备技术，实现煤基材料的多元化利用。发挥煤炭自身特性，以煤为原料制备各种高附加值的煤基材料和复合材料，在炭质耐火材料、煤基电极炭材料、煤基活性炭、碳分子筛、煤基高分子复合材料、分子筛炭膜、富勒烯及缩合多环芳烃树脂等方面取得新突破。

5.7　煤的清洁生产与利用技术发展路线图

煤的清洁生产与利用技术发展路线图见图 5-1。

需求与环境	改善煤炭资源的传统加工和利用方式，重点突破煤炭分选过程的高效化和智能化，重点实现煤炭利用的清洁化和高值化		
典型技术和工艺	1. 大规模、低成本的煤炭高效分离技术与工艺 2. 选煤生产管理的智能化和智能选煤全过程的自动化 3. 典型煤种有害元素脱除和煤系共伴生资源精细加工技术与工艺 4. 高附加值煤基材料制备及利用技术与工艺		
煤炭高效清洁分离关键技术	目标：煤炭精准分离的基础理论研究 1. 浓相固—液两相流动力学 2. 多相、多组分、多尺度的流态化分选理论体系 3. 微细煤粒与气泡的碰撞、黏附与脱附过程的界面调控	目标：大规模、低成本的煤炭高效分离技术与工业应用 1. 重介质高精度分选和生产过程高度可控 2. 基于全粒级和井下原位分选的煤炭精准干法分选 3. 基于界面调控和流体动力学强化的细粒煤高效浮选技术	
智能化煤炭分选技术	目标：智能选煤基础理论与架构体系 1. 选煤大数据 2. 选煤跨媒体感知计算 3. 选煤人机混合智能 4. 选煤自主协同与决策	目标：选煤生产管理智能化、过程自动化 1. 选煤生产管理智能化 2. 智能选煤全过程的自动化	
煤炭有害元素脱除与煤系资源综合利用	目标：煤中有害和有价组分的物性认知 1. 煤中含硫化学键对微波辐射的响应机理 2. 微量元素在洗选过程中的迁移转化模型 3. 多场梯级强化分离理论	目标：煤中有机硫的高效脱除、煤系有价资源的高值利用 1. 基于微波辐射、助剂溶解和生物降解等多元手段的有机硫脱除技术和工艺 2. 典型种类及特定赋存的微量元素开发高效脱除技术和工艺 3. 煤系共伴生矿物资源的精细深加工技术和工程示范 4. 粉煤灰资源组分分离技术	

2019 年	2035 年	2050 年

156

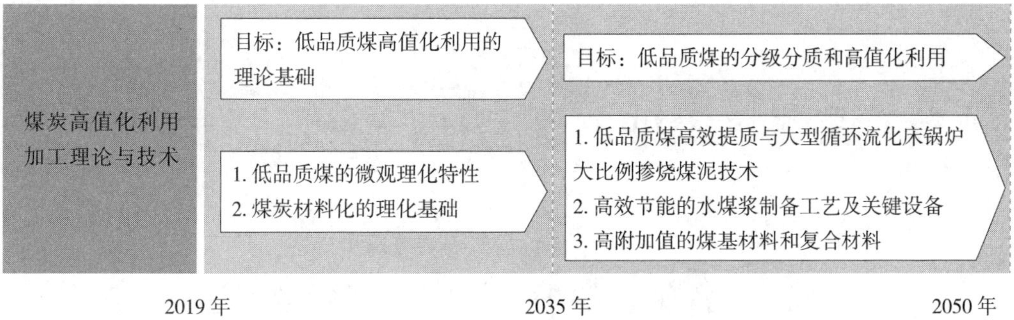

图 5-1 煤的清洁生产与利用技术发展路线图

参考文献

[1] 赵跃民, 李功民, 骆振福, 等. 模块式干法重介质流化床选煤理论与工业应用 [J]. 煤炭学报, 2014, 39 (8): 1566-1577.

[2] 谢广元, 倪超, 张明, 等. 改善高浓度煤泥水浮选效果的组合柱浮选工艺 [J]. 煤炭学报, 2014, 39 (5): 947-953.

[3] 董宪姝. 煤泥水处理技术研究现状及发展趋势 [J]. 选煤技术, 2018 (3): 1-8.

[4] Waqas Ahmad, Imtiaz Ahmad, Rashid Ahmad, et al. Desulfurization of Lakhra coal by combined leaching and catalytic oxidation techniques [J]. International Journal of Coal Preparation and Utilization, DOI: 10.1080/19392699.2019.1583648.

[5] 吕宪俊, 金子桥, 胡术刚, 等. 细粒尾矿充填料浆的流变性及充填能力研究 [J]. 金属矿山, 2011, 419 (5): 32-35.

[6] 刘文礼, 曹育洵. 三产品重介质旋流器与两段两产品重介质旋流器分选效果对比研究 [J]. 选煤技术, 2019 (1): 87-91.

[7] 闫凡飞, 陈军, 刘令云. 难沉降煤泥水处理新技术研究现状及发展趋势 [J]. 选煤技术, 2018 (5): 4-9.

[8] 潘永泰. 我国煤炭破碎设备 70 年发展与展望 [J]. 选煤技术, 2019 (1): 32-36, 42.

[9] Haijun Zhang, Jiongtian Liu, Yongtian Wang, et al. Cyclonic-static micro-bubble flotation column [J]. Minerals Engineering, 2013 (45): 1-3.

[10] Xiahui Gui, Jiongtian Liu, Yijun Cao, et al. Coal Preparation Technology Status and Development in China [J]. ENERGY & ENVIRONMENT, 2015, 26 (6-7): 997-1013.

6 深海、深地、深空矿产资源开发利用

6.1 深海、深地、深空矿产资源概述

矿产资源是国民经济和社会发展的重要物质基础，对国民经济持续稳定发展和人民生活质量改善具有十分重要的保障作用。当前我国正位于工业化中后期的中高速发展阶段，在相当长的一段时间内都将维持对资源的强劲需求，大宗支柱性矿产资源（如铁、铝、铜、铅、锌）及稀有金属资源（如钴、镍、稀土、钛、铂、铑等）在国民经济和材料消耗中占主导地位。特别是进入 21 世纪以来，资源供应不足与需求持续旺盛的矛盾更加突出，随着我国进入工业化快速发展阶段，原材料矿产需求量持续快速增长。推进资源行业供给侧改革，保障大宗紧缺资源的稳定供给，满足新兴资源需求，必须加强资源储备和开发能力作为战略基础，保障资源安全面临更加严峻的挑战，为迎接挑战、解决资源压力，迫使我们必须把视角转移到地表及浅地表以外的其他领域（深海、深地、深空）。尤其是，随着地表浅层矿产资源的逐渐枯竭，促使人们将深海、深地、深空矿产资源的开发利用提上日程。

6.1.1 未来资源替代

深海、深地、深空含有丰富的矿产资源，可作为未来陆地矿产资源的替代。以深海为例，仅深海多金属结核储量就相当于目前陆地锰储量的 400 多倍，镍储量的 1000 多倍，铜储量的 88 倍，钴储量的 5000 多倍；深地方面，如果我国固体矿产勘查深度达到 2000 m，探明的资源储量可以在现有基础上翻一番；深空矿物资源被各国视为地球自然资源的重要补充，将为人类文明永续发展奠定重要的物质基础，近地小行星中蕴含大量贵金属、稀有金属及核原料等矿物资源，月球中也蕴含着丰富的铁、铝、铬、镍、钠、镁、硅、铜等金属矿产资源。

6.1.2 战略安全保障

深海、深地、深空资源作为战略资源和战略空间在国家安全和发展中的战略地位日益凸显，是未来国际科技竞争的主战场之一，关系到国民经济持续发展以及资源

安全保障的长远问题。深海、深地、深空矿产资源的开发利用不仅是我们必须解决的战略科技问题，更是国家保证能源资源安全、扩展经济社会发展空间的重大需求。资源安全关系国家经济社会可持续发展、资源代际配置和极端情况下的资源保障等重大战略性、长远性问题，必须立足国内保障资源安全，面向全球解决发展需求，通过深海、深地、深空资源探测和加工利用，开展以储备为目的的战略性矿产勘查和开发，建立完善国家能源和矿产资源战略储备体系，是不断挖掘我国资源潜力、提高资源供应能力、优化资源供给结构的现实需求，也是实施科技驱动发展战略和保障国家资源安全的战略决策。

6.2　深海、深地、深空矿产资源现状及战略需求

6.2.1　资源现状

6.2.1.1　深海矿产资源现状

深海主要指大陆架或大陆边缘以外的海域，占海洋面积的 92.4% 和地球面积的 65.4%，蕴藏着极为丰富的海底矿产资源。目前具有开发潜力的深海矿产资源主要有多金属结核、富钴结壳、海底热液硫化物、深海磷钙土和深海稀土软泥等。

1）多金属结核

多金属结核是一种富含铁、锰、铜、钴、镍等金属的大洋海底自生沉积物，呈结核状，广泛分布于太平洋、大西洋和印度洋水深 4~6 km 的海底，一般呈球状、椭圆球状或块状，直径 1~20 cm。这种结核内含有多达 70 余种元素，包括工业上所需的镍、钴、铜、锰、铁等金属，其平均含量分别可达 1.30%、0.22%、1.00%、25.00% 和 5%。此外，有些稀有分散元素和放射性元素的含量也很高，如铍、铈、锗、铌、铀、镭和钍的浓度，要比海水中的浓度高出几千、几万乃至百万倍，具有很高的经济价值。

世界深海多金属结核资源极为丰富，远景储量约 3 万亿 t，仅太平洋底蕴藏量就达 1.7 万亿 t，含锰 4000 亿 t、镍 164 亿 t、铜 88 亿 t、钴 58 亿 t，总储量分别高出陆地相应储量的几十倍到几千倍。此外，多金属结核矿每年还以 1000 万~1500 万 t 的速度不断增加，这些丰富的有用金属将是人类未来可利用的接替资源。

2）富钴结壳

富钴结壳是生长在海底岩石或岩屑表面的一种结壳状自生沉积物，主要由铁锰氧化物组成，富含锰、铜、铅、锌、镍、钴、铂及稀土元素，其中钴的平均品位高达 0.8%~1.0%，是大洋多金属结核中钴含量的 4 倍。金属壳厚 1~6 cm，平均 2 cm，最大厚度可达 20 cm。结壳主要分布在水深 800~3000 m 的海山、海台及海岭的顶部或

上部斜坡上。据估计，在太平洋地区专属经济区内，富钴结壳的潜在资源总量不少于10亿 t，钴资源量就有 600 万~800 万 t，镍 400 多万 t。

我国南海所发现的富钴结壳钴含量一般比大洋多金属结核高出 3 倍左右，镍含量是多金属结核的 1/3，铜含量比较低，而铂的含量很高，变化于 0.3×10^{-8} 至 2×10^{-8} 之间，最高可达 4.5×10^{-8}，稀土元素含量亦很高，以轻稀土为主，都具有工业利用价值。

3）海底热液硫化物

海底热液硫化物是由高温黑烟囱喷发的富含金属元素的硫化物、硫酸盐等构成的矿物集合体，是汇聚或发散板块边界岩石圈与大洋（水圈）在洋脊扩张中心、岛弧、弧后扩张中心及板内火山活动中心发生热和化学交换作用的产物。一般富含铜、铅、锌、金和银等金属，同时副产物有钴、锡、硫、硒、锰、铟、铋、镓与锗等。有关调查资料显示，弧后扩张中心的玄武岩至安山岩环境生成的块状硫化物平均含量较高的金属有锌（17%）、铅（0.4%）和钡（13%），金的含量甚高，而铁含量很低；大陆地壳后弧裂谷的硫化物中含铁量也很低，但富含锌（20%）和铅（12%），同时含银量较高（1.1%）；弧后海盆硫化物的含金量高达 29 g/t，平均为 2.8 g/t。世界已有 70 多处发现热液硫化物产出，在东海冲绳海槽地区已发现 7 处热液硫化物喷出场所，中国东海冲绳海槽轴部发现热液硫化物。海底热液硫化物一般离散地分布在数十米至数百米见方的范围内，分布水主要集中 1500~3000 m。海底热液硫化物矿床与大洋多金属结核或富钴结壳相比，具有水深较浅、矿体富集度大、矿化过程快、易于开采和冶炼等特点，所以更具现实经济意义。

4）深海磷钙土

深海磷钙土又称深海磷钙石，是一种富含磷的海洋自生磷酸盐矿物，它是制造磷肥、生产纯磷和磷酸的重要原料，主要由磷灰石组成，呈层状、板状、贝壳状、团块状、结核状和碎砾状产出。按产地可分为大陆边缘磷钙土和大洋磷钙土。大陆边缘磷钙土主要分布在水深十几米到数百米的大陆架外侧或大陆坡上的浅海区，主要产地有非洲西南沿岸、秘鲁和智利西岸；大洋磷钙土主要产于太平洋海山区，往往和富钴结壳伴生。磷钙土生长年代为晚白垩世到全新世，太平洋海区磷钙土含有 15%~20% 的五氧化二磷，是磷的重要来源之一。另外，磷钙土常伴有高含量的铀和稀土金属铈、镧等。据推算，海区磷钙土资源量有 3000 亿 t，如利用其中的 10% 则可供全世界几百年之用。

5）深海稀土软泥

深海稀土软泥主要是指由浮游生物遗骸碎片沉积海底而形成的松软的泥，其中含有大量的铜、铅、锌、银、金、铁、铀和稀土等元素。2013 年，在日本南部岛屿附近的北太平洋西部发现了总稀土含量超过 5000 ppm 的深海稀土软泥。据估计，最有前景的地区的稀土氧化物资源量为 120 万 t，钇、铕、铽和镝分别占全球年度需求量的 62%、47%、32% 和 56%。

6）海水资源

海水中含有 80 多种化学元素，是钠、溴素、锂盐、镁盐等化工资源的来源，其中铀、氘等微量元素是重要的资源。世界上每年从海洋中提取盐 5000 万 t、镁及氧化镁 260 万 t、溴 20 万 t。此外，海水淡化作为淡水资源替代越来越受世界沿海国家重视，全世界共有近 8000 座海水淡化厂，每天生产的淡水超过 60 亿 m^3，替代了大量宝贵淡水资源。

综上所述，随着深海勘查技术的不断发展，必将有越来越多新型海底矿藏被发现，围绕国际海底区域资源的"蓝色"圈地日益激烈，无论从国家战略层面或安保层面考虑，开发深海矿产资源意义重大。

6.2.1.2 深地矿产资源现状

地壳深部存在丰富的金属矿产资源，随着深部找矿理论和技术方法日趋成熟，国内外已发现了多处深地金属矿产资源。国外深部开采历史较长，开采深度超过 1000 m 年产 10 万 t 以上的金属矿山超 80 座，包括金矿、铜矿、镍矿、铅锌矿、银矿、钴矿、铁矿、铝土矿等。其中，南非绝大多数含金、铀变质砾岩矿床埋藏深度大都在 1000 m 以下。南非的西部深层金矿深度超 4000 m，梅伦斯基础地区的铂钯矿深度达 2200 m；威特沃特斯兰德地区的陶托纳金矿 2009 年开采深度已达 3910 m，矿体延深 6000 m 以下；印度科拉尔金矿区采深超过 2400 m，其中钱皮恩里夫金矿总深 3260 m；俄罗斯克里沃罗格铁矿区开采深度到 1570 m，将来要达到 2000~2500 m。国外对深部矿产资源开采进行了较系统的研究，已具备了较规范的手段，合理可行的标准及多种指导理论，并有多年的生产实践经验。

我国多数金属矿山仍处于浅部开采阶段，有色金属矿山开采深度在 300~600 m，近年我国有一批金属矿山进入深部开采阶段，如红透山铜矿开采深度 900~1100 m，冬瓜山铜矿已建成 2 条超 1000 m 竖井进行深部开采，夹皮沟金矿二道沟坑口矿体延深至 1050 m，湘西金矿垂直深度超 850 m，本溪大台沟铁矿矿体埋深 1100~1200 m，河北承德深部 2010 m 探明资源储量 10 亿 t 深部钒钛磁铁矿，山东三山岛滨海深部 1600~2600 m 探明金属储量 550 t 的大型金矿床。此外，凡口铅锌矿、金川镍矿、乳山金矿等许多矿山深部均探明有大量矿产资源，都将进行深部开采。

有研究表明，地壳深部有利的找矿空间一般为 5~10 km，大型热液成矿系统的垂直延伸可深达 4~5 km。几十年持续的大规模资源开采使得我国浅部矿产资源已趋于枯竭，我国未来矿产资源开发将全面进入深地资源开发，金属矿深部开采将成为常态。

6.2.1.3 深空矿产资源现状

深空资源被视作地球自然资源的重要补充，近地小行星中蕴含有大量稀有金属、核原料等资源，目前，在近地球轨道有观测记录的小行星中，贮藏着许多难以预估的贵金属资源。

1）月球矿产资源

月球是近地空间唯一大型的地外天体，月球上存在大量矿藏，包括丰富的氧、硅、铝、铁等资源。通过探测发现，月球表面覆盖着一层岩屑、粉尘、角砾岩和冲击玻璃组成的细小颗粒状物质，这层月壤含由太阳风粒子积累所形成的气体，如氢、氮、氖、氮等。根据美国"阿波罗"带回的样品分析，估算月球上氦–3资源量在100万～500万t。根据搭载在嫦娥一号卫星上的微波探测仪获得的数据，推导出月球土壤层的平均厚度为5～6m，而氦–3资源量接近100万t。此外，月球还有钛、稀土、铀矿、钍矿等极其丰富的矿产资源。

2）火星矿产资源

火星土壤中含有丰富的铁、铝及少量的钾、磷、硫、氯、钽、铬、镁、钴、镍、铜等矿产资源，硫的含量比地壳的平均含量高1～2个数量级，钾的含量低于0.25%，铷、锶、钇及锆的含量比大多数地球火成岩低得多。根据矿物成分的计算，火星土壤是80%的富铁黏土，约10%的硫酸镁，约5%的碳酸盐及约5%的氧化铁组成的混合物。美国航空航天局好奇号火星车在火星夏普山附近发现了矿脉，许多矿脉附近存在硫酸钙，还有一些为硫酸镁和氟，其中夹杂着部分铁。

3）小行星和彗星矿产资源

约90%已知小行星位于火星和木星之间的小行星带中，M类金属型小行星上有丰富的铁、镍、铜等金属，有的还有金、铂等贵金属和珍贵的稀土元素。美国航空航天局研究认为，地球周边1500颗小行星中，10%可能存在矿产资源。有关资料分析，深空中的矿物质有铂、钴、铑、铱、锇等稀贵金属。据探测，1986DA金属小行星，直径不到2km，但却蕴藏有约1万t的黄金、10万t的铂、10亿t的镍和100亿t的铁。

6.2.2 国外开发利用现状

国外在深海、深地、深空资源研究已取得较大进展。美国、法国、日本、俄罗斯等国已经基本完成了深海多金属结核加工处理实验室研究，其研究开发已转向富钴结壳、多金属硫化物、深海稀土软泥等其他深海矿产资源；美国、加拿大和澳大利亚等矿业大国已将深地资源作为新增储量的主要目标，20世纪70年代以来，美国COCORP、EarthScope、加拿大LITHOPROBE、法国ECORS、德国LDEKORP等科技计划开启了探测地球深部的序幕；美国、俄罗斯、欧空局和日本等国和机构开展了深空资源相关探测研究，一些充满雄心壮志的创业公司正紧张地计划到月球以及月球临近的小行星开采矿产资源。

6.2.2.1 深海矿产资源开发利用现状

1）开采技术

人类开展深海矿产资源的研究已有数十年的历史，以美国为代表的工业发达国家已基本完成了深海多金属结核采矿的技术原型及1∶5比例的中试研究。富钴结壳和多金属硫化物的深海采矿技术正在成为一些工业发达国家的研究热点。

（1）多金属结核矿开采方面比较成功的技术是以美国公司为主的跨国财团提出的水力和气举式管道提升系统，由海底采矿机、长输送管道和水面支撑系统构成。由东欧等国家组建的"海金联"，一直持续开展水下矿物长管道输送技术方面的试验研究，建有功能较强的管道输送实验系统，同时开展了深海采矿过程的计算机模拟研究。

（2）有关富钴结壳和多金属硫化物的开采技术的研究，目前基本上是在多金属结核采矿系统研究基础上进行拓展，主要集中在针对富钴结壳和多金属硫化物赋存状态的采集技术和行走技术方面。美国就深海钴结壳的采矿机理进行过深入研究，提出了采矿车设计方案及采矿系统技术方案。日本、南非等国于20世纪90年代申请了数项深海钴结壳采集机的专利。澳大利亚鹦鹉螺矿业公司向巴布亚新几内亚政府申请并获批了勘探执照矿区面积约15000 km^2，已进入试验性采矿阶段。

（3）亚洲的一些新兴国家，如韩国和印度对深海矿产资源开采技术的研究投入了极大热情和力量，近十多年来做了许多的工作。如印度，已开发研制了一种海底采矿车，并于2000年进行了410 m水深的海上试验；韩国以OMA系统为原型开发了自有的管道输送系统，目前已进入水池实验与中试采矿系统设计的阶段。

2）矿物加工技术

国外在多金属结核、富钴结壳资源利用方面，积累了相关选冶加工技术，美国、法国、日本、俄罗斯等国已经基本完成了多金属结核矿加工处理实验室研究，其研究开发已转向富钴结壳、多金属硫化物、天然气水合物等多种深海矿物资源。在深海稀土软泥等深海矿产资源的研究方面，主要集中在资源勘查与评价、采矿装备及技术等，很少涉及选冶加工领域。西方各国从20世纪50年代开始进行海洋矿产资源调查活动，并于70年代进行了采矿系统的海上试验，基本完成了开采前的技术储备。世界上工业发达国家对多金属结核的冶炼进行过大量的研究，提出了几十种方案，其代表性的有5个选冶流程，包括：还原焙烧—氨浸法、亚铜离子氨浸法、高压硫酸浸出法、还原盐酸浸出法、熔炼—硫化浸出法。美国在夏威夷建立了日处理干结核能力为50 t的中间试验装置；俄罗斯建立了试验规模大于1 t/d的大洋多金属结核湿法与火法中间试验基地；"海金联"和日本的结核试验规模也达到了1 t/d；印度完成了500 kg/d

规模的结核矿处理扩大试验。

在研究富钴结壳和热液硫化物处理工艺方面，美国矿务局曾分别用火法冶炼、高温高压硫酸浸出和亚铜离子氨浸法处理了夏威夷专属经济区的钴结壳。德国用火法熔炼处理中太平洋富钴结壳，得到高铜、钴、镍含量的合金。日本用二氧化硫处理富钴结壳，钴、镍、锰、铅回收率均达 90% 以上；德国与沙特阿拉伯、苏丹联合对深海热液硫化物进行过开发研究，加拿大鹦鹉螺矿业公司和海王星矿业公司对热液硫化物的开采取得了实质性进展，澳大利亚的新南威尔士大学等也开展了热液硫化物的采矿技术方案及技术经济性研究。

在深海稀土方面，目前世界各国的研究主要集中于对深海环境中稀土元素的地球化学特征、成矿规律进行研究，但稀土元素的矿物产出形式、赋存状态很少涉及。日本对深海稀土软泥的赋存状况进行调查，确定有前景的稀土富集海域，探明远景资源量。

在海水利用方面，阿联酋、科威特等中东国家较早采用海水淡化技术解决本国淡水资源短缺问题。自 20 世纪 40 年代以来，世界各国先后开展了各种海水化学资源利用研究，取得了一系列成果。如空气吹出法提溴，气态膜法提溴、镁、锂等，但总体来说，海水多数化学元素综合开发利用仍处于研发阶段。国际海水利用技术主要发展趋势是低品位蒸汽和廉价电力的水电联产利用、热膜耦合等技术化集成，解决利用过程中防海水腐蚀、防海洋生物附着和废弃物处理对生态环境的影响。

6.2.2.2　深地矿产资源开发利用现状

国外于 20 世纪 80 年代开始对深部矿产资源开发的研究逐渐增多，以南非为代表，其他国家如美国、加拿大、澳大利亚、波兰、俄罗斯等也进行了深地矿产资源开发相关的基础课题研究。南非于 1998 年开始启动为期 4 年的"矿井深度开采"研究计划，旨在解决 3000 ~ 5000 m 深度的金矿安全、经济开采等关键问题，取得了包括水压支柱、水力钻机、深井制冷降温、快速连续采矿法、采场括板运输机、井下粗磨—浮选等一系列创新性成果；加拿大是继南非后的一个有 3000 m 深井的国家，加拿大安大略省萨德伯里矿业创新卓越中心提出建立加拿大超深采矿联盟，旨在解决地表以下深度 2500 m 的安全、能耗、运输生产等问题；欧盟启动了智能深矿井、热电和金属矿物联合开发、深部生物提取金属等课题，旨在开发新的深部地下矿物资源和废物处理方法、技术，降低矿物开发中废弃物的运输量，减少地面配套辅助设施，降低矿物开发对地表环境的影响，实现深部资源安全、生态和可持续开发利用；美国建立了如"深地科学与工程实验室"多个深地实验室，利用霍姆斯特克金矿的废弃矿井建立了桑福德地下实验室，开展工程学、地质学和生物学等领域的实验项目，在芬顿山执行钻井深度为 4250 ~ 4660 m 的热干岩发电计划。

6.2.2.3 深空矿产资源开发利用现状

深空资源开发按目的可分为科学研究、资源开发与利用，按阶段可分为前期勘探阶段、中期小规模开采阶段、后期大规模开采或就地利用阶段，所需的技术成熟度与技术指标有所差异。国际上关于外空资源开发利用的研究，主要集中在行星（主要是月球）资源及氧气制造方面，而关于行星资源冶金研究仅有零星的报道。例如，麦卡洛（McCullough）等提出熔岩电解工艺进行外空资源原位利用，通过配矿降低原料熔点至合理值后，使用电热方法加热其至熔融状态，然后电解分离提取。巴拉苏布拉马尼亚姆（Balasubramaniam）提出了一种碳基燃料还原方法，如在月球上利用高温还原，从甲烷中获得氢气和一氧化碳，同时在熔化的月尘中也会产生金属。另外，他还提出了用于预报这种资源开采利用过程生产速率的模型。科里亚斯（Corrias）等提出高温自蔓延（燃烧）合成（SHS）方法可以在太空无氧环境和微重力环境中应用，并认为在太空中这种技术的灵活性和适应性很好，并且具有多用途的特点。但就目前而言，各国还只提出了相关概念和规划，尚未对深空矿产资源进行实质性的开发利用。

6.2.3 国内开发利用现状

我国在深海、深地、深空资源研究起步较晚，但进展较大。2016 年 8 月，国土资源部印发《国土资源"十三五"科技创新发展规划》，明确提出全面实施深地探测、深海探测、深空对地观测和土地工程科技"四位一体"的科技战略。这表明我国将加快对"三深"矿产的勘查与开发。

6.2.3.1 深海矿产资源开发利用现状

1) 开采方面

我国高度重视对深海矿产资源的开发利用，近 15 年来，我国已完成 20 多个航次调查考察，实现了由单一太平洋考察区向三大洋考察区的转变，以及由单一的多金属结核资源调查向多种资源调查的战略性转变。

在国家国际海底区域活动专项的支持下，我国的深海矿产资源开采技术研究于"八五"期间正式展开。"八五"期间的研究对象为深海多金属结核的开采。这期间，研究人员对水力式和复合式两种集矿方式和水力提升与气举式提升两种扬矿方式进行了试验研究，取得了集矿与扬矿机理、工艺和参数方面的一系列研究成果与经验。"九五"期间，在此基础上进一步改进与完善，完成了部分子系统的设计与研制，研制了履带式行走、水力复合式集矿的海底集矿机，并于 2001 年进行了 135 m 水深的湖试。

"十五"期间，我国深海采矿技术研究以 1000 m 海试为目标，完成了"1000 m 海试总体设计"和集矿、扬矿、水声、测控等水下部分的详细设计，研制了两级高比转速深潜模型泵，采用虚拟样机技术对 1000 m 海试系统动力学特性进行了较为系统的研究分析。同期，结合国际海底区域活动发展趋势，中国大洋协会还组织开展了钴结壳采集关键技术及模型机研究，进行了截齿螺旋滚筒切削破碎、振动切削破碎、机械水力复合式破碎 3 种采集方法的实验研究，以及履带式、轮式、步行式、ROV 式 4 种行走方式的仿真研究。

总括上述研究，我国深海固体资源开采技术的目前状况及发展水平和地位可以总结为以下 3 个方面。

（1）已有一定积累。大洋多金属结核采矿中试系统海试水下部分已完成详细设计，研制了中试集矿机和提升泵，进行了湖试，开展了钴结壳采集方法和技术原型的研究，目前发展阶段高于韩国、印度等国家。

（2）独具特色。我国大洋多金属结核采矿系统的研究始终坚持自主设计研制为主、部分设备引进为辅的方针，在技术原型等方面拥有自主知识产权，如水力复合式集矿方式等拥有中国发明专利，履带行走方式目前国外亦没有海试成功的先例。

（3）差距亦存。国外 20 世纪 70 年代末便完成了 5000 m 水深的深海采矿试验，我国 2001 年才进行了部分系统 135 m 水深的湖试。我国对深海固体资源开采的关键技术研究得不够深入，设计和研发能力有待加强；我国深海技术整体基础较薄弱，与国外存在较大差距。

2）加工技术方面

我国的深海资源加工技术研究起步也较晚，但起点高，进展快。"八五"至"十二五"期间就已完成了熔炼—锈蚀—萃取、常温常压盐酸浸出、常温常压硫酸浸出、亚铜离子氨浸、特殊选矿工艺、生物冶金、结核矿作为工业吸附剂、催化剂和高能化学电源材料、现场加工处理、结核冶炼废渣利用、富钴结壳的火—水法联合冶炼与常温常压硫酸浸出等 30 多个大洋矿产资源加工课题的研究。

3）多金属结核方面

我国自 20 世纪 80 年代开始了多金属结核的选冶研究，主要集中在直接冶炼工艺开发上，研究的工艺包括常压常温硫酸浸出法、自催化还原氨浸法、常压常温盐酸浸出法、熔炼—合金浸出法、矿浆电解等。熔炼法在约 1420℃高温下，用碳质还原剂还原多金属结核，镍、铜、钴与铁形成合金，锰进入渣相形成锰渣，合金制粉后湿法浸出提取镍、钴、铜。长沙矿冶研究院有限责任公司开展了熔炼—锈蚀流程研究，集合了火法冶金处理量大，炉渣（富锰渣）可直接作为锰中间产品、有价金属富集比高（≥ 10 倍）及湿法冶金规模小的优势，解决了熔炼合金脱锰降磷和合金破碎难题，并完成 100 kg/d 冶炼流程试验，金属回收率分别为镍 92 %、铜 94 %、钴 89 %、锰 82 %；

氨浸法因选择好、药剂可循环使用、锰的回收可根据市场需求灵活掌握等优点受到重视，氨浸法包括还原焙烧—氨浸和低温水溶液直接还原氨浸。北京矿冶科技集团有限公司采用两段自催化还原氨浸工艺处理结核，第一段选择提取镍、钴、铜等，锰以碳酸锰形式留在渣中，再进行二段浸出或选矿回收锰。2016年针对合同区结核完成了日处理1 t级多金属结核的连续试验，突破了氨浸金属离子浓度低和钴浸出率受钴离子浓度严重制约的技术瓶颈，全流程的金属回收率分别为：镍95%、铜92%、钴89%、锰90%、钼88%。试验规模上，完成了多种规模的冶炼流程试验，最大已达到日处理干结核1 t的规模，解决了相关工艺中的关键技术难题，打通了流程，取得了较先进的技术经济指标，具备了进入商业开发所需选冶加工技术的最基础的技术准备。

4）富钴结壳方面

从"九五"开始对富钴结壳的选冶加工技术方案进行了研究，开发了火法—水法冶炼与常温常压硫酸浸出工艺，"十五"期间完成了日处理10 kg干结壳的实验室扩大试验。

5）热液硫化物方面

2011年我国在西南印度洋获得1万 km² 热液硫化物专属勘探矿区，并开展了"西南印度洋热液硫化物合同区资源评价"等可选冶性研究工作，总体来看，深海热液硫化物的选冶工艺研究工作目前仍处于起步阶段。

6）深海稀土方面

虽然稀土软泥中蕴含的稀土资源储量大，但相比于陆地稀土资源，其品质低、粒度细，使得深海稀土资源的开发利用仍面临巨大的难题。

7）海水利用方面

我国于2005年颁布了《海水利用专项规划》，提出了发展海水利用的目标、任务和保障措施等，海水循环冷却技术和低温多效海水淡化技术位列国际先进水平，攻克了海水提钾、溴、镁等关键技术，但基本处于小规模示范阶段，与国外相比海水利用规模有待进一步扩大。

8）在深海矿物资源化利用方面

国内相继开展了深海矿物直接利用和尾矿渣资源化的前期研究，在利用多金属结核和富钴结壳开发储能、催化、吸附、环保等功能材料上取得了突破。

我国深海矿产资源冶炼加工的上述研究成果，就技术指标而言已部分达到或接近国际先进水平。但我国的试验规模、技术的工程化程度和成熟度、投资力度等方面还远不如工业发达国家，甚至某些方面还不及印度这样的新兴工业国家。

6.2.3.2 深地矿产资源开发利用现状

我国自 20 世纪 80 年代末开始对深部资源开发技术进行研究，先后设立"九五""十五""十一五""十二五"科技攻关项目和"十三五"重点研发计划，对深部开采所要攻克的关键问题开展了大量研究。随着固体资源开采深度的增加，国家在"十三五"国家重点研发计划"深地矿产资源勘查开发"重点专项中又启动了深部矿产资源开采理论与技术等多个项目，试图建立 1500 m、2000 m 不同梯级深度的岩体力学与开采理论体系、安全监测预警技术体系，1000 m 采深规模化采矿示范，为深部开采理论方法与灾害防控技术提供理论与技术支撑。目前我国深度超过 1000 m 的矿井已达 80 余座，其中有近一半在未来 10~20 年开采深度将达到 1500 m 以内。未来 10~15 年，我国 50% 铁矿、33% 有色金属矿、53% 煤炭资源将进入 1000 m 以下开采。但是我国在深部金属矿产资源采选方面的研究与国外相比仍有较大差距。深井提升技术与装备方面，仅处于技术探索阶段。国内大中型矿山深部开采以引进国外设备或技术为主。在深部金属矿山热害及岩移控制方面，由于金属矿山矿体形状不规则及深部工程地质条件的复杂性，对开采诱发的岩层移动规律研究也处于探索阶段。目前大多采用传统的类比法、数值计算等方法，地压控制未形成体系，尤其对深部岩爆灾害控制，没有形成系统的规范，热害控制方面，以通风降温为主。

我国在非金属矿产资源深部采选技术研究方面进展相对较快，2014 年平煤神马集团实现了千米井下原煤的初步洗选，实现了矸石直接用于井下采空区回填。

总体来说，我国深地矿产资源开发与世界先进水平相比存在一定差距，当前金属矿山地下采选一体化系统还处于研究与设计阶段，目前没有实现工业化应用，深地资源开发利用还处于起步阶段。

6.2.3.3 深空矿产资源开发利用现状

我国已完成了几十项空间科学与应用任务，涉及地球观测和地球环境、微重力流体科学、空间材料科学、空间环境、深空探测等广泛的空间科学领域，获得了一批重要的科学成果，掌握了重要的空间实验和探测技术。但我国的空间科技领域尤其是深空矿产资源开发方面与国际先进水平仍存在很大的差距，原位资源利用技术相对薄弱。因此，我国在对月球、火星、小行星等外天体资源进行开发利用时，首先要攻克原位资源利用技术，包括对目的地的勘测、勘探，原始资源的采集和预处理，原始资源转化为推进剂、能源、生保等消耗品的加工生产过程，以及支持原位资源利用的工厂和设备支持。

总体来看，发展深海、深地、深空矿产资源战略技术，是不断挖掘我国资源潜力，提高资源供应能力，优化资源供给结构的现实需求，也是实施科技驱动发展战略和保障国家资源安全的战略决策。

6.2.4 战略需求

6.2.4.1 未来资源储备需求

预计到 2030 年，我国对铁矿石、铜、铝等矿产的对外依存度分别为 85%、80%、60% 左右，与此同时，铁矿石、铜、铝、锌、锰、钴、金等重要矿产资源静态保障年限呈下降态势，预计 2020 年总体保障年限在 10 年左右，2030 年将进一步下降至 10 年以下，大宗基础性资源安全保障受到严峻挑战。另外，我国稀有金属中锂、铍、铌、钽、锶、铷资源禀赋较差，开发利用困难，仍需大量进口；锆、铪、铯资源严重不足，对外依存度高达 95% 以上；金属镉进口量占世界的 54%，铼、硒、碲主要从铜钼生产过程中回收，产量受主矿种生产制约，资源保障不足。

6.2.4.2 争夺国际公共资源的需要

深海、深地、深空矿产资源蕴藏着丰富的重要战略物资，已成为世界各国竞相调查和开发的具有重要价值的未来战略公共资源。一些发达国家利用自己资金、技术上的优势，正加紧技术储备，率先向深海、深地、深空进军，竞相开始争夺国际公共资源。因此，我国应积极抢占未来公共资源，参与世界领域的公共资源竞争，将公海、极地、太空资源的开发利用作为战略重点，加大公海探测和资源开发、极地科考和开发、外太空探测和开发的研究力度，保障扩大我国的地缘政治影响，力争做未来战略资源强国，构筑矿产资源的稳定供给基础。

6.3 深海矿产资源关键技术

6.3.1 现状——开发难度大、综合利用率低

自 20 世纪 80 年代以来，我国在深海矿产资源开发方面取得了长足进步，包括资源调查、技术装备研发、国际事务等方面。然而，与西方发达国家相比，相关的基础研究、装备质量、标准化和国产化水平仍存在一定差距。

6.3.1.1 海底矿产资源特性不明晰

尽管国内外围绕深海矿产资源尤其是多金属结核进行了大量研究工作，也取得了一系列成果，但离全面掌握和开发、利用深海矿产资源尚有很远的距离。目前尚不确切清楚富钴结壳、热液硫化物、稀土软泥的资源量，也未完全掌握其分布特征和规律，关键成矿过程不明晰。深海矿产资源差异性大，多金属结核、富钴结壳、热液硫化物、磷钙土、稀土软泥等矿物特性均不相同，且每种矿产资源在不同海底区域成分组成亦不相同，造成工艺矿物学性质迥异，难以有效指导选冶工艺。

6.3.1.2　多数深海矿产资源开发难度大、成本高

目前，深海多金属结核的加工技术已比较成熟，国内外均进行过吨级工业试验，但热液硫化物、磷钙土、稀土软泥等其他深海矿产资源赋存特征、选冶加工技术仍处于探索阶段。一方面，深海矿产资源的特殊分布状态造成开发利用困难，富钴结壳仅以厚度数厘米的壳层附在地形复杂的海山基岩上，热液硫化物以大块矿床形式存在，矿床面积相对较小，深海稀土软泥颗粒非常细小；另一方面，深海矿产资源与陆地迥异的超常环境（复杂的深海地形、巨大的水下压力、海水盐分的腐蚀等）造成其开发难度大，开采、运输及加工成本高，技术经济风险大。此外，深海矿产资源目前几乎都依赖陆地现有的选冶装备，适合深海特殊环境的选冶加工装备研发明显不足。

6.3.1.3　选冶加工处理工艺复杂、综合利用率低

深海矿产资源多呈微晶态且与多种组分紧密共生，各种矿产资源性质差异较大，在不同海底区域成分组成亦不相同，用常规选矿方法难以进行高效分离富集，冶炼加工处理工艺复杂，流程较长，综合利用率低。例如，热液硫化物在运输、堆存过程中受陆地湿度、温度、空气流动的影响导致其矿物表面的氧化行为对影响选冶工艺；稀土软泥中稀土含量低、微细粒黏土矿物含量高，造成脱泥困难。多金属结核、富钴结壳等选冶加工过程中往往不能同时综合回收多种有价金属，造成资源浪费。此外，深海矿物直接应用领域范围较小，多是经过复杂的选冶流程得到精矿或分离得到各自较纯的产品等再进一步处理应用，流程长、效率低。

6.3.1.4　开采及选冶加工过程存在对海洋环境潜在影响

深海矿产资源开采过程集矿机在海底运行掀起或压实海底沉积物，易杀死或掩埋采矿路径的底栖生物，形成的底层和表层的羽状流增加悬浮物，易堵塞生物呼吸器官，降低海水透光度，影响海洋植物光合作用。提升系统矿浆泄露或排放，燃料和料仓泄露等均会造成环境影响，开采过程产生的噪声也会影响周围区域生物生长环境。随着海底深度增加，地应力不断增大，深海开采还可能诱发地震，引起海底滑坡等地质灾害。此外，选冶加工过程产生的尾渣原地抛尾后也会对海洋生态环境造成污染。

6.3.2　挑战——高值导向、绿色集约开发

6.3.2.1　基于先进测试技术和复杂环境仪器的矿物特性研究

基于深海矿物构造、成分、含量、嵌布特征、自形程度、粒度大小、蚀变特征等所导致矿物特性差异，综合集成与联合工艺矿物学、地球化学、生物、材料等多学科高新技术，采用图像内容检索技术，并结合 X 射线衍射仪、电子显微镜波谱—能谱

仪、红外光谱仪等先进测试技术，建立深海复杂环境下矿物特性自动识别系统。通过发展先进测试技术和复杂环境数据采集仪器，对采集的信息和数据进行同化和数值模拟研究，较全面地获得深海矿产资源的各项工艺矿物学参数，进而更有效地指导选冶工艺。

6.3.2.2 基于高附加值产品导向的集约协同、绿色清洁加工技术

深海矿产资源研究开发具有投资高、风险大、周期长的特点，应根据市场的实际需求来确定产品及分离方案，开发低耗高效、集约协同、绿色清洁的选冶加工技术，解决多种有用组分尤其是高附加值组分的分离富集和综合利用率，使深海矿产资源得到高效利用。例如，深海多金属结核／富钴结壳除主要有价金属钴、镍、铜、锰、铁外，还应兼顾钼、铂、稀土等多种金属的综合回收。此外，还应顾及矿物自身的一些特点如纳米微观特性和多金属共生特性等，开发其在功能材料方面的直接利用价值。开发绿色清洁选冶技术，实现选冶过程中无尾排放，或尾矿无害化处理后就地填充，药剂循环使用无外排，减少对海洋生态环境的影响。

6.3.2.3 就地预处理—原位修复技术

将深海矿产资源运回陆地选冶，无论在基建投资、作业成本和环境影响方面都存在较多不利因素。现场就地加工可利用现场条件，依据不同矿物特性对其进行预处理，通过船上或深海就地抛除大部分基岩、脉石，简化选矿流程，或者进行现场冶炼得到含镍、钴、铜、锰等有价金属的中间产品，再返回陆地进行深加工，降低开采、加工和利用成本。同时应加强勘探、采矿、选矿、冶金及安全环保等专业联合，防止不按客观规律过度开发，在进行海底矿产资源勘探和开采时应进行详尽的环境影响评价与研究，测定水系统走向，开采区周围海洋动植物分布、生长、生命周期及繁殖和新陈代谢情况，开发原位修复技术，加强国际技术合作与交流，开发先进技术处理矿产资源开采所带来的海洋环境污染问题，建立海洋信息服务系统，合理利用和保护海洋矿产资源。

6.3.2.4 海水就地选冶利用技术

深海矿产资源加工过程中，淡水紧缺，利用海水进行选冶加工是重要的研究方向。主要面临两方面的问题：一方面，海水对选冶加工设备的腐蚀，尤其是在搅拌设备的水—气接触界面和干—湿交替的金属表面；另一方面，海水本身含多种化学元素，对选冶工艺会造成影响。因此，利用海水就地选冶需综合考虑设备腐蚀和工艺要求等方面，应开发先进的耐腐设备及适应海水的选冶工艺。此外，海水中含有钠、镁、钾、钙、溴、碘、钍、钼、铀等有价元素，利用海水进行选冶过程可综合考虑回收这部分有价金属。

6.3.3 目标——船载原地采选冶技术初步联合

6.3.3.1 短期目标

加强深海矿产资源基础理论研究，发展深海矿产资源评价方法，了解其分布特征、资源状况及成矿机理，开发先进测试技术和数据采集装备，获得较全面的工艺矿物学参数；具备深海矿产资源开采、选冶开发过程中的预处理分离技术，简化选冶流程，开发集约协同、绿色清洁加工技术，高附加值产品返回陆地深加工。完善多金属结核与富钴结壳资源开发与利用技术，完善热液硫化物、稀土软泥的调查、开采技术。

6.3.3.2 中长期目标

进一步加强基础理论研究，持续拓展深海矿产资源调查区域，掌握深海矿产的分布特性和资源状况，结合先进测试和信息技术，掌握深海矿产资源矿物特性，具备海底表面矿产智能识别与分离技术；具备多金属结核船载脱水预分离技术，船载预处理抛尾技术，尾渣无害化处置与深海排放技术，硫化物船载选矿与尾矿原地无害化处置技术，原位环境修复技术，海水选冶利用技术，船载原地采选冶初步联合技术；拥有多项世界领先的多金属结核加工技术，具备低成本富钴结壳和热液硫化物开采和加工技术，完善稀土软泥调查、开采和加工利用技术，在典型海区建设2~3处国际领先的深海矿产资源开发研究基地。

深海矿产资源技术路线图见图6-1。

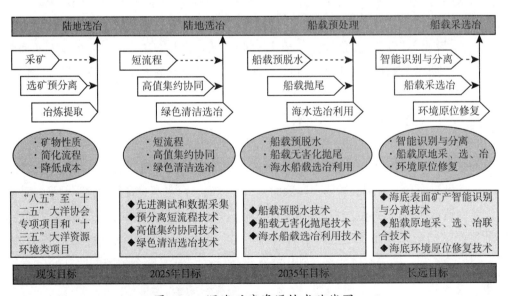

图6-1 深海矿产资源技术路线图

6.4 深地矿产资源关键技术

6.4.1 现状——开发深度浅、加工技术及装备研发落后

6.4.1.1 深地资源赋存特点及理化性质研究滞后

深地矿产资源埋藏深、矿化信息弱、干扰因素多，勘查、开采难度大，传统勘查技术手段难以完全适用于深地资源开发，工程活动超前于基础理论研究。同时，深部岩体力学理论的建立滞后于深部开采实践，沿用传统岩体力学方法出现理论失效，使得深地资源开发工程活动普遍存在着一定程度的盲目性、低效性和不确定性，尤其是深地资源矿体性质、矿石品位、矿物含量、嵌布粒度、结构构造、赋存状态、原生矿物（如碳质、碳酸盐、硫化物）含量与地表矿产资源有明显差异，相关的工艺矿物学研究更是滞后。

6.4.1.2 深地开采尚未全面进入，深地加工技术研究薄弱

我国在深部金属矿产资源采选方面的研究与国外相比仍有较大差距。深井提升技术与装备方面，仅处于技术探索阶段，国内大中型矿山深部开采以引进国外设备或技术为主。在深部金属矿山热害及岩移控制方面，由于金属矿山矿体形状不规则及深部工程地质条件的复杂性，对开采诱发的岩层移动规律研究也处于探索阶段。目前大多采用传统的类比法、数值计算等方法，地压控制未形成体系，尤其对深部岩爆灾害控制，没有形成系统的规范，热害控制方面，以通风降温为主。

6.4.1.3 深地矿产资源选冶加工装备研发落后

我国已有在井下进行破碎—预选的案例，如将矿石进行粗碎后进行磁滑轮抛尾、X射线预选等，得到的预选精矿再输送至地表选矿厂处理。但是加工装备受井下狭窄空间、运输复杂等因素的影响，难以规模化利用，且随着开采深度的增加，将地表加工装备简单的搬送至地下难以适应高热度、高应力等恶劣环境。另外我国深地加工装备在精度、稳定性等方面与国外相比仍存在差距，关键材料、核心传感器等"短板"仍需以大量研究工作予以填补。

6.4.2 挑战——深部恶劣环境特色加工技术

6.4.2.1 深地资源矿相晶形结构特点研究

通过对高温高湿环境条件下的深地资源晶形晶貌、矿物矿相、结构构造特点研究，重点揭示深地岩石精细结构，构建深地资源性质图谱；描绘深地空间物理剖面；查明物质组成与演化、堆积机制，建立复杂深地系统理论模型；揭示深地元素迁移

和富集定位机制，揭示深部过程的沉积响应、资源效应及分布规律。

6.4.2.2 精准碎解及梯级预选技术

随着开采深度的增加，矿石和各种物料的提升高度显著增强，提升难度和提升成本大大升高，与此同时，大量的废石、废渣被提升至地表，还会带来尾矿堆存、加工成本、环境治理等诸多问题。基于深部矿产资源矿物学特点，对目的矿物进行精准碎磨解离，采用梯级组合预选技术，从源头端实现"能丢早丢"，既可以省去废矿石的提升成本，减少对地表生态环境的影响，又可以提高入选矿石品质，增加企业的经济效益。

6.4.2.3 开发适宜深地有限空间和高温潮湿环境的特色装备技术研究

开发深地资源，建立地下采选工作站，研究适合地下高温高湿、有限密闭复杂作业环境的选矿工艺流程，结合不同采深的岩矿性质，温度和矿石性质等条件对选矿工艺流程进行适应性评价，根据深地有限空间条件，研究、开发适应于地下空间的关键设备，更便于深地运输，安装、维修便捷，缩小占地空间，打破传统选矿模式，实现深部矿产资源绿色、安全开发。

6.4.2.4 多专业融合的协同加工技术

深地环境条件下，"三高一扰动"问题突出，对加工工艺、药剂与装备、流程的适应性、实用性、合理性提出了更高的要求。为了解决深部开发一系列关键技术难题，必须广泛吸收各学科的高新技术，开拓先进的非传统的加工工艺和技术，创造更高效率、更低成本、最少环境污染和最好安全条件的加工模式。加强矿物加工与其他专业融合，重点突破深井提升／管道输送技术、深部复杂环境灾害预警技术、深部地热利用技术、深部通风降温技术等一系列关键技术瓶颈，实现多专业融合的协同开发。

6.4.2.5 智能化生产与远程调控技术

基于深地空间受限、高温、高湿、高地应力、岩爆极端环境，借助"互联网＋"智能技术，开发深地资源全智能加工成套设备和系统集成技术，实现破碎筛分、磨矿分级、分选作业的模块化、智能化控制技术，打造智能化加工平台：定位导航平台、信息采集与通信平台、调度与控制平台，开展地下采选、输送、充填的远程监控，泵、风机、管道和精矿浆输送的最佳配置与过程控制研究，建设智慧地下矿山，提升选冶加工技术智能化水平，提高我国深部采选技术的核心竞争力。

6.4.3 目标——建立深至 3000 m 的智能化生产与远程调控示范

6.4.3.1 短期目标

从我国深地资源勘探采选领域基础理论、技术装备和示范应用方面的核心研发需求出发，破解深地资源识别预测与评价瓶颈，构建深地资源采选理论技术体系，重点攻克井下精准碎解和梯级预选技术以及窄空间选矿装备成套技术，到 2035 年，具备深至 2000 m 采、选粗加工能力，建成有影响力的示范工程。

6.4.3.2　中长期目标

针对深部矿山开发存在的"三高一扰动"问题，开展多专业协同攻关，重点突破深部复杂环境下的综合开发技术体系，尤其是突破深井提升技术、深部复杂环境灾害预警技术、深部地热利用技术、智能化生产及远程监控调度技术，到 2050 年，形成深至 3000 m 较为完善的多专业协同开发示范工程。

深地矿产资源技术路线图见图 6-2。

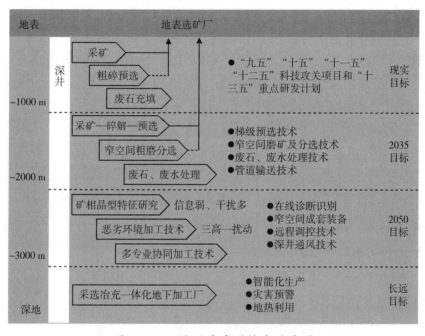

图 6-2　深地矿产资源技术路线图

6.5　深空矿物资源关键技术

6.5.1　现状——认知及基础理论缺乏

6.5.1.1　深空资源的可利用性矿物组成与理化性质研究水平亟待提升

人类目前对深空天体还处在探索阶段，对月球、火星和小行星的认知非常有限。外太空天体中可能拥有无限的环保清洁能源、超脱地球之外的新型金属原料、地球紧缺的矿产资源等。随着太空探测技术的进步，需要对月球、火星和小行星进行更多的了解，获取对这些天体中可利用矿物资源更多的认知。

6.5.1.2 微重力等复杂太空环境下的矿物加工基础理论认识不足

在深空进行深空矿物资源分离加工过程较为复杂，目前人类还没有在零重力或微重力条件下对资源进行处理和分选的技术，更是缺乏必要的基础理论研究。深空矿产资源开发存在环境复杂、未知因素多、任务周期长、风险高、成本昂贵等制约因素，目前各国在深空矿产资源领域还处于探索认知阶段，相关矿产资源的选冶加工技术与装备几乎为空白。

6.5.2 挑战——颠覆性选冶技术

6.5.2.1 深空资源的矿物组合组成、结构构造与物化性能等特征研究

地球资源是伴随着 46 亿年以来的地球演化与物质循环过程而形成的，与深空资源类似地球早期状态，在矿物组成组合、结构构造、物质组构甚至物化性质等方面差异性较大。如地球资源中金属硫化物特别是氧化物居多，深空矿物资源以金属互化物与合金为主。深入开展深空矿物资源的矿物组成、赋存状态、物化性质等基本特征研究，为深空矿物资源的可选冶性研究提供必要的理论基础。

6.5.2.2 微重力场矿物运动行为与提取分离等基础理论研究

以空间应用科学以及交叉学科研究为牵引，加强微重力场中矿物运动行为与提取分离等基础理论研究，建立起太空微/弱重力、超高真空、强辐射和极高/极低温度的极端环境下矿物资源高效分离提取和加工的理论体系，获得太空矿产资源加工技术及关键装备原型突破。如在太空微重力的条件下，由于无浮力，冶炼金属时可能不需要容器，而采用悬浮冶炼的方式，使冶炼温度不受容器耐温能力的限制，进行超高熔点金属的冶炼，合成地球上不易合成的金属。

6.5.2.3 深空矿物资源的探测、模拟仿真与预测空间数字平台

利用高空间分辨率、高光谱分辨率等有效载荷集成系统，识别外太空矿物资源特点，特别是对矿物组成、赋存状态、物化性质等基本特征研究，并进行复杂环境下的模拟仿真分析，借助空间科学实验室实现外太空矿物远景重构，进行相关的基础理论研究、预测太空资源矿物加工研究方向。

6.5.2.4 深空矿物资源颠覆性选冶技术研究

针对深空矿物资源与地球矿物资源的巨大差异性，重点开发适合深空矿物资源选冶技术，突破金属互化物及合金分离分选工艺，颠覆地球资源金属氧化物还原选冶高污染技术，形成深空矿物资源非氧化物型选冶新工艺新技术。

6.5.3 目标——基础理论及加工技术前瞻性探索

6.5.3.1 短期目标

推进空间矿物资源调查评价，深入开展深空矿物资源的矿物组成、赋存状态、物化性质等基本特征研究，到 2035 年，利用高空间分辨率、高光谱分辨率等有效载荷集成系统，完成月球有限区域矿物资源可利用性识别与分析，形成集探测、特性研究、数字模拟与仿真空间平台雏形，为月球矿物资源的可利用性研究提供必要的数据支撑。

6.5.3.2 中长期目标

基于月球矿物资源可利用性数字平台，以空间应用科学以及交叉学科研究为牵引，加强微重力场中矿物运动行为与提取分离等基础理论研究，建立起太空微/弱重力、超高真空、强辐射和极高/极低温度的极端环境下矿物资源高效分离提取和加工的前瞻性探索研究模型。

深空矿产资源技术路线图见图 6-3。

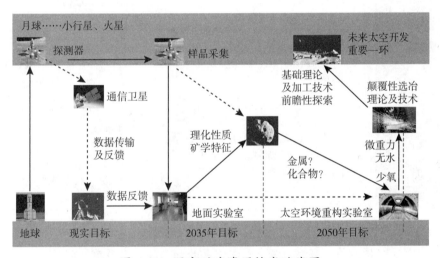

图 6-3 深空矿产资源技术路线图

6.6 深海、深地、深空矿物加工技术发展路线图

深海、深地、深空矿物加工技术发展路线图见图 6-4。

战略需求	加强深海、深地、深空矿产资源的开发利用研究，对我国矿业可持续发展具有重要的战略意义，关系到国民经济持续发展以及资源安全保障的长远问题
典型技术和工艺	1. 基于先进测试技术和复杂环境仪器的矿物特性技术 2. 深海就地预处理—原位修复技术 3. 深地有限空间和高温潮湿环境的特色装备技术 4. 深空颠覆性选冶技术

续图

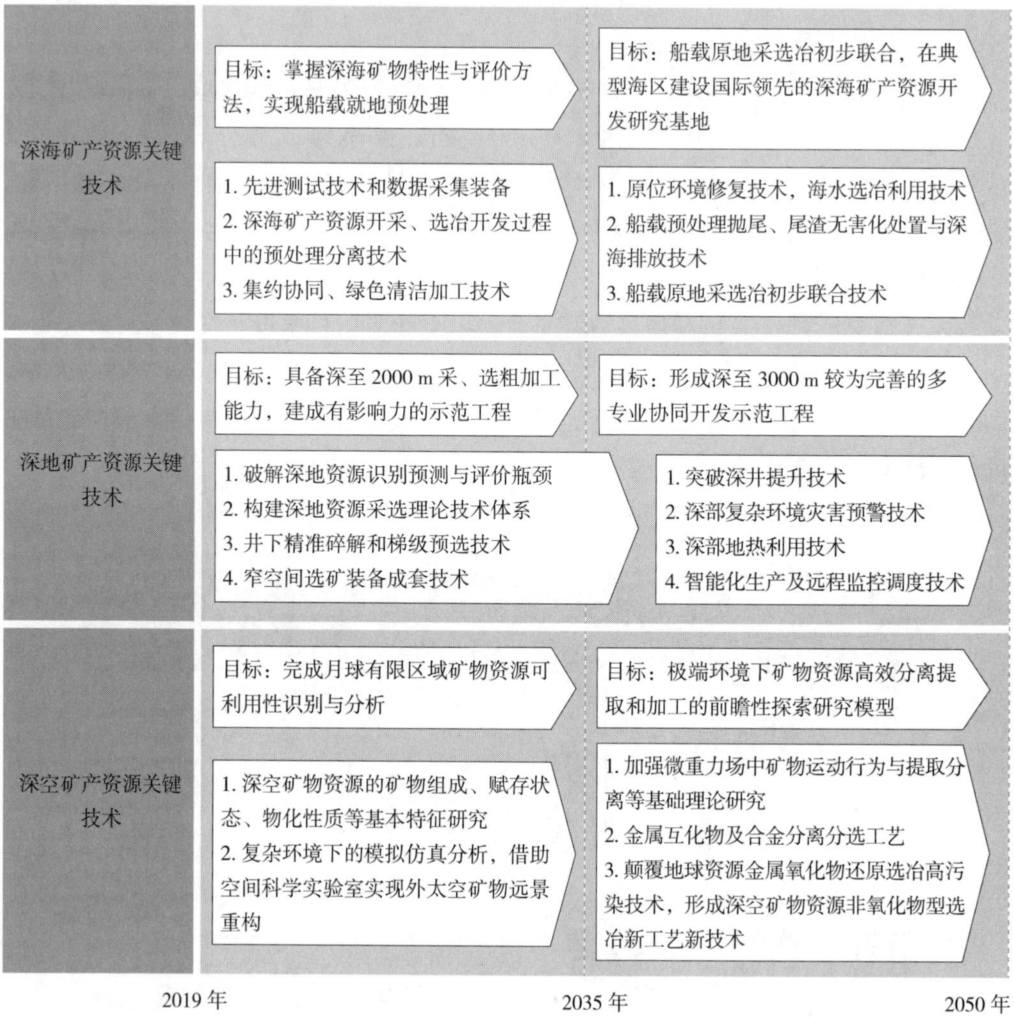

图 6-4　深海、深地、深空矿物加工技术发展路线图

参考文献

［1］全球铁合金网. 2018 年我国镍矿进口量增长 34.19%［EB/OL］.（2019-01-30）. http://www.qqthj.com/leaf/leaf_id1671391.html.

［2］全球铁合金网. 2018 年我国锰矿进口量增长 28.7%［EB/OL］.（2019-01-30）. http://www.qqthj.com/leaf/leaf_id1671393.html.

［3］全球铁合金网. 2018 年我国铜矿砂及其精矿进口量增长 13.7%［EB/OL］.（2019-01-15）. http://www.qqthj.com/leaf/leaf_id1662897.html.

［4］中国有色网. 2018 年全年中国进口 7.72 万金属吨钴原料［EB/OL］.（2019-02-15）. http://www.cnmn.com.cn/ShowNews1.aspx?id=405478.

［5］廖丝琪. 我国稀土资源出口问题与建议［J］. 合作经济与科技, 2018, 576（1）: 33-35.

［6］刘艳飞. 中国磷矿供需趋势研究［D］. 北京: 中国地质大学（北京）, 2016.

［7］刘永刚, 姚会强, 于淼, 等. 国际海底矿产资源勘查与研究进展［J］. 海洋信息, 2014（3）: 10-16.

［8］汪贻水, 吕志雄. 开发利用海洋有色金属矿产资源［J］. 中国有色金属, 1994（8）: 18-19.

［9］V Kumar, B D Pandey, D D Akerkar. Electrow inning of Nickel in the Processing of Polymetallic Sea Nodules［J］. Hydrometallurgy, 1990, 24（2）: 189-201.

［10］J C Agarw. Kennecott Process for Recovery of Copper, Nickel, Cobalt and Molybdenum from Ocean Nodules［J］. Mining Engineering, 1979, 31（2）: 1704-1707.

［11］H E Barner. Elevated pressure operation in the cuprion process［P］. U .S .Pat., 3988416（1976）.

［12］K N Han, M Hoover, D W Fuerstenau.Ammonia-ammonium leaching of deep-sea manganese nodules［J］. International Journal of M ineral processing, 1974, 1（3）: 215-230.

［13］S B Kanungo, P K Jena. Studies on the dissolution of Metal Values in Manganese Nodules of Indian Ocean Origin in Dilute Hydrochloric Acid［J］. Hydrometallurgy, 1988, 21（1）: 23-39.

［14］王英杰, 阳宁, 金星. 深海矿产资源开发利用技术的现状及其发展趋势［C］. 中国矿业科技大会, 2011.

［15］周向前, 刘志强. 大洋钴结壳中有价金属开发技术的综述［J］. 材料研究与应用, 2015（2）: 74-77.

［16］邬长斌, 刘少军, 戴瑜. 海底多金属硫化物开发动态与前景分析［J］. 海洋通报, 2008, 27（6）: 101-108.

［17］王汾连, 何高文, 姚会强, 等. 深海沉积物中的稀土矿产资源研究进展［J］. 中国地质, 2017, 44（3）: 449-459.

［18］习近平. 为建设世界科技强国而奋斗——在全国科技创新大会、两院院士大会、中国科协第九次全国代表大会上的讲话［N］. 人民日报, 2016-06-01.

［19］王运敏. 金属矿采矿工业面临的机遇和挑战及技术对策［J］. 现代矿业, 2011,（1）: 1-14.

［20］Jianguo Li, Kai Zhan. Intelligent Mining Technology for an Underground Metal Mine Based on Unmanned Equipment［J］. Engineering, 2018, 4（3）: 381-391.

［21］Zhiqiang Yang. Key Technology Research on the Efficient Exploitation and Comprehensive Utilization of Resources in the Deep Jinchuan Nickel Deposit［J］. Engineering, 2017, 3（4）: 559-566.

［22］赵春艳. 红透山选矿厂选铜技术改造与研究［J］. 有色矿冶, 2007, 23（5）: 21-23.

［23］蒋训雄, 蒋开喜, 汪胜东, 等. 我国深海金属矿产资源加工利用技术［J］. 有色金属（冶炼部分）. 2005（6）: 2-7.

［24］毛拥军, 沈裕军. 大洋富钴结壳中有价金属的火法富集研究［J］. 中国锰业, 2000, 18（3）: 31-33.

［25］周立杰, 郑朝振, 蒋训雄, 等. 大洋多金属硫化物自然氧化行为研究［J］. 中国资源综合利

用，2016，34（7）：25–27.

［26］孙传尧，谭欣，周秀英，等. 大洋多金属结核及富钴结壳矿物材料的研究述评（Ⅰ）［J］. 国外金属矿选矿，2003，40（10）：4–7.

［27］肖仪武. 会泽铅锌矿深部矿体工艺矿物学研究［J］. 有色金属，2003，55（2）：67–70.

［28］David S Cronan. Manganese Nodules［J］. Reference Module in Earth Systems and Environmental Sciences，2018.

［29］E Padhan，K Sarangi，T Subbaiah. Recovery of manganese and nickel from polymetallic manganese nodule using commercial extractants［J］. International Journal of Mineral Processing，2014（126）：55–61.

［30］R Barik，K Sanjay，B K Mishra，et al. Micellar mediated selective leaching of manganese nodule in high temperature sulfuric acid medium［J］. Hydrometallurgy，2016（165）：44–50.

［31］D Mishra，R R Srivastava，K K Sahu，et al. Leaching of roast–reduced manganese nodules in NH_3–$(NH_4)_2CO_3$ medium［J］. Hydrometallurgy，2011（109）：215–220.

［32］Michael G，Petterson，AkuilaTawake. The Cook Islands（South Pacific）experience in governance of seabed manganese nodule mining［J］. Ocean&Coastal Management，2019（167）：271–287.

［33］谢和平，高峰，鞠杨，等. 深地煤炭资源流态化开采理论与技术构想［J］. 煤炭学报，2017，42（3）：547–556.

7 政策与建议

7.1 强化资源战略顶层设计，统筹资源战略与科技战略

实施创新驱动发展战略的基本要求是坚持需求牵引、问题导向，按照"安全保障、绿色开发、集约利用、智能发展"的总体思路，围绕资源领域产业链，布局创新链，统筹资源链，实现科技经济融合发展。跟踪全球资源科技发展方向，努力赶超，力争缩小关键领域差距，形成比较优势。要坚持问题导向，从国情出发确定跟进和突破策略，明确我国资源科技创新主攻方向和突破口。对看准的方向，要超前规划布局，加大投入力度，着力攻克一批关键核心技术，加速赶超甚至引领步伐。

7.2 优化科技创新基地布局，完善资源领域创新体系建设

加强重大科技任务统筹，注重基础理论、前沿高技术和支撑产业发展的共性关键技术协同创新。围绕资源领域产业链部署创新链，围绕创新链完善资金链，营造开放协同高效的创新生态。强化工程主导，促进工艺技术和重大装备创新。同时，鼓励开展跨学科、跨领域、跨产业的基础研究、关键共性和协同技术的研究。紧紧围绕生态和谐建设，加大资源绿色开发利用技术的支持力度。

7.3 实施人才驱动战略，提升产业科技创新水平

创新驱动实质上是人才驱动。依托研究任务培育具有自主研发能力的创新团队，特别注重加强各类创新主体的知识产权管理能力建设。针对科研管理人员、研究开发人员的不同需求，相应开展知识产权知识培训、战略管理培训和实务辅导，提高创新主体的知识产权保护、管理水平。加大对海外优秀人才的关注和引进力度，逐步将符合国家科技计划管理办法要求的新近留学归国的高层次人才纳入信息库和专家库，丰富领域人才资源储备。培养一批懂技术、会管理、精通国际企业合作运营的优秀国际

化复合型人才，提升优秀人才的国际影响力，支撑中国企业走出去。加快形成一支规模宏大、富有创新精神、敢于承担风险的创新型人才队伍。

7.4 突出企业创新主体，探索企业加大科技投入的激励政策

企业成为创新的主体是创新驱动发展的重要保障。加快在行业骨干企业优先建设国家重点实验室、国家工程（技术）研究中心等研发平台，鼓励产学研结合、大中小企业组成产业技术协同创新联盟。支持企业与科研院所、高校联合开展基础研究，推动基础研究与应用研究紧密结合。在共同研发产品的过程中，形成分工明确、风险共担、利益共享的创新链和产业链，分享市场创新的红利。

7.5 积极开展国际合作，构建海外资源保障技术体系

资源开发利用的全球化趋势愈加明显，进一步扩大开放，全方位加强国际合作，鼓励企业在境外进行资源开发，开展自主创新，为国家"走出去"战略提供保障，在全球资源竞争中立于不败之地。同时要坚持"引进来"和"走出去"相结合，积极融入全球创新网络，全面提高我国科技创新的国际合作水平。积极参与国际规则和标准制定，统筹协调国际国内两个市场、两种资源，推进资源领域产能转移与技术输出，由单一资源开发、产能合作向技术转移、产业合作发展，保障海外资源安全供给，实现资源共享、共同发展。

索引